计算机控制系统原理、技术与应用

主编　王　强　于　蒙　王腾飞

武汉理工大学出版社
·武　汉·

内 容 简 介

本书共8章，以离散域(z域)控制系统的模型分析、控制器设计、算法仿真以及软硬件系统实现为研究对象。本书分为理论和技术两个部分：在理论方面，主要包括计算机控制系统的信号分析与数学描述、计算机控制系统的模拟化与离散化设计、复杂控制规律系统设计；在技术方面，主要包括计算机控制系统的硬件组成、输入输出通道、经典控制技术和方法的应用实例。

本书可作为机械电子工程、机械制造设计及其自动化、物流工程、机器人工程等专业的本科生教材，也可作为机械制造及自动化、工业过程自动化技术、物流过程技术类等专业的高职(专科)生教材，还可作为机电行业工程技术人员的参考读物。

图书在版编目(CIP)数据

计算机控制系统原理、技术与应用 / 王强，于蒙，王腾飞主编. -- 武汉 ：武汉理工大学出版社，2024. 11. -- ISBN 978-7-5629-7000-2

Ⅰ. TP273

中国国家版本馆 CIP 数据核字第 2024WC7386 号

项目负责人：李兰英　　责 任 编 辑：李兰英

责 任 校 对：张莉娟　　排 版 设 计：芳华时代

出 版 发 行：武汉理工大学出版社

地　　址：武汉市洪山区珞狮路 122 号

邮　　编：430070

网　　址：http://www.wutp.com.cn

经　　销：各地新华书店

印　　刷：武汉市洪林印务有限公司

开　　本：787mm×1092mm　1/16

印　　张：13

字　　数：333 千字

版　　次：2024 年 11 月

印　　次：2024 年 11 月第 1 次印刷

定　　价：58.00 元

凡购本书，如有缺页、倒页、脱页等印装质量问题，请向出版社发行部调换。

本社购书热线：027-87391631　87664138　87523148

前　　言

工业控制主要涉及使用计算机技术、通信技术、传感器技术以及自动控制技术应用于工业生产过程，实现工业生产过程的自动化控制和管理，以减少人工干预，提高生产效率和质量。计算机控制在整个工业控制过程中起到核心作用，它不仅是工业控制的“大脑”，还为工业过程控制提供了强大的数据处理、计算与决策能力。

针对新工科人才的需求与创新教育目标的要求，学科交叉应用型专业不断涌现，课程内容交叉渗透、全面覆盖。无论是流程工业智能化、离散过程智能化，还是网络协同制造智能化，计算机控制技术已逐步迈进智能控制的高速发展阶段。过去几十年已出版的与计算机控制相关的专著和教材，其理论、方法和技术应用与时代要求相对脱节，仅用一本书难以使学生全面深刻地认识新一代工业控制的核心思想与技术应用。因此，针对综合型与技术应用型专业，本书融了计算机控制系统的基本原理、经典控制方法和技术，以及微型计算机系统的原理、硬件设计等内容，全面系统地阐述了工业控制计算机系统的原理、技术与应用。

本书以高校本科生、研究生和青年教师为读者对象，系统地阐述了经典的计算机控制系统概念、原理、框架、方法和算法，并简要地介绍了计算机控制技术的应用领域和典型案例，希望有助于读者全面深入地了解计算机控制理论与方法。本书内容分为五大模块，模块一是计算机控制系统概述（第 1 章），模块二是计算机控制系统的理论基础（第 2 章），模块三是计算机控制系统的控制算法（第 3、4、5 章），模块四是计算机控制系统的硬件设计（第 6、7 章），模块五是计算机控制系统的应用实例（第 8 章）。

本书第 1 章至第 5 章由王强教授编写，第 6 章和第 7 章由于蒙教授编写，第 8 章由王腾飞老师编写。

由于编写人员水平有限，编写时间有限，书中如有不妥乃至谬误之处，敬请读者批评指正。

编　者

2024 年 5 月

目　　录

1 计算机控制系统概述

随着数字计算机和人工智能的发展与普及，计算机控制技术在化工、电力、工业机器人、智能制造、交通物流等工业生产、科学技术和国防建设等领域已取得了令人瞩目的研究与应用成果，在国民经济中发挥着越来越大的作用。计算机控制以自动控制理论与计算机技术为基础，主要研究将检测与传感技术、计算机技术、网络通信技术和自动控制技术应用于工业生产过程中，实现对复杂系统或过程的实时监控和精确控制。系统中的传感器负责采集环境或设备的实时数据，计算机则对这些数据进行处理和分析，再根据预设的控制策略生成相应的控制指令，通过执行器对系统进行调节和控制。数字计算机在自动控制中的基本应用——直接参与控制，承担着控制系统中控制器的任务，从而形成计算机控制系统（Computer Control System，简称 CCS）。计算机控制系统具有高度的灵活性和可扩展性，能够适应不同的应用需求和不断变化的环境。它在提高生产效率、优化资源利用、确保产品质量等方面发挥着关键作用，已成为现代工业自动化和智能化的重要组成部分。当前，随着人工智能时代的到来，计算机控制系统融合了现代计算机技术和智能控制技术，极大地提高了控制系统的工作效率，也使得其发展速度越来越快。

本章主要介绍计算机控制系统的一般概念、基本组成，以及计算机控制系统的典型结构、研究现状与发展前景。读者可以通过计算机控制系统的发展过程、特点、目标、组成、分类及主机等知识点的学习，建立计算机控制系统的完整概念体系，并对计算机控制系统的各部分有一个全面、系统的初步认识。

1.1 计算机控制系统的概念

计算机控制系统就是利用数字计算机来实现工业过程自动控制的系统。在计算机控制系统中，由于数字计算机的输入和输出是数字信号，而现场采集到的信号或送到执行机构的信号大多是模拟信号，因此与常规的按偏差控制的闭环负反馈系统相比，计算机控制系统需要数/模转换器（D/A）和模/数转换器（A/D）这两个环节。

为了简单、形象地说明计算机控制系统的工作原理，图 1-1 给出了典型的计算机控制系统原理框图。测量元件对被控对象的被控量（如速度、位移、角度、压力、温度等）进行测量；测量变送器将被控量转换成电压（或电流）信号，再利用模/数转换器转换成数字信号，直接反馈到输入端与给定值进行比较，然后根据要求按偏差通过控制器进行运算并产生数字控制信号，将数字控制信号经过数/模转换器转换成模拟控制信号以驱动执行机构工作，对被控对象进行控制，使被控变量稳定在给定值上。计算机控制系统的基本功能是信号的传递、转换、加工和比较。这些功能由测量元件、变换发送单元、A/D 转换器、数字控制器、D/A 转换器和执行器来完成。数字控制器是计算机控制系统中最重要的部分，它决定了计算机控制系统的性能与应用范围。

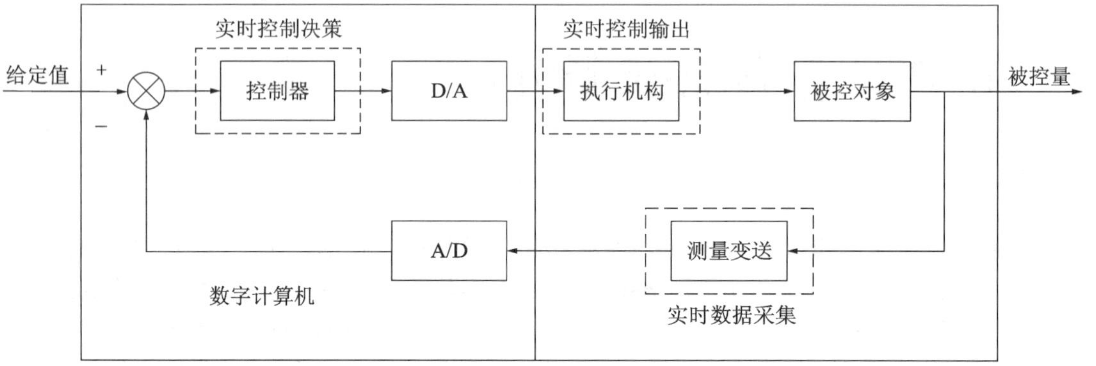

图 1-1　典型的计算机控制系统原理框图

计算机控制系统中的控制器是由计算机的控制算法程序实现的，采集被控量的 A/D 转换器和控制输出的 D/A 转换器都只能是周期性工作，因此控制系统被引入计算机之后也称为离散时间控制系统。从本质上看，计算机控制系统（离散时间控制系统）的工作原理可归纳为以下三个步骤：

(1)实时数据采集：对来自测量变送装置的被控量的瞬时值进行检测、采样、转换与输入。

(2)实时控制决策：对采集到的表征被控参数的状态量进行分析和处理，并按预先设定的控制规律进行计算，决定将要采取的控制策略。

(3)实时控制输出：根据控制策略，适时地对执行机构发出控制信号，完成控制任务。

上述三个步骤不断重复，使整个系统按照一定的品质指标进行工作，并对被控量和设备本身的异常现象及时进行监督并做出处理。

所谓实时，是指信号的输入、计算和输出都要在一定的时间范围内完成，亦即计算机对输入信息以足够快的速度进行控制，超出了这个时间，就失去了控制的时机，控制也就失去了意义。实时的概念不能脱离具体过程，一个在线的系统不一定是一个实时控制系统，但一个实时控制系统必定是在线系统。在计算机控制系统中，生产过程和计算机直接连接，并受计算机控制的方式被称为在线方式或联机方式；生产过程不和计算机相连，且不受计算机控制，而是靠人进行联系并做出相应操作的方式被称为离线方式或脱机方式。

1.2　计算机控制系统的组成、分类及特点

1.2.1　计算机控制系统的组成

计算机控制系统由数字计算机和生产过程两大部分组成，如图 1-2 所示。数字计算机是由大规模集成电路组成的微型计算机，它包括硬件和软件两个组成部分。数字计算机硬

件包括计算机主机、过程输入输出接口、人机接口、外存储器等。数字计算机的软件系统是能完成各种功能计算机程序的总和，它是计算机控制系统的神经中枢，整个系统的动作都是在软件程序的指挥下协调工作的。

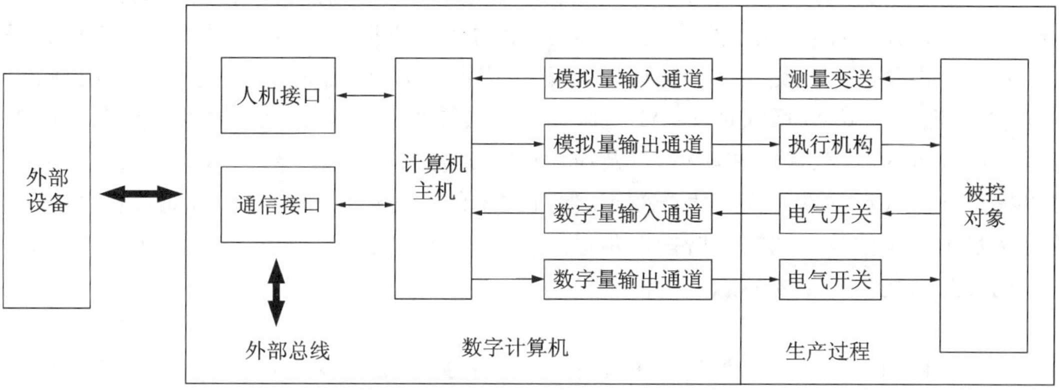

图 1-2 计算机控制系统的组成

计算机控制系统通常由以下七大部分组成：

(1)计算机主机

由中央处理单元(CPU)、存储器(随机/只读)和系统总线构成的主机是计算机控制系统的指挥部，它根据输入通道传来的被控对象的状态参数，按照预先设定好的程序，自动进行信息处理、分析、计算，并做出相应的控制决策，然后以信息形式通过接口往输出通道发出控制命令。计算机主机的具体功能是完成程序存储、程序执行、数值计算、逻辑判断和数据处理等工作。

(2)过程输入输出通道

过程输入输出通道是计算机和被控对象(或生产过程)之间设置的信息传送和转换的连接通道。工业现场的被控量往往是一些非电量，首先必须用检测装置转换成电信号，并通过建立在计算机与检测装置之间的信息传递与变换通道与计算机进行联系，实现信息采集与控制。过程输入通道把被控对象(或生产过程)的被控参数转换成计算机可以接受的数字信号。过程输出通道把计算机输出的控制命令和数据转换成可以对被控对象(或生产过程)进行控制的信号。

过程输入输出通道一般分为模拟量输入通道、模拟量输出通道、数字量输入通道、数字量输出通道。

(3)外部设备

计算机的外部设备是指连接到计算机主机或其他计算设备的外部组件，用于实现计算机和外界的信息交换，扩展计算机的功能，提供输入输出接口。外部设备包括人-机通信设备、输入输出设备和外存储器等。

输入设备：键盘、扫描仪、摄像头等。它主要用来输入程序和多种模态数据。

输出设备：打印机、记录仪、显示器(数码显示器或 CRT 显示器)等。它主要用来向操作人员提供各种信息和数据，以便及时了解控制过程。

外存储器：常见的外存储器有 USB 闪存驱动器、外置硬盘驱动器等。它们兼有输入输出功能，主要用来存储系统程序和数据。

(4)人机交互平台

人机交互平台是指通过各种技术和设备实现用户与计算机之间交互和沟通的界面或系统。人机交互平台是操作人员与计算机控制系统进行"对话"的装置，旨在提供直观、高效和用户友好的操控环境，以显示操作人员要求展示的内容或报警信号，满足用户的需求和提高工作效率。常见的人机交互平台包括图形用户界面(GUI)、触摸屏、语音识别和控制、手势识别、虚拟现实(VR)和增强现实(AR)、眼动追踪技术等。人机交互平台的设计和实现需要考虑操作人员的习惯、偏好和能力，以及应用的特定需求和环境条件。有效的人机交互平台可以提高操作人员的满意度和生产效率，促进技术的广泛应用和普及。目前，计算机控制系统已从基于多媒体技术的交互阶段逐步过渡到人机自然交互与通信阶段，多模态输入输出是人机交互与通信的主要标志之一。

(5)软件

计算机控制系统的软件是指用于设计、实现、管理和优化控制系统功能的程序和应用软件。软件在计算机控制系统中扮演着至关重要的角色，它是计算机控制系统的神经中枢，具有处理数据、执行算法、实现控制策略和提供用户界面等功能。整个控制系统的动作，都是在软件的指挥下进行协调动作的。

系统软件是指为提高计算机使用效率，扩大功能，为用户使用、维护和管理计算机提供方便的程序的总称。系统软件通常包括操作系统、语言加工系统和诊断系统等，具有一定的通用性，一般随硬件一起由计算机生产厂家提供。例如，现在主流的机器人操作系统(Robot Operating System ,ROS)就是一个适用于机器人的开源操作系统，它提供了操作系统应有的服务，包括硬件抽象、底层设备控制、常用函数的实现、进程间消息传递等。它也提供了用于获取、编译、编写、跨计算机运行代码所需的工具和库函数。ROS 的主要目标是为机器人研究和开发提供代码复用的支持。

应用软件是用户根据要解决的实际问题而编写的各种程序，在计算机控制系统中则是指完成系统内各种任务的程序，如控制程序、数据采集及处理程序、巡回检测及报警程序等。例如，RViz 就是一种基于 ROS 的三维可视化应用软件，它的主要目的是以三维方式显示 ROS 消息，将输入输出数据(如三维距离传感器采集的点云数据)进行可视化表达。

(6)执行机构

执行机构在控制系统中起着极为重要的作用，正确选择和使用执行机构对控制品质有着重要的影响。执行机构将控制输出信号转换成直线位移或角位移，分为气动、电动和液动三类。同时，执行机构利用自身调节机构(各种类型的阀)把直线位移或角位移转换成流通截面面积的变化，从而改变操作变量的值。气动执行机构有气开与气关两种类型；电动执行机构的输入有连续信号和非连续信号；液动执行机构包括油缸与液动阀门。

(7)被控对象

被控对象的范围很广，包括各行各业的生产过程、机械装置、交通工具、机器人、试验装置、仪器仪表、家庭生活设施、家用电器等。控制目的可以是使被控对象的状态或运动过程达到某种要求，也可以是达到某种最优化目标。计算机控制系统通常具有精度高、速度快、存储容量大和有逻辑判断功能等特点，因此可以实现高级复杂的控制方法，获得快速精密的控制效果。

在实际生产过程中，被控对象和测量变送（包括测量传感器和变送器）、执行机构（基于液体、气体、电力或其他能源的驱动装置）、电气开关（高压断路器、真空断路器、框架断路器）等装置都有各种类型的标准产品，在进行计算机控制系统的设计时，根据需要合理地选型即可。

1.2.2　计算机控制系统的分类

计算机控制系统的分类方法很多，根据计算机在控制系统中的控制功能和控制目的，可将计算机控制系统分为以下几种类型。

(1)直接数字控制系统

直接数字控制系统(Direct Digital Control，DDC)的构成如图 1-3 所示。

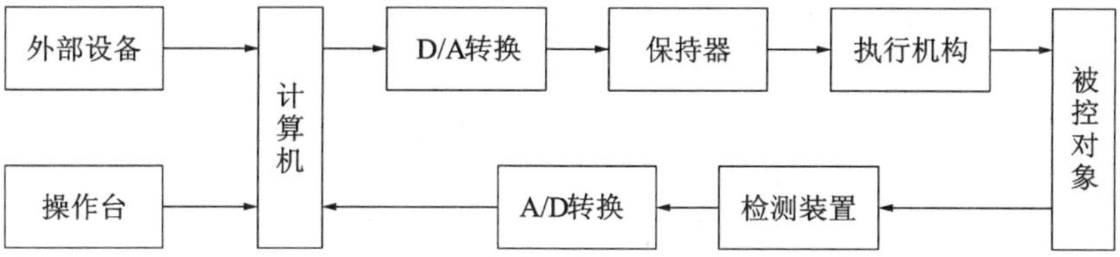

图 1-3　直接数字控制系统的构成

计算机通过测量元件对一个或多个物理量进行巡回检测，经采样、A/D 转换等过程把模拟量转换为数字量，并根据规定的控制规律进行运算，然后发出控制信号，直接去控制执行机构，使各个被控制量达到预定的要求。

DDC 系统中的计算机参与闭环控制过程，它不仅能完全取代模拟控制器，实现多回路的控制，而且无须改变硬件，仅改变程序就能有效地实现较复杂的控制。如前馈控制、非线性控制、自适应控制、最优控制等。直接数字控制系统是一种利用数字技术直接实现系统控制的方法，与传统的模拟控制系统相比，DDC 系统精度更高，灵活性和可扩展性更强。

(2)监督计算机控制系统

在直接数字控制方式中，对生产过程产生直接影响的被控参数给定值是预先设定的，并且被存入计算机的内存中。这个给定值不能根据过程条件和生产工艺信息的变化及时修改。因此，直接数字控制方式无法使生产过程处于最优状态，这显然是不够理想的。

监督计算机控制系统(Supervisory Computer Control，SCC)，是由 DDC 系统加上监督系统构成的，其系统结构如图 1-4 所示。在 SCC 系统中，计算机根据反映被控对象运行工况的数据和预先给定的描述生产过程的数学模型及性能目标函数，按照预先确定的优化算法或监督规则，自动地改变模拟调节器或以直接数字控制方式工作的计算机中的给定值，从而使生产过程始终处于最优状态（如保持高质量、高效率、低消耗、低成本等）。

监督控制方式的控制效果，主要取决于数学模型的优劣。这个数学模型一般是针对某个目标函数设计的，如果这一数学模型能使某一目标函数达到最优状态，那么这种控制方式就能实现最优控制。当数学模型不理想时，控制效果也不会太理想。

(3)分布式控制系统

分布式控制系统(Distributed Control Systems，DCS)，也称为集散控制系统，是由多台计算机分别控制生产过程中多个控制回路，同时又可集中获取数据和集中管理的自动控制系统，因而具有分布网络结构。分布式控制系统是控制(Control)、计算机(Computer)、通信(Communication)和屏幕显示(CRT)技术的综合应用，通常也将分布式控制称为4C技术。

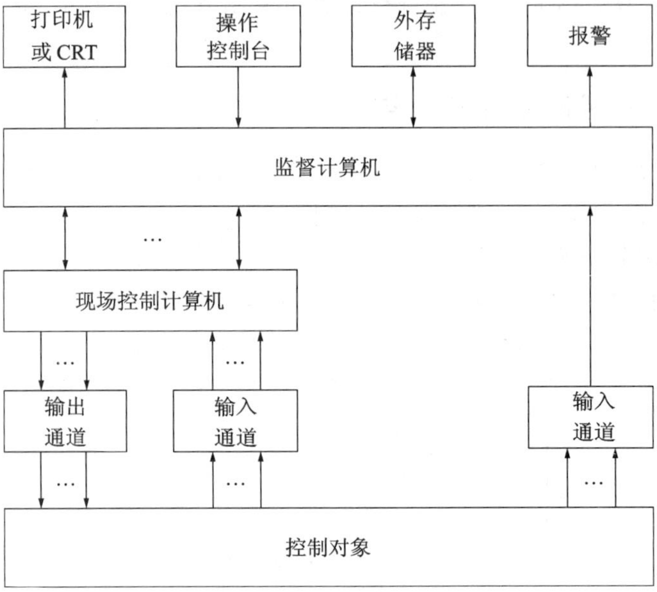

图1-4　监督计算机控制系统

分布式控制系统通常具有二层结构模式、三层结构模式或四层结构模式。采用分散控制、集中操作、分级管理、分而自治和综合协调的方法，把系统从上到下分为现场设备级、分散控制级、集中监控级、综合管理级，形成分级分布式控制，其结构如图1-5所示。

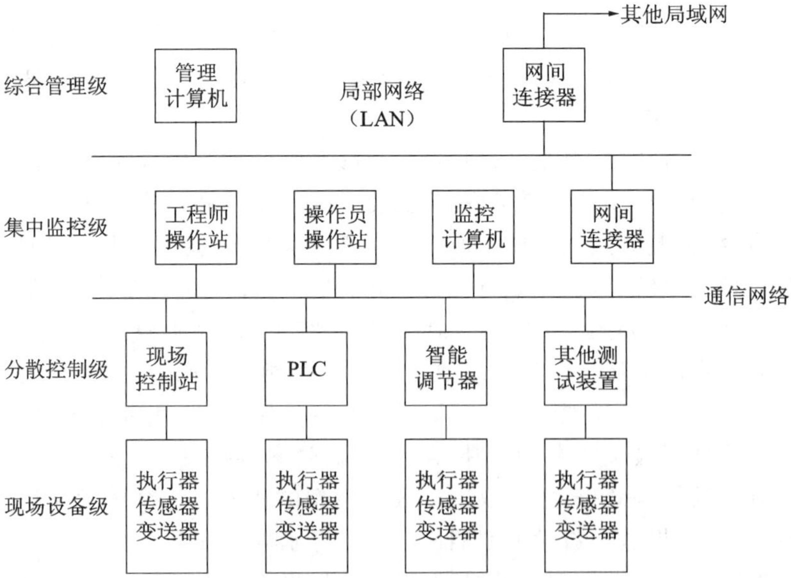

图1-5　分布式控制系统

二层结构模式的第一层为前端计算机，也称下位机、直接控制单元。前端计算机直接面向控制对象完成实时控制、前端处理功能。第二层称为中央处理机，又称上位机，完成后续处理功能。中央处理机不直接与现场设备打交道，即使失效，设备的控制功能依旧能得到保证。在前端计算机和中央处理机间再加一层中间层计算机，便构成了三层结构模式的分布式控制系统。在四层结构模式的离散控制系统中，第一层为直接控制级，第二层为过程管理级，第三层为生产管理级，第四层为经营管理级。分布式控制系统具有分布式架构、实时控制和监控、模块化设计、高度集成、灵活配置和编程等特点。

(4)现场总线控制系统

现场总线控制系统(Fieldbus Control System，FCS)是新一代分布式控制系统。随着现场总线技术与智能仪表管控一体化(仪表调校、控制组态、诊断、报警、记录)的发展，这种开放型的工厂底层控制网络构造了新一代的网络集成式全分布计算机控制系统，即 FCS。FCS 作为新一代分布式控制系统，采用了开放式、标准化的通信技术，突破了 DCS 采用专用通信网络的局限；同时，还进一步变革了 DCS 中“集散”系统结构，形成了全分布式系统架构，把控制功能彻底下放到现场，如图 1-6 所示。

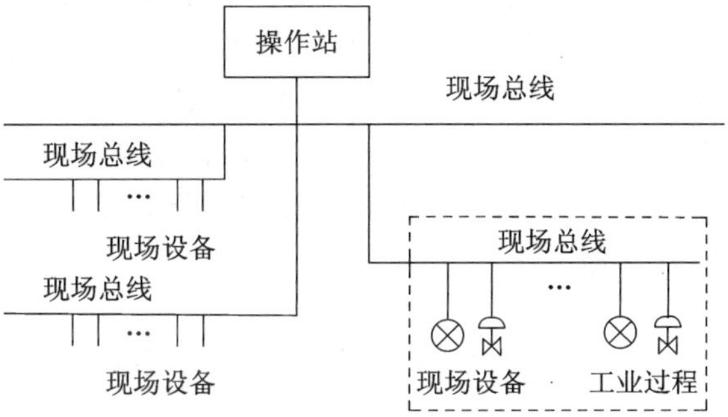

图 1-6 FCS 结构示意图

DCS 的结构模式为“操作站—控制站—现场仪表”三层结构，系统成本较高，而且各厂商的 DCS 有各自的标准，不能互连。FCS 与 DCS 不同，它的结构模式为“工作站—现场总线智能仪表”二层结构，用二层结构完成了 DCS 中的三层结构功能，降低了成本，提高了可靠性。

现场总线是连接工业现场仪表和控制装置之间的全数字化、双向、多站点的串行通信网络。它是控制技术、仪表工业技术和计算机网络技术三者的结合，具有现场通信网络、现场设备互连、互操作性、分散的功能块、通信线供电和开放式互联网络等技术特点。这些特点不仅保证它完全可以满足工业界对数字通信和自动控制的需求，而且使它与网络互联构成不同层次的复杂网络成为可能。因此，FCS 可实现真正的开放式互联系统。

1.2.3 计算机控制系统的特点

由于计算机控制系统是与工业过程一起实现生产目标的，因此，控制系统中的计算机与个人计算机有不同的要求。

(1)可靠性高。现代工业生产活动具有生产环节多、协作关系复杂、生产连续性强等特点，其连续工作时间常在数千小时以上，因此对控制系统的要求是故障少、修复快，具有一定的容错性与抗干扰性，一般采用冗余或分层分级结构，如集散控制、分级递阶控制、现场总线控制等。

(2)适应性强。大量的工业生产过程及其产品是在非常恶劣的环境中运行的,特征是高温、温度变化大且常伴随高压和周期性的应力变化,这要求控制系统中的计算机在材料的使用、系统组装上能满足不同环境的要求,具有防振、防尘、防水等功能,可以在恶劣条件下操作。

(3)实时性强。生产过程有实时性要求,例如导弹系统跟踪目标,如果目标突然避让,导弹控制系统的响应速度慢,就会导致脱靶。因此,对于不同的应用对象,其控制系统对实时性都有不同的要求,这要求系统配有实时时钟,并且有完善的中断系统。

因此,计算机控制系统和一般常规连续模拟控制系统相比有如下特点:

(1)由于计算机的运算速度快、精度高,具有丰富的逻辑判断功能和大容量的存储单元,因此能实现复杂的控制规律,从而达到较高的控制质量。计算机控制实现了常规系统难以实现的多变量控制、最优控制、自适应控制、参数自整定等。

(2)由于计算机具有分时操作的功能,因此一台计算机能代替多台控制仪器,实现群控。对于连续控制系统,控制回路越多或控制规律越复杂,所需硬件也就越多且越复杂,成本也越高。对于计算机控制系统来说,增加一个控制回路的费用是很少的,控制规律的改变和复杂程度的提高可由编制程序实现,无须改变硬件而增加成本,有很高的性价比。

(3)软件功能丰富,编程方便和硬件体积小、轻便,以及结构设计上的模块化、标准化,使计算机控制系统有很强的灵活性。如一些控制计算机有操作简易的结构化、组态化控制软件,有监控、报警、自诊断等功能。

1.3 常用的计算机控制系统主机

在计算机控制系统中,工控机、嵌入式系统等都是常用的控制系统主机,适应不同的应用要求。在工程实际中,选择何种控制系统主机,应根据控制规模、工艺要求、控制特点和所完成的工作来确定。

1.3.1 工控机

工控机是一种面向工业控制、采用标准总线技术和开放式体系结构的计算机,配有丰富的外围接口产品,如模拟量输入输出模板、数字量输入输出模板等。常用的工控机总线有PC总线、ISA总线、PCI总线、STD总线、VME总线等。工控机具有可靠性高、可维修性好、环境适应性强、控制实时性强、输入输出通道完善、软件丰富等特点。如图1-7所示,西门子SIMATIC IPC327E就是一种新型工控机平台,专门用于工业以及面向工业的环境中以实现基于PC的成本优化。

图1-7　西门子 SIMATIC IPC327E

工控机的主要类别有PC总线工业电脑(IPC)、分布式控制系统(DCS)、现场总线系统(FCS)、数控系统(CNC)及可编程逻辑控制器(PLC)五种。

(1)PC总线的工业电脑

因价格低、质量高、产量大、软/硬件资源丰富等特点,IPC已被广大的技术人员所熟悉和认可。同时,IPC具有可靠性、实时性、扩充性、兼容性的特点,不受工业现场的电磁、振动、灰尘、高/低温等干扰。

应用范围：能与工业现场的各种外设、板卡（如车道控制器、视频监控系统、车辆检测仪等）相连，以完成各种任务。

（2）分布式控制系统

它是高性能、高质量、低成本、配置灵活的分布式控制系统系列产品，可以构成各种独立的控制系统、分散控制系统 DCS、监控和数据采集系统，能满足各种工业领域对过程控制和信息管理的需求。

应用范围：能广泛用于各种大、中、小型电站的分散型控制、发电厂自动化系统的改造，以及钢铁、石化、造纸、水泥等工业生产过程控制。

（3）现场总线控制系统

它是指全数字串行、双向通信系统。系统内测量和控制设备（如探头、激励器和控制器）可相互连接、监测和控制。在工厂网络的分级中，它既作为过程控制（如 PLC 等）和应用智能仪表（如变频器、阀门、条码阅读器等）的局部网，又具有在网络上分布控制应用的内嵌功能。

应用范围：具有广泛的应用前景，现今国际上已知的现场总线类型有四十余种，典型的现场总线有 FF、Profibus、LONworks、CAN、HART、CC-LINK 等。

（4）数控系统

采用微处理器或专用微机的数控系统，由事先存放在存储器里的系统程序（软件）来实现控制逻辑，以实现部分或全部数控功能，并通过接口与外围设备进行连接。

应用范围：机械制造技术；信息处理、加工、传输技术；自动控制技术；伺服驱动技术；传感器技术；软件技术等。

（5）可编程逻辑控制器

PLC 是一种专门为在工业环境下应用而设计的数字运算操作电子系统。它采用一种可编程的存储器，在其内部存储执行逻辑运算、顺序控制、定时、计数和算术运算等操作的指令，通过数字式或模拟式的输入输出来控制各种类型的机械设备或生产过程。PLC 具有可靠性高、编程容易、功能完善、扩展灵活、安装调试简单方便的特点。国内外生产 PLC 的厂家有很多，如德国西门子的 S 系列，日本 OMRON 的 C 系列，日本三菱的 F、F1、F3、FX 系列等。

应用范围：能广泛应用于工业控制的各个领域，是加快机电一体化进程的巨大推力。

1.3.2 嵌入式系统

根据国际电气与电子工程师协会（IEEE）的定义，嵌入式系统是“控制、监视或者辅助装置、机器和设备运行的设备”。嵌入式系统是软件和硬件系统组成的综合体。软件一般由操作系统和应用程序构成，软件和硬件之间由所谓的中间层（板级支持包）连接。

（1）系统特点

① 软硬件一体化，集计算机技术、微电子技术、行业技术于一体；

② 需要操作系统支持，代码小，执行速度快；

③ 用途固定；

④ 可靠性要求高；

⑤ 多样性，应用广泛，种类繁多。

(2)系统组成

从外部特征上看，一个嵌入式系统，通常是一个功能完备、几乎不依赖其他外部装置即可独立运行的软硬件集成系统。或从组织层次上看，嵌入式系统一般由硬件层、中间层/硬件抽象层、软件层和功能层组成。硬件层和中间层/硬件抽象层(硬件接口层)构成硬件结构；软件体系包括软件层和功能层(应用软件)，如图 1-8 所示。

(3)硬件结构

嵌入式系统的硬件部分与通用计算机系统的几乎没有区别，也由处理器、存储器、外部设备、I/O 接口、图形控制器等部分组成，但是嵌入式系统应用上的特点致使其在软硬件的组成和实现形式上与通用计算机系统有较大区别，如图 1-9 所示。

图 1-8　嵌入式系统层次

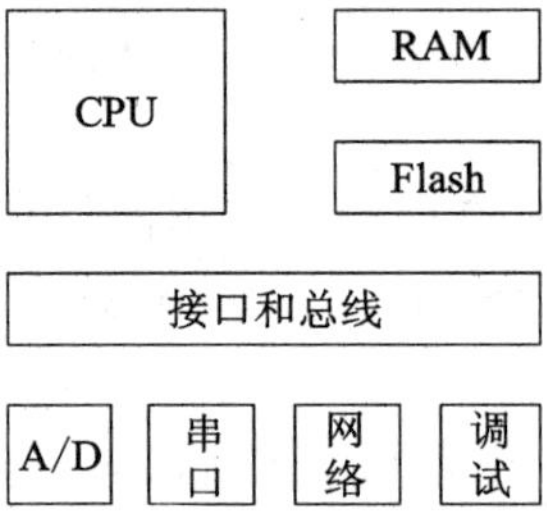

图 1-9　嵌入式系统的硬件结构

为满足嵌入式系统在速度、体积和功耗上的要求，操作系统、应用软件、特殊数据等需要长期保存的数据，通常不使用磁盘这类具有大容量且速度较慢的存储介质，而使用 EPROM、E2PROM 或闪存(Flash Memory)。在嵌入式系统中，A/D 或 D/A 模块主要用于测控方面，这在通用计算机中用得很少。为了对嵌入式处理器内部电路进行测试，处理器芯片普遍采用了边界扫描测试技术(JTAG)。

(4)软件体系

嵌入式系统的软件体系是面向嵌入式系统特定的硬件结构和用户要求而设计的，是嵌入式系统的重要组成部分，也是实现嵌入式系统功能的关键。嵌入式系统软件体系和通用计算机软件体系类似，分成驱动层、操作系统层、中间件层和应用层等四层，各有其特点，如图 1-10 所示。

①驱动层

是直接与硬件打交道的一层，它为操作系统和应用提供硬件驱动或底层核心支持。在嵌入式系统中，驱动程序有时也称为板级支持包(BSP)。BSP 具有在嵌入式系统上电后初始化系统的基本硬件环境的功能，其中基本硬件包括微处理器、存储器、中断控制器、DMA、定时器等。驱动层一般有三种类型的程序，即板级初始化程序、标准驱动程序和应用驱动程序。

②操作系统层

嵌入式系统中的操作系统具有一般操作系统的核心功能，负责嵌入式系统的全部软硬件资源的分配、调度工作控制、协调并发活动。它仍具有嵌入式的特点，属于嵌入式操作系统。主流的嵌入式操作系统有 Windows CE、Palm：OS、Linux、VxWorks/PSOS、QNX、LynxOS 等。有了嵌入式操作系统，编写应用程序就更加快速、高效、稳定。

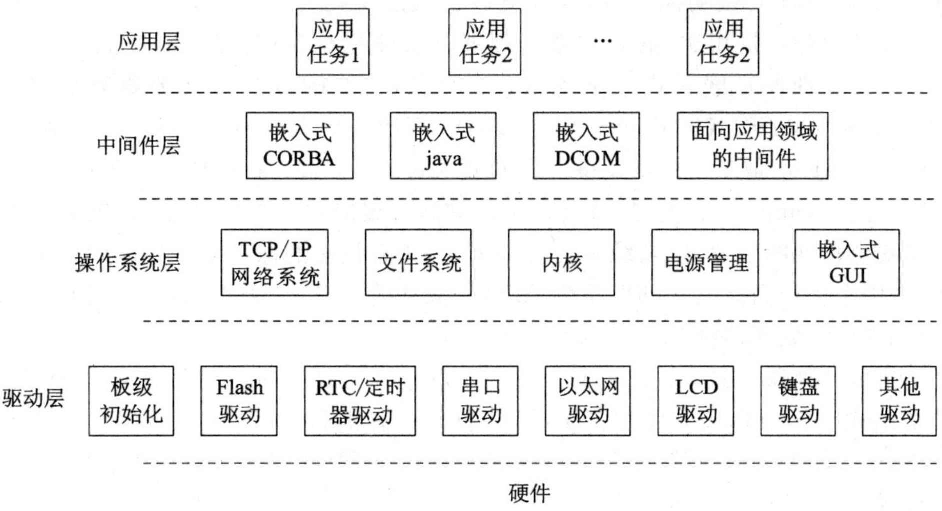

图 1-10　嵌入式系统的软件体系

③中间件层

中间件是用于帮助和支持应用软件开发的软件，通常包括数据库、网络协议、图形支持及相应开发工具等，如 MySQL、TCP/IP、GUI 等都属于这一类软件。

④应用层

嵌入式应用软件是针对特定应用领域，用来实现用户预期目标的软件。嵌入式应用软件和普通应用软件有一定的区别，它不仅要求在准确性、安全性和稳定性等方面能够满足实际应用的需要，而且还要尽可能地进行优化，以减少对系统资源的消耗，降低硬件成本。嵌入式系统中的应用软件是最活跃的力量，每种应用软件均有特定的应用背景。尽管规模较小，但专业性较强，因此嵌入式应用软件不像操作系统和支撑软件那样受制于国外产品，是我国嵌入式软件的优势领域。

嵌入式处理器是嵌入式系统的核心组成部分，一般可分成以下几种类别：

(1)嵌入式微控制器(MCU)

嵌入式微控制器(Micro Controller Unit，MCU)的典型代表是单片机。微控制器的最大特点是单片化，体积大幅减小，从而使功耗和成本下降，可靠性提高。微控制器是目前嵌入式系统工业的主流。微控制器的片上外设资源一般比较丰富，适合于控制。比较有代表性的包括 8051、MCS251、MCS-96、P51XA、C166/167、68K 系列以及 MCU 8XC930/931X540、0541 系列，并且支持 I^2C、CAN Bus、LCD 及众多专用 MCU 和兼容系列。MCU 占嵌入式系统约 70%的市场份额。Atmel 生产的 Avr 单片机，由于集成了 FPGA 等器件，因此具有很高的性价比，势必将推动单片机获得更好的发展。

应用实例：C2000™ 是美国德州仪器(Texas Instruments，TI)公司开发的一种实时高性能微控制器产品系列，专门用于控制电力电子产品，并提供面向工业和汽车应用的高级数字信号处理功能。

(2)嵌入式微处理器(MPU)

嵌入式微处理器(Micro Processor Unit，MPU)是具有 32 位以上的处理器，并具有较高的性能。与计算机处理器不同的是，在实际嵌入式应用中，只保留和嵌入式应用紧密相关的功能硬件，去除其他冗余功能部分，这样就以最低的功耗和资源实现嵌入式应用的特殊要求。与工业控制计算机相比，嵌入式微处理器具有体积小、重量轻、成本低、可靠性高的优点。嵌入式微处理器是嵌入式系统的核心。目前，主要的嵌入式处理器类型有 STM32、Am186/88、386EX、SC-400、Power PC、68000、MIPS、ARM/Strong ARM 系列等。其中 ARM/Strong ARM 是专为手持设备开发的嵌入式微处理器，属于中档价位。

应用实例：Jacinto™ 是美国 TI 公司生产的高度集成化的微处理器，其包含专用的加速器和功能安全特性的芯片，以及统一的软件平台，具有强化的深度学习功能和先进的网络处理能力，适用于各种高级驾驶辅助系统 ADAS、数字驾驶舱、信息娱乐应用的创新。

(3)数字信号处理器(DSP)

数字信号处理器(Digital Signal Processor，DSP)是专门用于信号处理方面的处理器，其在系统结构和指令算法方面进行了特殊设计，具有很高的编译效率和指令的执行速度。在数字滤波、快速傅立叶变换、谱分析等各种仪器上，DSP 获得了大规模的应用。

推动嵌入式 DSP 处理器发展的另一个因素是嵌入式系统的智能化，例如各种带有智能逻辑的消费类产品、生物信息识别终端、带有加/解密算法的键盘、非对称数字用户环路 ADSL 接入、实时语音解压系统、虚拟现实显示等。这类智能化算法运算量一般都比较大，特别是向量运算、指针线性寻址等较多，而这些正是 DSP 处理器的长处所在。

嵌入式 DSP 处理器比较有代表性的产品是 TI 公司的 TMS320 系列和 Motorola 公司的 DSP56000 系列。TMS320 系列处理器包括用于控制的 C2000 系列、移动通信的 C5000 系列，以及性能更高的 C6000 系列和 C8000 系列。DSP56000 系列目前已经发展为 DSP56100、DSP56200 和 DSP56300 等几个不同系列的处理器。

应用实例：C5000™ 是美国 TI 公司推出的超低功耗 DSP 平台，非常适用于音频、语音和视觉类便携设备及其他需要分析的超低功耗应用。该系列主要用于低功耗、便携的无线通信终端产品。

(4)嵌入式片上系统(SoC)

嵌入式片上系统(System on Chip，SoC)最大的特点是成功实现了软硬件无缝结合，直接在处理器片内嵌入操作系统的代码模块。而且 SoC 具有极高的综合性，在一个硅片内部运用 VHDL 等硬件描述语言，可实现一个复杂的系统。由于 SoC 往往是专用的，因此大部分都不为用户所知，比较典型的 SoC 产品是 Philips 的 Smart XA。少数通用系列如西门子的 TriCore、Motorola 的 M-Core、某些 ARM 系列器件、Echelon 和 Motorola 联合研制的 Neuron 芯片等。

应用实例：QCC305x SoC 系列是高通推出的新一代蓝牙音频芯片，集成专用硬件以支持高通的混合主动降噪技术、语音助手和出色的无线声音与语音品质。

1.4 计算机控制系统发展概况与趋势

在近一百年里，科学技术取得了突飞猛进的发展，将人类带到信息时代。尤其是第二次世界大战之后，伴随着计算机技术的诞生，科学技术再一次取得了长足的进步。按照计算机的处理方式，计算机硬件的发展迄今为止经历了四个阶段：批量处理阶段、分段处理阶段、分布式处理阶段以及稠密处理阶段。与此同时，经典控制理论、现代控制理论、大系统理论的出现与发展，都推动了计算机技术与控制理论的相互融合，促进计算机控制技术的发展。

世界上第一台数字计算机于1946年在美国诞生。起初计算机用于科学计算和数据处理，之后人们开始尝试将计算机用于导弹和飞机的控制。1959年3月，世界上第一套工业过程计算机控制系统应用于美国德州一家炼油厂的聚合反应装置，该系统实现了对流量、温度、压力和成分等多参数变量的检测及控制，控制的目标是使反应器的压力最小，确定最优的反应器进料量，根据催化剂的活性测量结果来控制热水流量并确定最优循环。1962年，英国帝国化学工业公司利用计算机代替了原来的模拟控制系统。该计算机控制系统检测了上百个参数变量和控制上百个阀门，由计算机直接控制过程变量，完全取代了原来的模拟控制系统。1972年，人们生产出微型计算机，过程计算机控制技术随之进入了崭新的发展阶段，出现了各种类型的计算机和计算机控制系统，可编程序控制器逐步发展到广泛应用于过程控制和数据处理方面，将以前界限分明的强电与弱电两部分渐渐合二为一，作为统一的面向过程级的计算机控制系统考虑并实施。20世纪90年代初，出现了将现场控制器和智能化仪表等现场设备用现场通信总线互连构成的新型分散控制系统。随着DCS、PLC、FCS等新型分散控制系统的不断发展，它们之间的界限已经越来越模糊，都致力于为各种工业控制应用提供集成的、新一代控制平台。而且，计算机控制系统已全面向多级管控结合的综合自动化系统发展，成为智能制造升值智慧企业的基础。因此，计算机控制系统的发展分为以下四个阶段：

(1)初期阶段(1950—1979年)：计算机控制系统主要应用于工业过程控制和数据处理，以提高生产效率和质量。

(2)集成阶段(1980—1999年)：随着计算机技术的进步，控制系统逐渐集成了传感器、执行器和通信设备，形成了现代的工业自动化系统。

(3)网络化和分布式控制(2000—2019年)：引入了SCC、现场总线和分布式控制系统等技术，实现了系统的网络化、集中管理和远程监控。

(4)智能化和自适应控制(2020年以后)：利用人工智能、机器学习和物联网技术，实现了控制系统的智能化、自适应和预测性维护，为工业4.0和智能制造提供了强大支持。

计算机控制实质上是自动控制技术、计算机技术与人工智能技术的结合。由于计算机具有存储大量信息的能力、强大的逻辑判断能力以及快速运算的能力，再将人工智能的智慧、理念以及相关的技术成果应用其中，则计算机控制系统能够解决常规自动控制技术解决不了的难题。未来的计算机控制将把过程知识、测量技术、计算机技术、新兴网络和通信技术、物联网和大数据技术、控制理论和人工智能技术有机地结合在一起，使控制系统更加人性化和智能化。总体而言，计算机控制系统正朝着更加智能化、网络化、集成化和人机协作的方向发展，不断推动工业自动化、智能制造和数字化转型的进程。随着技术的不断创新和应用，控制系统将继续适应和引领工业和社会的发展。

1.5　本章总结

本章主要介绍了计算机控制系统，计算机控制系统的组成、分类及特点，以及常用的计算机控制系统主机。计算机控制系统是计算机技术与自动控制理论、自动化技术，以及检测与传感技术、通信与网络技术紧密结合的产物。利用计算机快速强大的数值计算、逻辑判断等信息加工能力，计算机控制系统可以实现常规控制以外更复杂、更全面的控制方案。

习　题

1. 什么是计算机控制系统？画出计算机控制系统的原理框图，说明其工作原理，描述其主要特点和优势。

2. 解释计算机控制系统与传统控制系统（如模拟控制和数字控制）之间的关系和区别。

3. 描述计算机控制系统的工作原理和基本工作流程。

4. 计算机在计算机控制系统中的主要任务是什么？它的输入信息来自哪里？其输出信息又作用于什么地方？

5. 列举计算机控制系统的基本组成部分，描述控制系统的层次结构和组件间的交互关系。

6. 什么是计算机控制系统的实时性？为什么要强调它的实时性？实时与同时有什么区别？

7. 计算机控制系统的“在线”操作和“离线”操作的区别是什么？

8. 计算机控制系统结构分类有哪些？请指出这些分类的结构特点和主要应用场合。

9. DDC、SCC 与 FCS 系统的工作原理如何？它们之间有何区别和联系？

10. 工控机结构分类有哪些？指出这些分类的结构特点和主要应用场合。

11. 提供一个具体的应用实例，如工业自动化、机器人控制或智能家居系统，并分析其控制策略和实现方法。

12. 分析计算机控制系统面临的主要挑战和问题，如安全性、可靠性和适应性，并探讨人工智能、物联网、云计算和边缘计算等新技术对计算机控制系统发展的影响及其发展趋势。

2 计算机控制系统的信号分析与数学描述

计算机控制系统是模拟部件与数字部件共存的混合系统，信号的传输及变换过程较为复杂。计算机接收被控过程的连续模拟信号，因此就必须利用采样器将其转换为时间离散的信号，并通过量化、编码过程转换为数字信号。数字信号在计算机中经过处理，产生的数字控制指令信号还需经过解码和信号恢复装置转换为连续模拟信号，才可用于控制被控过程。计算机控制系统与连续系统的特性差异也是源于系统中信号的这种复杂变换。因此，信号的转换特性是研究计算机控制系统理论的基础。

本章将计算机控制系统看作采样系统或时间离散系统，介绍采样过程与采样定理、z 变换的定义和性质、z 反变换，以及差分方程、脉冲传递函数等。从系统论和信息论的角度，阐明计算机控制系统（采样系统或时间离散系统）中信号的处理，变换的手段、方法，以及采样数字系统的数学工具 z 变换的概念、性质及其运用。

2.1 计算机控制系统控制框图及信号类型

典型的计算机控制系统的结构如图 2-1 所示，计算机只能接收、处理和分析数字信号，其输出也是数字量。因此，一方面从现场工业过程检测的连续模拟信号必须经过采样、A/D 转换等量化处理变换为离散数字信号，才能由计算机进行控制运算或其他处理；另一方面，计算机输出的离散数字量也必须经过 D/A 转换器和保持器变换为连续量，才能控制需要连续输入的被控对象。

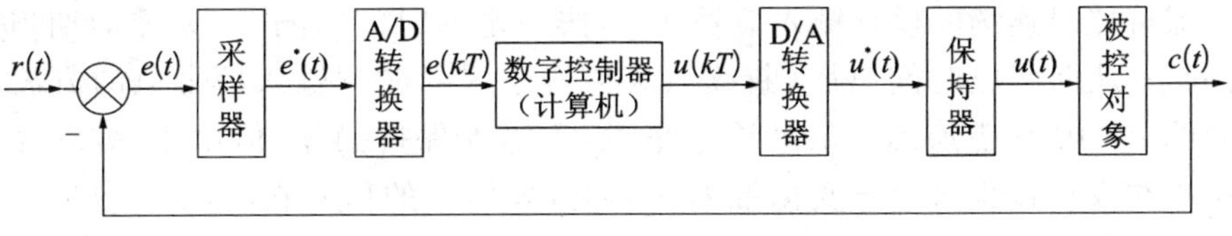

图 2-1 典型计算机控制系统结构框图

其中，$r(t)$为输入状态信号；$e(t)$为误差信号；$e^*(t)$为采样后误差模拟信号；$e(kT)$为采样后误差数字信号；$u(kT)$为控制数字信号；$u^*(t)$为离散的控制模拟信号；$u(t)$为控制信号；$c(t)$为输出状态信号。

采样器、保持器和数字控制器的结构形式和控制规律决定了控制系统的动态特性，是研究的主要对象。控制系统的稳态控制精度由 A/D、D/A 转换器的分辨率决定，A/D 和 D/A

转换器只影响系统稳态控制精度，而不影响动态指标。为了便于进行数学分析和综合，在分析和设计计算机控制系统时，常常假定 A/D、D/A 转换器的精度足够高，使得量化误差可以忽略不计，于是 A/D、D/A 只存在物理意义而无数学意义，即数字信号 $e(kT)$、$u(kT)$与采样信号 $e^*(t)$、$u^*(t)$是等价的。图 2-1 可进一步简化为图 2-2。

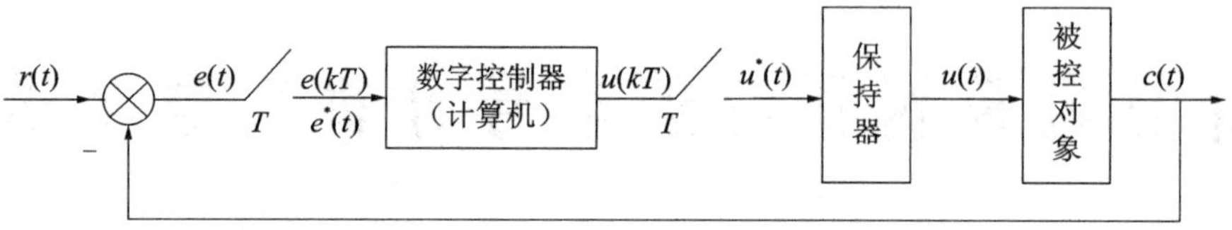

图 2-2　计算机控制系统结构简化框图

在区分计算机控制系统的各种信号形式时，只要从时间和幅值两方面分析，就可以清楚地区别信号的类型。

从时间上区分：①时间连续信号，即时间轴上任何时刻都存在的信号；②时间离散信号，即时间轴上断续出现的信号。

从幅值上区分：①模拟量，即幅值连续变化，可取任意值的信号；②离散量，即具有最小分层单位的模拟量，一般来说，幅值只能取离散值；③数字量，即幅值用一定位数的二进制编码形式表示。

2.1.1　A/D 转换器

A/D 转换器是一种将连续模拟信号变换成离散数字信号的装置。通常，A/D 转换器按以下顺序完成三种变换：采样/保持(S/H)、量化及编码，如图 2-3 所示。

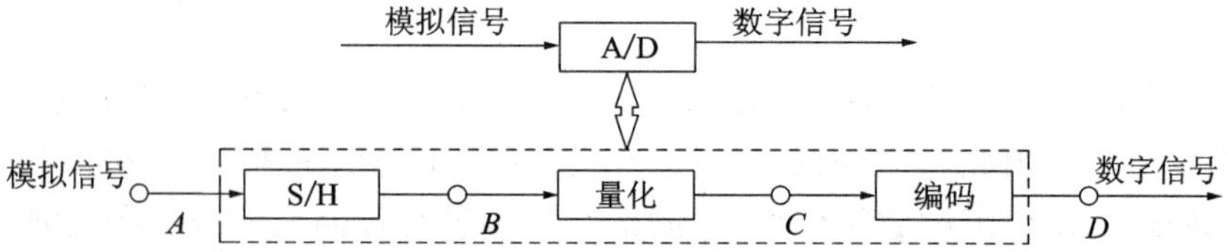

图 2-3　A/D 转换器框图

(1)采样/保持器

采样/保持器对连续的模拟输入信号 $f(t)$按一定的时间间隔 T(采样周期)进行采样，并保持时间 p，从而变成时间离散(断续)、幅值等于采样时刻输入信号值的方波序列信号 $f(kT)$，如图 2-4 中 B 点所示。从理论上来说，不需要保持操作，但由于 A/D 变换需要时间，为了减小在变换过程中信号变化带来的影响，采样后的信号在时间 p 中将保持幅值不变，直到完成变换。

显然，采样过程是将连续时间信号变为离散时间信号的过程。即将时间轴上连续存在的信号变成时有时无的断续信号。这个过程涉及信号的有无问题，因而是 A/ D 变换中最本质的变换。当采样时间 p 忽略不计时，采样过程可用一个理想的采样开关表示。所谓理想的采样开关，是指该开关每隔 1 个采样周期闭合 1 次，并且闭合后又瞬时打开，既没有延时也没有惯性。这样，经过理想采样开关后的信号为一串理想的脉冲序列信号。

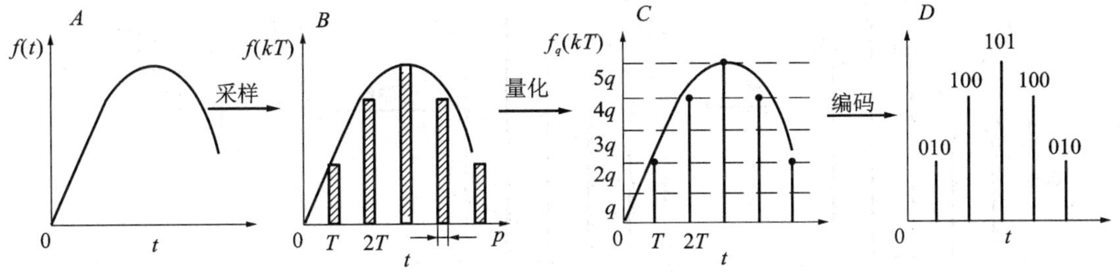

图 2-4 A/D 变换中信号形式的变化

(2)量化

将采样时刻的信号幅值按最小量化单位取整,这个过程称为整量化。若连续信号为 $f(t)$,经理想采样后得到的采样信号用 $f^*(t)$ 表示,它在采样时刻的幅值为 $f(kT)$,$f(kT)$ 是模拟量,是可以任意取值的。为了将它变换成有限位数的二进制数码,必须对 $f(kT)$ 进行整量化处理,即用 $f_q(kT)=L\cdot q$ 表示,其中 L 为整数,q 为最小量化单位。这样,可以任意取值的模拟量 $f(kT)$ 只能用 $f_q(kT)$ 近似表示。显然,量化单位 q 越小,它们之间的差异也越小。量化过程如图中 2-4 点 C 所示。

(3)编码

编码是将整量化后的分层信号变换为一定位数的二进制编码形式,也即表示成数字信号形式,如图 2-4 中点 D 所示。编码只是信号表示形式的改变,可将它看作无误差的等效变换过程。

2.1.2 D/A 转换器

D/A 转换器将数字编码信号转换为相应的时间连续的模拟信号(一般用电流或电压表示)。从功能角度来看,通常可将 D/A 转换器看作解码器与保持器的组合。其中,解码器的功能是把数字量转换为幅值等于该数字量的模拟脉冲信号,如图 2-5 所示(点 F、G、H 的信号见图 2-6)。注意:点 G 的信号在时间上仍是离散的,但在幅值上已是解码后的模拟脉冲信号(电压或电流)。保持器的作用则是将解码后的模拟脉冲信号保持规定的时间,从而使时间上离散的信号变成时间上连续的信号,如图 2-6 中点 H 所示。在 1 个采样周期内将信号保持为常值,形成阶梯状信号的保持器称为 ZOH(Zero-Order Holder,零阶保持器)。

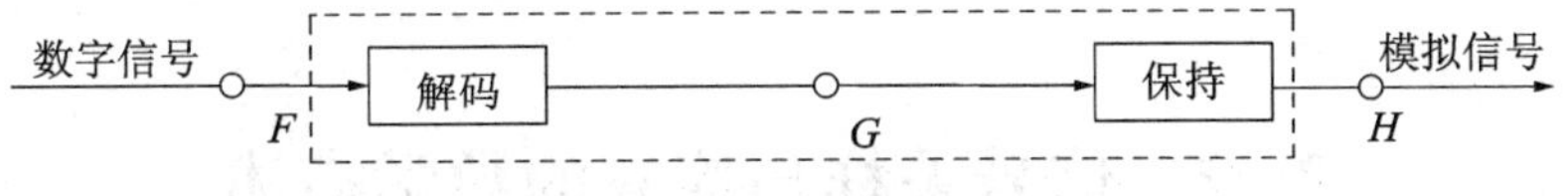

图 2-5 D/A 变换器框图

分析 D/A 变换的过程,解码只是信号形式的变化,可被看作无误差的等效变换,而保持器则将时间离散的信号变成了时间连续的信号。在实际系统里,由于 D/A 变换器的结构不同,可能是图 2-5 所示的先解码后数字保持,也可能是先数字保持后解码。利用数字计算机的存储功能使数字量在时间上保持连续,则称为数字保持器。

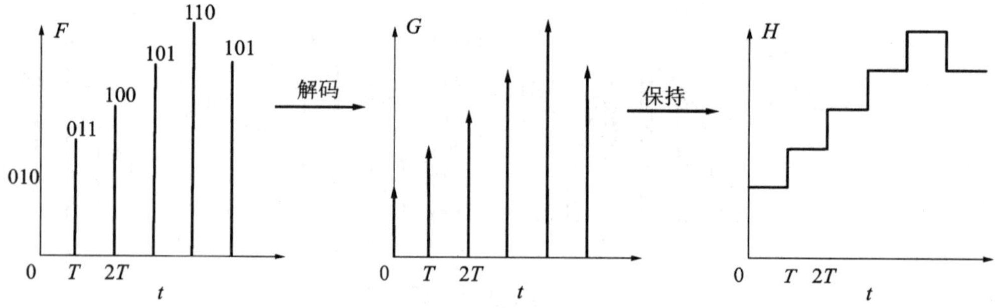

图 2-6　D/A 的信号变换过程

2.1.3　计算机控制系统中信号形式分类

通过以上 A/D 和 D/A 信号变换的分析，将计算机控制系统中的信号形式分成 6 类。通常，将时间及幅值均连续的信号称为连续信号或模拟信号，如图 2-7 中点 A、I 所示；将时间离散而幅值连续的信号称为采样信号，如图 2-7 中点 B 所示；通过量化或解码处理后，存在时间及幅值均离散的信号，如图 2-7 中点 C、G 所示；将时间上离散，幅值上是二进制编码的信号称为数字信号，如图 2-7 中点 D、F 所示；计算机中存在时间上连续的数字量，如图 2-7 中点 E 所示；在保持器作用下，存在时间上是连续，幅值上是阶梯形模拟量的信号，如图 2-7 中的点 H 所示。

计算机控制系统与连续控制系统相比，除信号形式多样外，还有一个重要的差别是信号的传递速度不同。连续系统中(除纯延迟环节外)，模拟信号的传递可以认为是瞬时完成的，即系统的输出反映同一时刻输入的响应，也即各点信号都是同时刻的值。而计算机控制系统中，由于 A/D 转换、计算机运算、D/A 转换都需花费一定的时间，因此计算机控制系统某时刻的输出，实际上不是当前时刻输入的响应，这就是常说的“计算机信号时延”。

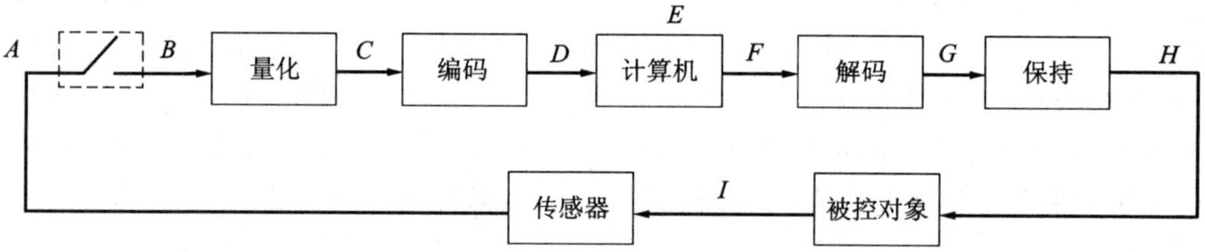

图 2-7　计算机控制系统信号变换结构图

2.2　信号采样与恢复的数学描述

2.2.1　信号采样过程的数学描述

在计算机控制系统中，信号是以脉冲序列或数字序列的方式传递的，把连续信号变成数字信号的过程叫作采样过程，实现采样的装置叫采样开关。计算机对某个随时间变化的模拟量进行采样，是利用定时器控制的开关，每隔一定时间使开关闭合而完成一次采样。开关重复闭合的时间间隔 T 为采样周期。

其中采样开关为理想的采样开关,它从闭合到断开及从断开到闭合的时间均为零。理想的采样开关虽然并不存在,但是实际应用中的采样开关均为电子开关,其动作时间极短,远小于两次采样之间的时间间隔,也远小于被控对象的时间常数,因此可以将实际的采样开关简化为理想采样开关,这样做有助于简化系统的描述与分析工作。

采样开关平时处于断开状态,其输入为连续信号 $f(t)$,在采样开关的输出端得到采样信号 $f^*(t)$。若采样开关的接通时间为无限小,则采样信号 $f^*(t)$就是 $f(t)$在开关合上瞬时的值,即脉冲序列 $f(0),f(T),f(2T),\cdots,f(kT),\cdots$。

可用理想脉冲函数 δ 将采样后的脉冲序列 $f^*(t)$表示为

$$\begin{aligned} f^*(t) &= f(0)\delta(t)+f(T)\delta(t-T)+f(2T)\delta(t-2T)+\cdots \\ &= \sum_{k=0}^{\infty} f(t)\delta(t-kT) \quad (t=kT) \end{aligned} \tag{2-1}$$

理想脉冲传递函数表示如下:

$$\delta(t) \triangleq \begin{cases} \infty, & t=0 \\ 0, & t\neq 0 \end{cases} \tag{2-2}$$

对于实际系统,当 $t<0$ 时,$f(t)=0$,因此,有:

$$f^*(t)=\sum_{-\infty}^{\infty} f(t)\delta(t-kT) \quad (t=kT) \tag{2-3}$$

根据 δ 函数的性质,有:

$$f^*(t)=f(t)\sum_{-\infty}^{\infty}\delta(t-kT)=f(t)\delta_T(t) \tag{2-4}$$

其中 $\delta_T(t)=\sum_{-\infty}^{\infty}\delta(t-kT) \quad (t=kT)$

由此可见,采样信号 $f^*(t)$由理想脉冲序列所组成,幅值由 $f(t)$在 $t=kT$ 时刻的值确定。

2.2.2 采样定理

计算机控制系统是利用离散信号进行控制运算,这就带来一个问题:采用离散信号能否实施有效的控制,或者连续信号所含的信息能否由离散信号表示,或者离散信号能否一定代表原来的连续信号。例如,有两个不同的连续信号 $f_1(t)$和 $f_2(t)$,假设选择采样周期都为 T,从图 2-8 可以看出 $f_1(t)$和 $f_2(t)$具有相同的采样信号 $f^*(t)$,这说明 $f^*(t)$未必能完全反映或近似反映连续信号。

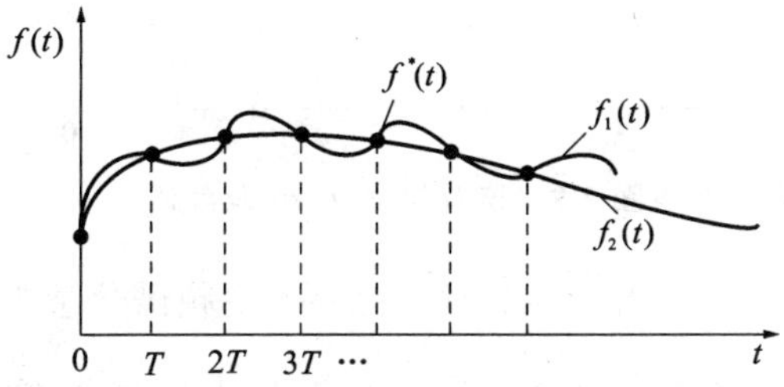

图 2-8 两个不同的连续信号的采样过程

那么 $f^*(t)$如何能完全反映或近似反映连续信号呢？上述问题与采样周期密切相关，香农(Shannon)采样定理定量地描述了在何种条件下，一个连续时间信号可由它的采样信号唯一确定。

(1)香农采样定理

一个连续时间信号 $f(t)$，设其频带宽度是有限的，其最高角频率为 ω_m，如果在等间隔点上对该信号 $f(t)$ 进行连续采样，为了使采样后的离散信号 $f^*(t)$ 包含原信号 $f(t)$ 的全部信息量，则采样角频率 ω_s 只有满足下面的关系：

$$\omega_s \geqslant 2\omega_m \tag{2-5}$$

采样后的离散信号 $f^*(t)$ 才能无失真地复现 $f(t)$，否则不能从 $f^*(t)$ 中恢复 $f(t)$。采样角频率 ω_s 与采样频率 f_s、采样周期 T 的关系为

$$\omega_s = 2\pi f_s = \frac{2\pi}{T} \tag{2-6}$$

证明：设连续时间信号 $f(t)$ 的傅里叶变换为 $F(j\omega)$，$F(j\omega)$ 的上限频率为 ω_m，采样周期为 T，由于 $f^*(t)=f(t)\delta_T(t)$，将 $\delta_T(t)$ 展开傅里叶级数为

$$\delta_T(t) = \sum_{k\to-\infty}^{\infty} C_n \mathrm{e}^{-jk\omega_s t} \tag{2-7}$$

其中，$C_n = \frac{1}{T}\int_{-\frac{T}{2}}^{\frac{T}{2}} \delta_T(t)\mathrm{e}^{-jk\omega_s t}\mathrm{d}t = \frac{1}{T}$，为傅里叶系数。因此，$\delta_T(t) = \sum_{k\to-\infty}^{\infty} \frac{1}{T}\mathrm{e}^{-jk\omega_s t}$，$f^*(t) = \frac{1}{T}\sum_{k\to-\infty}^{\infty} f(t)\mathrm{e}^{-jk\omega_s t}$。

采样信号的拉普拉斯变换为

$$F^*(s) = \frac{1}{T}\sum_{k\to-\infty}^{\infty} F(s+jk\omega_s) \tag{2-8}$$

将 $s=j\omega$ 代入式(2-8)，得到 $f^*(t)$ 的傅里叶变换：

$$F^*(j\omega) = \frac{1}{T}\sum_{k\to-\infty}^{\infty} F(j\omega+jk\omega_s) \tag{2-9}$$

其中，$F(j\omega)$ 为 $f(t)$ 的频谱，它是连续的频谱；$F^*(j\omega)$ 为 $f^*(t)$ 的频谱，它是离散的频谱。连续信号 $f(t)$ 及频谱如图 2-9 所示。

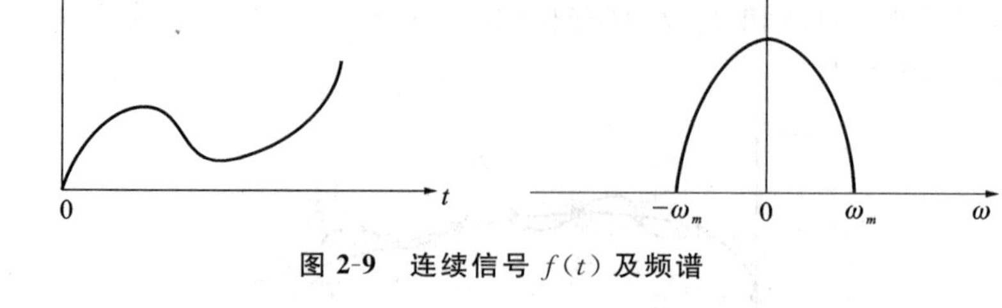

图 2-9　连续信号 $f(t)$ 及频谱

那么，对于采样信号 $f^*(t)$，当 $k=0$ 时，$F^*(j\omega)$ 主频谱分量为 $\frac{1}{T}F(j\omega)$。

由此可见，主频谱分量除幅值相差一个常数之外，与时间连续信号 $f(t)$ 的傅里叶变换

相同，因此其频谱形状相同，上限频率也是ω_m。当$k\neq 0$时，各周期项为主频谱的镜像频谱，其频谱形状与主频谱的形状相同，但是作为ω的周期函数，从主频谱分量的中心频率$\omega=0$出发，以ω_s的整数倍向频率轴两端作频移。

如果$\omega_s\geqslant 2\omega_m$，镜像频谱与主频谱相互分离，如图2-10所示。此时可以采用一个低通滤波器，通过将采样信号频谱中的镜像频谱滤除来恢复原连续时间信号。

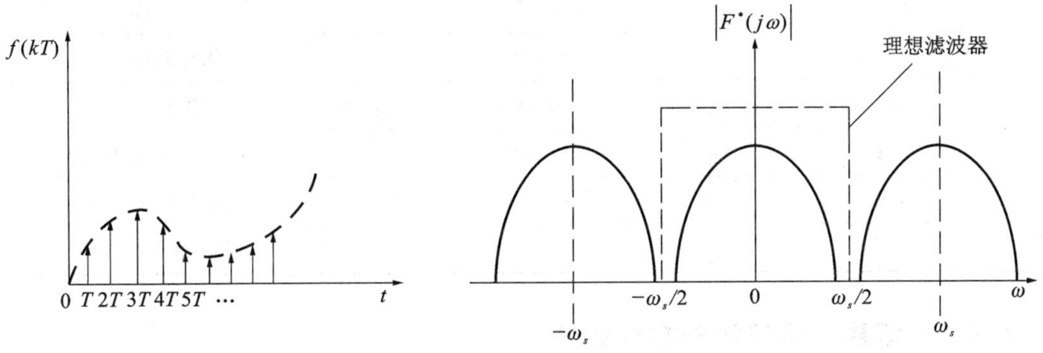

图2-10　$\omega_s\geqslant 2\omega_m$的情形

如果$\omega_s<2\omega_m$，采样信号频谱中的镜像频谱就会与主频谱混叠，如图2-11所示。采用低通滤波器的方法恢复的信号中仍混有镜像频谱成分，不能恢复成原连续信号。

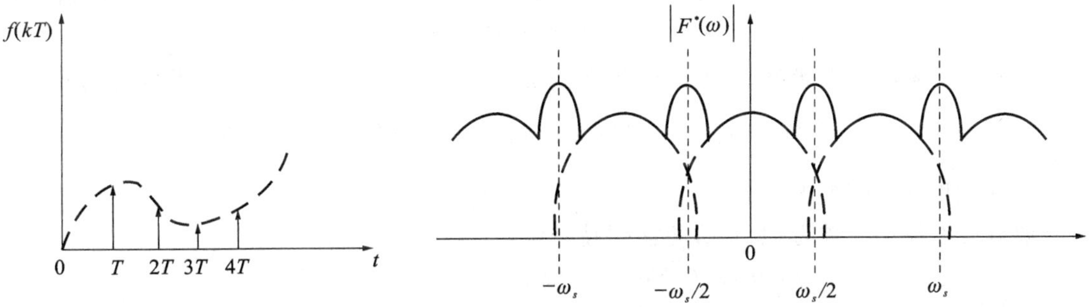

图2-11　$\omega_s<2\omega_m$的情形

(2)采样周期T的选择方法

采样定理只是作为控制系统确定采样周期的理论指导原则，若将采样定理直接用于计算机控制系统中，则还存在一些问题。主要是因为模拟系统$f(t)$的最高角频率不好确定，因此采样定理在计算机控制系统中的应用还不能从理论上得出各种类型系统采样周期的统一公式。目前，应用都是根据设计者的实践与经验公式，由系统实际运行试验最后确定。

显然，采样周期T取值越小，信号复现精度就越高，即“越真”。当$T\to 0$时，则计算机控制系统就变成连续控制系统了。若采样周期太长，计算机控制系统受到的干扰就得不到及时克服而带来很大误差，使系统动态品质恶化，甚至导致计算机控制系统不稳定。

在工程应用的实践中，一般根据系统被控对象的惯性大小和加在该对象上的预期干扰程度和性质来选择采样周期。例如，温度控制系统的热惯性大、反应慢，调节不宜过于频繁，采样周期要选得长一些。对于一些快速系统，如交流、直流可逆调速系统，随动系统，要求动态响应速度快、抗干扰能力强、采样周期短。总之，根据理论指导原则，结合实际被控对象性质或参数，可以得出采样周期 T 选择的实用公式。表 2-1 中列出了不同被控物理量的采样周期 T 选择的参考数值。

表 2-1　常见被控对象采样周期参考

被控物理量	采样周期 T	备注
流量	1～5 s	优先选用 2 s
压力	3～10 s	优先选用 8 s
液面	6～8 s	优先选用 7 s
温度	15～20 s	优先选用纯滞后时间
成分	15～20 s	优先选用 18 s
位置	10～50 ms	优先选用 30 ms

2.2.3　信息恢复过程的数学描述

在计算机控制系统中的执行机构和控制对象的输入信号一般为连续信号，这就必须将计算机输出的数字信号还原成连续信号，这就是信号的恢复过程。

由于采样信号在两个采样时刻才有值，而在两个采样点之间无值，为了使得两个采样点之间为连续信号过渡，以前一时刻的采样值为参考基值展开，使得两个采样点之间的值不为零值。将数字信号恢复成连续信号的装置叫作采样保持器。

已知某一采样点的采样值为 $f(kT)$，将其连续信号 $f(t)$ 在该点邻域展开成泰勒级数：

$$f(t)\big|_{t=kT}=f(kT)+f'(kT)(t-kT)+\frac{1}{2!}f''(kT)(t-kT)^2+\cdots \tag{2-10}$$

展开的项数称为保持器的阶数。

取等号右端第一项近似，构成零阶保持器(ZOH)，有：

$$f(t)\approx f(kT)\qquad [kT\leqslant t<(k+1)T] \tag{2-11}$$

取等号右端两项之和近似，构成一阶保持器，有：

$$\begin{aligned} f(t) &\approx f(kT)+f'(kT)(t-kT) \\ &\approx f(kT)+\frac{f(kT)-f[(k-1)T]}{T}(t-kT)\qquad [kT\leqslant t<(k+1)T] \end{aligned} \tag{2-12}$$

同样，可以取等号右端前 $n+1$ 项之和近似，就构成了 n 阶保持器。

在计算机控制系统中，最广泛采用的是零阶保持器。零阶保持器所得到的信号是阶梯形信号，它只能近似地恢复连续信号。在分析和综合计算机控制系统时，要用到零阶保持器的传递函数。

假设零阶保持器在 $\delta(t)$ 作用下的脉冲响应 $h(t)$ 如图 2-12 所示，而 $h(t)$ 又可以看成单位阶跃函数 $1(t)$ 与 $1(t-T)$ 的叠加，$h(t)=1(t)-1(t-T)$。

取拉普拉斯变换，得到零阶保持器(ZOH)的传递函数为

$$H(s)=\frac{1-\mathrm{e}^{-Ts}}{s} \tag{2-13}$$

其频率特性为

$$H(j\omega)=\frac{1-\mathrm{e}^{-j\omega T}}{j\omega}=T\,\frac{\sin(\omega T/2)}{\omega T/2}\mathrm{e}^{-j\omega T/2} \tag{2-14}$$

其幅频特性为

$$|H(j\omega)|=T\left|\frac{\sin(\omega T/2)}{\omega T/2}\right| \tag{2-15}$$

其相频特性为

$$\angle H(j\omega)=\angle T\,\frac{\sin(\omega T/2)}{\omega T/2}\mathrm{e}^{-j\omega T/2}=\angle\sin\frac{\omega T}{2}-\frac{\omega T}{2} \tag{2-16}$$

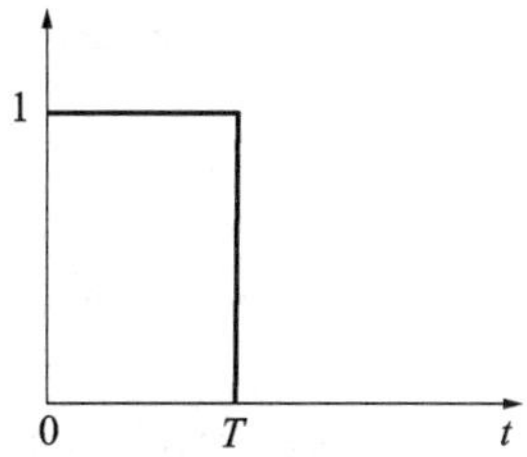

图 2-12　零阶保持器的脉冲响应

由于 $\dfrac{\omega T}{2}=\dfrac{\pi\omega}{\omega_s}$，所以 $\sin\dfrac{\omega T}{2}=\sin\dfrac{\pi\omega}{\omega_s}$。

则零阶保持器幅频、相频特性如图 2-13 所示。从图中可以看出，零阶保持器是一个低通滤波器，但不是一个理想低通滤波器，高频信号通过零阶保持器不能完全被滤除，同时产生相位滞后。

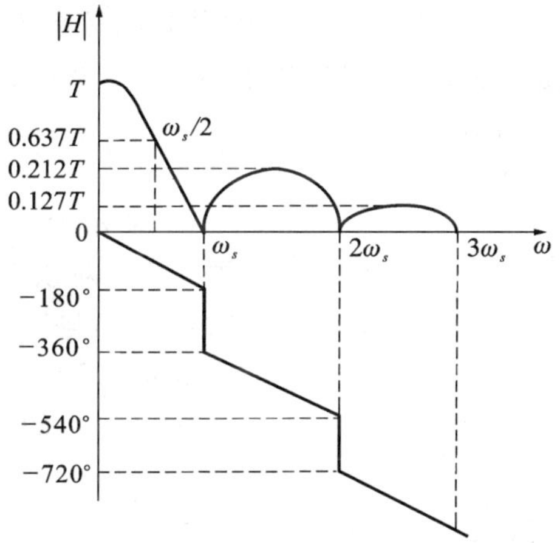

图 2-13　零阶保持器频率响应曲线

2.3　离散系统的时域描述——差分方程

连续系统的动态过程，在时域中用微分方程来描述；离散系统的动态过程，用差分方程描述。离散系统是一个动态系统，在平衡点附近线性化后，可以近似地用线性常系数差分方程来描述。

2.3.1　差分的定义

连续函数 $f(t)$，采样后为 $f(kT)$，为方便起见，以后常写为 $f(kT)=f(k)$，现定义如下：

一阶向前差分

$$\Delta f(k)=f(k+1)-f(k) \tag{2-17}$$

二阶向前差分

$$\Delta^2 f(k)=\Delta f(k+1)-\Delta f(k)$$
$$=[f(k+2)-f(k+1)]-[f(k+1)-f(k)]$$
$$=f(k+2)-2f(k+1)+f(k) \tag{2-18}$$

类似地，n 阶向前差分定义为

$$\Delta^n f(k)=\Delta^{n-1}f(k+1)-\Delta^{n-1}f(k) \tag{2-19}$$

在以后的应用中，还常使用向后差分，定义如下：

一阶向后差分

$$\nabla f(k)=f(k)-f(k-1) \tag{2-20}$$

二阶向后差分

$$\nabla^2 f(k)=\nabla[\nabla f(k)]=f(k)-2f(k-1)+f(k-2) \tag{2-21}$$

类似地，n 阶向后差分定义为

$$\nabla^n f(k)=\nabla^{n-1}f(k)-\nabla^{n-1}f(k-1) \tag{2-22}$$

2.3.2 差分方程

微分方程是描述连续系统的方程，差分方程是描述离散系统的方程。现研究图 2-14 所示系统。其中图 2-14(a)是连续系统，它可以用下述微分方程描述：

$$\frac{d^2c(t)}{dt^2}+a\frac{dc(t)}{dt}+bc(t)=kr(t) \tag{2-23}$$

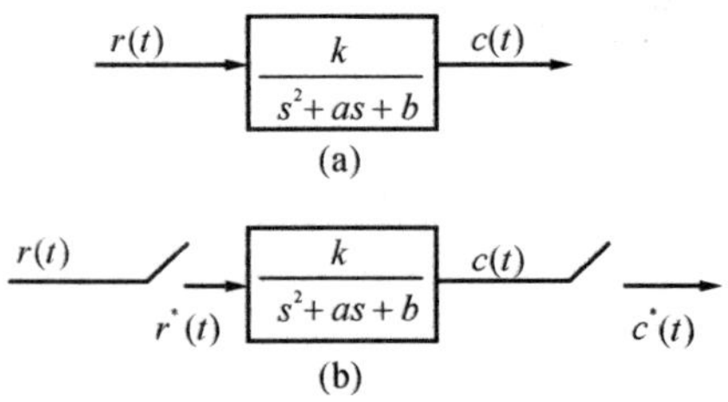

图 2-14 离散系统的差分表示

图 2-14(b)所示为一个采样离散系统，输入与输出信号均被采样。对该系统就不能再用微分方程来描述采样信号 $c(k)$ 与 $r(k)$ 之间的关系，而应该用相应的离散信号来表示。

为此，式(2-23)中的二阶微分可用二阶差分(前向差分)代替：

$$\frac{d^2c(t)}{dt^2}=\Delta^2c(t)=c(k+2)-2c(k+1)+c(k)$$

一阶微分用一阶差分(前向差分)代替：

$$\frac{dc(t)}{dt}=c(k+1)-c(k)$$

$c(t)$、$r(t)$分别用 $c(k)$ 及 $r(k)$ 代替，这样，式(2-23)变为

$$[c(k+2)-2c(k+1)+c(k)]+a[c(k+1)-c(k)]+bc(k)=kr(k)$$

即

$$c(k+2)+(a-2)c(k+1)+(1-a+b)c(k)=kr(k) \tag{2-24}$$

在式(2-24)中，除因变量序列 $c(k)$ 外，还包含它的移位序列 $c(k+i)$，这种方程称为差分方程。从该方程中可以看到，系统的输出序列不仅与当前时刻的输入序列 $r(k)$ 有关，还与输出的超前序列 $c(k+1)$、$c(k+2)$ 等有关。

对于一般的离散系统，输出序列与输入序列之间可以用方程描述如下：

$$c(k+n)+a_1c(k+n-1)+a_2c(k+n-2)+\cdots+a_nc(k)$$
$$=b_0r(k+m)+b_1r(k+m-1)+\cdots+b_mr(k) \tag{2-25}$$

式(2-25)即为描述离散系统的差分方程。与微分方程类似，式中 n 为差分方程的阶次，它是最高差分与最低差分之差，m 是输入信号的阶次。由于 a_i、b_i 是常数，且 $c(k)$ 与 $c(k+i)$、$r(k)$ 与 $r(k+i)$ 之间的关系是线性的，因此称该方程为线性常系数差分方程，通常 $m \leqslant n$。与微分方程类似，方程的阶次和系数是由具体物理系统结构及特性决定的。

在以后的应用中，差分方程还可用向后差分表示为

$$c(k)+a_1c(k-1)+a_2c(k-2)+\cdots+a_nc(k-n)$$
$$=b_0r(k)+b_1r(k-1)+\cdots+b_mr(k-m) \tag{2-26}$$

2.3.3 差分方程的求解及其物理意义

差分方程的基本问题是寻求它的解。差分方程的解也分为通解与特解。通解的物理意义为表示方程初始状态所具有的特性，例如自由运动、零输入响应、稳态响应等。特解的物理意义与外部输入有关，它描述系统在外部输入作用下所具有的特性，例如强迫运动、零状态响应、暂态响应等。直接从式(2-25)或式(2-26)中获得差分方程的解析解是困难的，但利用计算机通过递推迭代求取它的有限项的数值解却是极为容易的。

例 2-1 已知差分方程

$$c(k)-0.5c(k-1)=r(k)$$

且给定起始值 $c(0)=0, r(k)=1$，试求 $c(k)$。

解 将已知差分方程写成下述形式：

$$c(k)=r(k)+0.5c(k-1)$$

由于 $c(0)=0, r(k)=1$，故有：

$k=1, c(1)=r(1)+0.5c(1-1)=1+0.5c(0)=1$

$k=2, c(2)=r(2)+0.5c(2-1)=1+0.5c(1)=1+0.5=1.5$

$k=3, c(3)=r(3)+0.5c(3-1)=1+0.5c(2)=1+0.5\times1.5=1.75$

⋮

由此类推，如此迭代下去就可以求得 k 为任意值时的输出 $c(k)$。

上述例题可以用 MATLAB 程序求解：

```
N=10;                              %定义计算的点数
c(1:n)=0; r(1:n)=0; k(1)=0;   %定义输入输出和点数的初值
for  i=2:n
c(i)=r(i)+0.5*c(i-1); k(i)=k(i-1)+1;
end
plot(k,c,'k:o')                    % 输出响应图，每一点上用°表示
```

得到的解序列为 k=0,1,…,9 时，

c=0,1.0000,1.5000,1.7500,1.8750,1.9375,1.9688,1.9844,1.9922,1.9961

解随着 k 变化的序列值如图 2-15 所示，图中小圆圈标出了离散点上的取值。

通常，这种数值求解方法只能求得 k 的有限项，难以得到 $c(k)$ 解的闭合形式。此外，对于 n 阶差分方程，必须具有 c_0 至 c_{n-1} 的初始条件。利用计算机完成这种数值的迭代计算是非常容易的。与用拉普拉斯变换求解微分方程类似，差分方程的另一个求解方法是利用 z 变换求解，将在 z 变换的应用中加以说明。

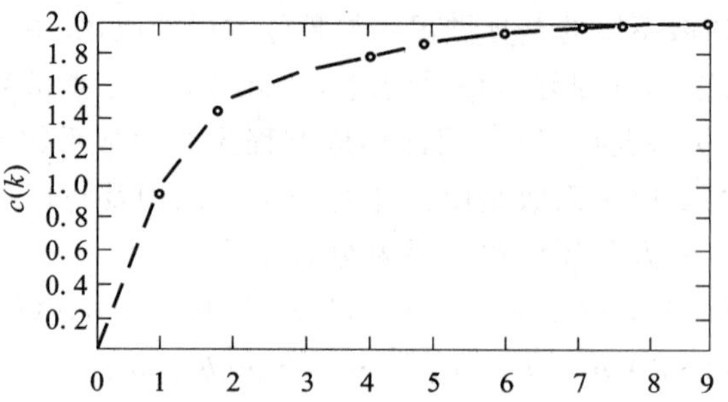

图 2-15　差分方程的解序列表示

2.4　z 变换

在连续系统中使用拉普拉斯变换作为基本工具，得到了连续系统的传递函数描述方法。传递函数作为基本的数学表达式，在连续系统的分析及设计中发挥了重要作用，并将连续系统研究中的各种方法联系在一起。在离散系统中，将使用拉氏变换的特例——z 变换，得到描述离散系统的脉冲传递函数，它将在离散系统的稳定性、稳态特性和动态特性的分析以及线性离散系统的设计中发挥重要作用。

2.4.1　z 变换的定义

(1)z 变换

如本章前文所述，连续信号 $f(t)$ 通过理想采样开关采样后，采样信号 $f^*(t)$ 的表达式为

$$f^*(t)=\sum_{k=0}^{\infty}f(kT)\delta(t-kT) \tag{2-27}$$

其拉普拉斯变换为

$$F^*(s)=L[f^*(t)]=\sum_{k=0}^{\infty}f(kT)\mathrm{e}^{-ksT} \tag{2-28}$$

可见 $F^*(s)$ 是 s 的超越函数，难以使用，因此，用拉普拉斯变换来研究离散信号系统较为困难。为此，引入另一个复变量 z，令

$$z=\mathrm{e}^{sT}$$

或

$$s=\frac{1}{T}\ln z \tag{2-29}$$

式中，z 为一复数变量，T 为采样周期。

代入式(2-28)，并令 $F^*(s)\Big|_{s=\frac{1}{T}\ln z}=F(z)$，得：

$$F(z)=\sum_{k=0}^{\infty}f(kT)z^{-k} \tag{2-30}$$

式(2-30)定义为采样信号 $f^*(t)$ 或离散序列 $f(kT)$ 的 z 变换，通常以 $F(z)=Z[f^*(t)]$ 表示，并称其为 $f^*(t)$ 的 z 变换。由于 z 变换只是对采样信号进行的变换，不同的连续函数，只要它们的采样信号相同，其 z 变换即相同。

$F(z)$ 是 z 的无穷幂级数之和，式中一般项的物理意义是：$f(kT)$ 表示时间序列的强度，

z^{-k} 表示时间序列出现的时刻,相对于时间的起点,延迟了 k 个采样周期。因此,$F(z)$既包含了信号幅值的信息,又包含了时间信息。式(2-27)、式(2-28)和式(2-30)分别是采样信号在时域、s 域和 z 域的表达式。可见,时域中的 $\delta(t-kT)$、s 域中的 e^{-ksT} 及 z 域中的 z^{-k} 均表示信号延迟了 k 步,体现了信号的定时关系。因此,应记住 z 变换中 z^{-1} 代表信号滞后一个采样周期,可称为单位延迟因子。

由于在该定义式中,幂级数是 k 从零增至无穷,因此又称为单边 z 变换。考虑到控制系统中所研究的问题均是从 $t=0$ 开始的,因此,本书所使用的 z 变换均为单边 z 变换。由以上推导可知,z 变换实际上是拉普拉斯变换的特殊形式,它是对采样信号拉氏变换式作 $z=e^{sT}$ 的变量置换的结果。

$f^*(t)$的 z 变换的符号写法有多种,如 $Z[f^*(t)]$、$Z[f(kT)]$及 $Z[f(t)]$等,其概念应理解为对采样脉冲序列进行 z 变换。在实际应用中,对控制工程中多数信号 z 变换所表示的无穷级数是收敛的,并可写成闭合形式,其表达式是 z 的有理分式:

$$F(z)=\frac{K(z^m+d_{m-1}z^{m-1}+\cdots+d_1z+d_0)}{z^n+c_{n-1}z^{n-1}+\cdots+c_1z+c_0}\qquad (m\leqslant n)\qquad (2\text{-}31)$$

或 z^{-1} 的有理分式为

$$F(z)=\frac{Kz^{-l}(1+d_{m-1}z^{-1}+\cdots+d_1z^{-m+1}+d_0z^{-m})}{1+c_{n-1}z^{-1}+\cdots+c_1z^{-n+1}+c_0z^{-n}}\qquad (l=n-m)\qquad (2\text{-}32)$$

其分母多项式为特征多项式。在讨论系统动态特征时,z 变换写成零点或极点形式更为有用,式(2-32)可改写为

$$F(z)=\frac{KN(z)}{D(z)}=\frac{K(z-z_1)\cdots(z-z_m)}{(z-p_1)\cdots(z-p_n)}\qquad (m\leqslant n)\qquad (2\text{-}33)$$

在实际应用时采用哪种形式,应视情况而定。在求取 $F(z)$的零点或极点时,采用式(2-33)更为方便。

作为 z 变换定义式的应用,下面给出两个典型函数(或序列)的 z 变换结果。

例 2-2 试求单位阶跃函数的 z 变换

$$f(t)=\begin{cases}1(t), & t\geqslant 0\\ 0, & t<0\end{cases}$$

解 依 z 变换定义,可得:

$$F(z)=Z[1(t)]=\sum_{k=0}^{\infty}1(kT)z^{-k}=1+z^{-1}+z^{-2}+z^{-3}+\cdots$$

该级数为等比级数,依级数求和公式可知,当 $|z|>l$ 时,该级数收敛,并可写成如下闭合形状:

$$F(z)=[1(t)]=Z\sum_{k=0}^{\infty}1(kT)z^{-k}=\frac{1}{1-z^{-1}}=\frac{z}{z-1}$$

在实际应用时,$F(z)$的 z 收敛域或定义域不需要特别说明,只要知道存在这个值就可以了。

例 2-3 试求指数函数的 z 变换

$$f(t)=e^{-at}$$

解 依 z 变换定义可得:

$$F(z)=Z[e^{-at}]=Z[e^{-akT}]$$
$$=\sum_{k=0}^{\infty}e^{-akT}z^{-k}$$
$$=\frac{1}{1-e^{-at}z^{-1}}$$

而
$$Z[e^{-ak}]=\sum_{k=0}^{\infty}e^{-ak}z^{-k}=\frac{1}{1-az^{-1}}$$

(2)z 反变换

求与 z 变换相对应的采样序列 $f^{*}(t)$的过程称为 z 反变换,并表示成

$$Z^{-1}[F(z)]=f^{*}(t)\Rightarrow f(kt) \tag{2-34}$$

与拉氏变换类似,z 变换的反变换也是唯一的,但 z 反变换唯一对应的是采样序列,而不是连续函数,即

$$Z^{-1}[F(z)]\neq f(t) \tag{2-35}$$

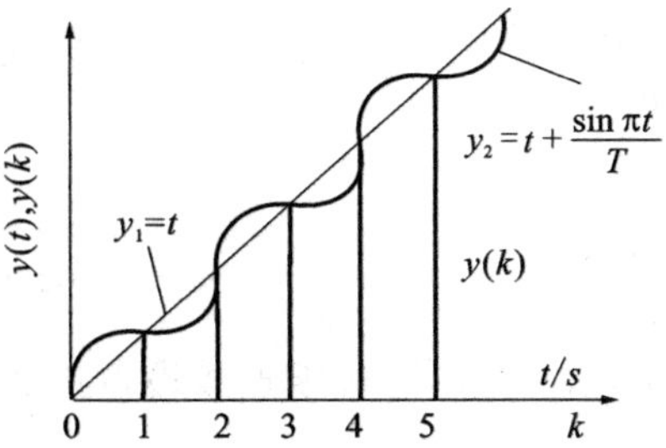

图 2-16　采样信号与连续信号的关系

也就是说,一个 z 变换式可能对应无穷多个连续函数,实际上,任何一个采样值为零的函数 $g(t)$与函数 $f(t)$相加,$f(t)$的 z 变换都相同。如图 2-16 所示,两个不同的连续信号对应着同一个采样信号序列。

由上述可见,z 变换只能反映采样点的信号,不能反映采样点之间的行为。为了解采样点之间信号的行为,应采用其他方法(如扩展 z 变换)。

2.4.2　z 变换的基本定理

与拉氏变换类似,z 变换也有一些类似的基本定理。下面给出一些常用的定理。

(1)线性定理

若 $f_1(t)$、$f_2(t)$的 z 变换分别为 $F_1(z)$、$F_2(z)$,且 a、b 为常数,则依定义可以容易得到:

$$Z[af_1(t)+bf_1(t)]=aF_1(z)+bF_2(z) \tag{2-36}$$

(2)实域位移定理(时移定理)

①右位移(延迟)定理

若 $Z[f(t)]=F(z)$,则有:

$$Z[f(t-nT)]=z^{-n}F(z) \tag{2-37}$$

式(2-37)中,n 是正整数。

证明:根据定义

$$Z[f(t-nT)]=\sum_{k=0}^{\infty}f(kT-nT)z^{-k}=z^{-n}\sum_{k=0}^{\infty}f(kT-nT)z^{-(k-n)} \tag{2-38}$$

令 $k-n=m$,则有:

$$Z[f(t-nT)]=z^{-n}\sum_{m=-n}^{\infty}f(mT)z^{-m}$$

根据物理可实现性,当 $t<0$ 时 $f(t)$为零,所以上式成为

$$Z[f(t-nT)]=z^{-n}\sum_{m=0}^{\infty}f(mT)z^{-m}=z^{-n}F(z) \tag{2-39}$$

右位移 nT 函数 $f(t-nT)$ 的含义如图 2-17 所示，表示 $f(k-n)$ 相对时间起点延迟 n 个采样周期。该定理还表明 $F(z)$ 经过一个 z^{-n} 的纯滞后环节，相当于其时间特性向后移动 n 步。

②左位移(超前)定理

若 $Z[f(t)]=F(z)$，则有：

$$Z[f(t+nT)]=z^{n}[F(z)-\sum_{k=0}^{n-1}f(kT)z^{-k}] \tag{2-40}$$

证明：根据定义

$$Z[f(t+nT)]=\sum_{k=0}^{\infty}f(kT+nT)z^{-k} \tag{2-41}$$

令 $k+n=r$，则有：

$$\begin{aligned}Z[f(t+nT)]&=\sum_{r=n}^{\infty}f(rT)z^{-(r-n)}=z^{n}\sum_{r=n}^{\infty}f(rT)z^{-r}\\&=z^{n}[F(z)-\sum_{k=0}^{n-1}f(kT)z^{-k}]\end{aligned} \tag{2-42}$$

当 $f(0)=f(T)=f(2T)=\cdots=f[(n-1)T]=0$ 时，即在零初始条件下，超前定理成为

$$Z[f(t+nT)]=z^{n}F(z) \tag{2-43}$$

左位移 nT 函数 $f(t+nT)$ 的含义如图 2-18 所示，它表示 $f(k+n)$ 相对时间起点超前 n 个采样周期出现。该定理还表明 $F(z)$ 经过一个 z^{n} 的纯超前环节，相当于其时间特性向前移动 n 步。

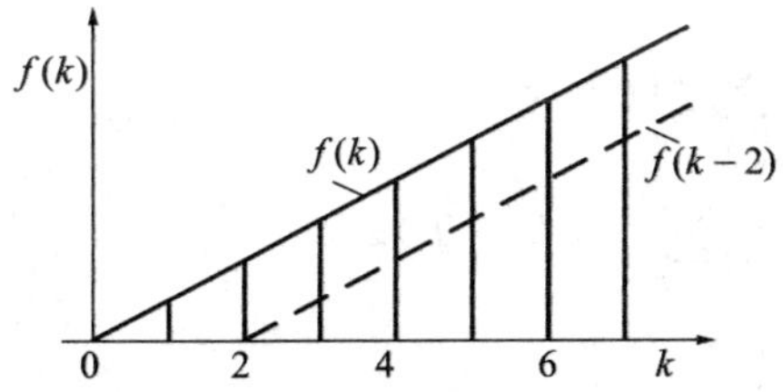

图 2-17 右位移定理的时域图形描述

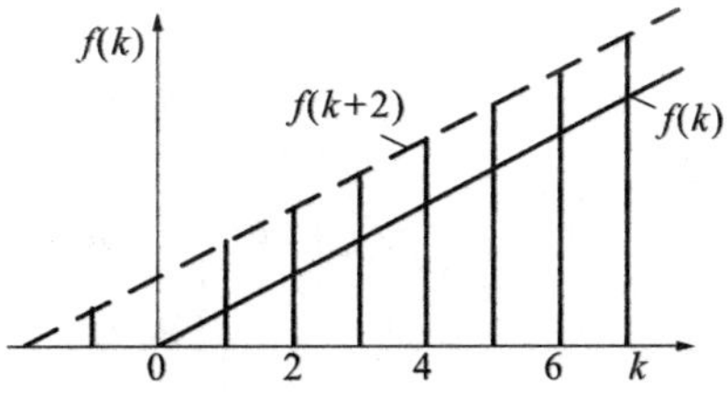

图 2-18 左位移定理的时域图形描述

从实域位移定理再次可见，复变量 z 有明显的物理意义，z^{n} 代表超前作用，z^{-n} 代表时间滞后作用。实域位移定理很重要，它的作用相当于拉氏变换中的微分及积分定理。

(3)复域位移定理

若函数 $f(t)$ 的 z 变换为 $F(z)$，则有：

$$Z[e^{\mp at}f(t)]=F(ze^{\pm aT}) \tag{2-44}$$

式中，a 是常数。

证明：根据 z 变换定义

$$Z[e^{\mp at}f(t)]=\sum_{k=0}^{\infty}f(kT)e^{\mp akT}z^{-k} \tag{2-45}$$

令 $z_1=z\mathrm{e}^{\pm aT}$，则式(2-45)可写成

$$Z[\mathrm{e}^{\mp at}f(t)]=\sum_{k=0}^{\infty}f(kT)z_1^{-k}=F(z_1) \tag{2-46}$$

将 $z_1=z\mathrm{e}^{\pm aT}$ 代入式(2-46)，得：

$$Z[\mathrm{e}^{\mp at}f(t)]=F(z\mathrm{e}^{\pm aT}) \tag{2-47}$$

(4)初值定理

如果函数 $f(t)$的 z 变换为 $F(z)$，并存在极限$\lim\limits_{z\to\infty}F(z)$，则有：

$$\lim_{k\to 0}f(kT)=\lim_{z\to\infty}F(z) \tag{2-48}$$

或者写成

$$f(0)=\lim_{z\to\infty}F(z) \tag{2-49}$$

证明：根据 z 变换定义，$F(z)$可写成

$$F(z)=\sum_{k=0}^{\infty}f(kT)z^{-k}=f(0)+f(T)z^{-1}+f(2T)z^{-2}+\cdots \tag{2-50}$$

当 z 趋于无穷时，式(2-50)两端取极限，得：

$$\lim_{z\to\infty}F(z)=f(0)=\lim_{k\to 0}f(kT) \tag{2-51}$$

利用初值定理检查 z 变换的结果是否有误是很方便的。由于 $f(0)$通常是已知的，因此通过求取$\lim\limits_{z\to\infty}F(z)$，就可以很容易判断 z 变换是否有误。

(5)终值定理

若 $f(t)$的 z 变换为$F(z)$，并假定函数 $F(z)$全部极点均在 z 平面的单位圆内或最多有一个极点在 $z=1$ 处，则有：

$$\lim_{k\to\infty}f(kT)=\lim_{z\to 1}(1-z^{-1})F(z)=\lim_{z\to 1}(z-1)F(z) \tag{2-52}$$

证明：依定义

$$Z[f(t)]=F(z)=\sum_{k=0}^{\infty}f(kT)z^{-k} \tag{2-53}$$

$$Z[f(kt-T)]=z^{-1}F(z)=\sum_{k=0}^{\infty}f(kT-T)z^{-k} \tag{2-54}$$

因此

$$\sum_{k=0}^{\infty}f(kT)z^{-k}-\sum_{k=0}^{\infty}f(kT-T)z^{-k}=F(z)-z^{-1}F(z) \tag{2-55}$$

当 $z\to 1$ 时，取式(2-55)极限，可得：

$$\lim_{z\to 1}\left[\sum_{k=0}^{\infty}f(kT)z^{-k}-\sum_{k=0}^{\infty}f(kT-T)z^{-k}\right]=\lim_{z\to 1}(1-z^{-1})F(z) \tag{2-56}$$

由于 $t<0$ 时所有的 $f(t)=0$，式(2-56)左侧变为

$$\begin{aligned}\lim_{z\to 1}\left[\sum_{k=0}^{\infty}f(kT)z^{-k}-\sum_{k=0}^{\infty}f(kT-T)z^{-k}\right]&=[f(0)-f(-T)]+[f(T)-f(0)]\\&\quad+[f(2T)-f(T)]+\cdots\\&=f(\infty)=\lim_{k\to\infty}f(kT)\end{aligned} \tag{2-57}$$

因此

$$\lim_{k\to\infty} f(kT) = \lim_{z\to 1}(1-z^{-1})F(z) \tag{2-58}$$

必须注意，终值定理成立的条件是 $F(z)$ 全部极点均在 z 平面的单位圆内，或最多有一个极点在 $z=1$ 处，实际上即要求 $(1-z^{-1})F(z)$ 在单位圆上和圆外没有极点，即脉冲序列应当是收敛的，否则求出的终值是错误的。若函数 $F(z)=\dfrac{z}{z-2}=0$，其对应的脉冲序列函数为 $f(k)=2^k$，当 $k\to\infty$ 时是发散的，而直接应用终值定理可得：

$$f(k)\mid_{k\to\infty} = \lim_{z\to 1}(1-z^{-1})\frac{z}{z-2}=0 \tag{2-59}$$

与实际情况相矛盾。这是函数 $F(z)$ 不满足终值定理条件所致。

应用终值定理可以很方便地从 $f(t)$ 的 z 变换中确定当 $k\to\infty$ 时 $f(kT)$ 的特性，这在研究系统的稳态特性时非常方便。

例 2-4 已知原函数 $f(t)=1-e^{-at}$ 的 z 变换为 $F(z)=\dfrac{(1-e^{-T})z^{-1}}{(1-z^{-1})(1-e^{-T}z^{-1})}=0$，试确定 $f(t)$ 的终值。

解 依初值定理可知

$$f(0)=\lim_{z\to\infty}\frac{(1-e^{-T})z^{-1}}{(1-z^{-1})(1-e^{-T}z^{-1})}=0$$

从所给函数 $f(t)=1-e^{-at}$ 亦可判断 $f(0)=0$。

从 $F(z)$ 可知，$F(z)$ 有一个 $z=1$ 和 $z=e^{-T}$ 极点，满足终值定理条件。依终值定理，有：

$$f(\infty)=\lim_{z\to 1}(1-z^{-1})F(z)=\lim_{z\to 1}(1-z^{-1})\frac{(1-e^{-T})z^{-1}}{(1-z^{-1})(1-e^{-T}z^{-1})}=1$$

从原函数 $f(t)=1-e^{-at}$ 亦可判断 $f(\infty)=1$。

2.4.3 求 z 变换及反变换的方法

(1) z 变换方法

①级数求和法

利用 z 变换定义直接计算级数和，并写出闭合形式。

例 2-5 求单位脉冲函数 $\delta(t)$ 的 z 变换。

解 因为 $f(t)=\delta(t)$，在 $t=0$ 处的脉冲强度为 1，$t\neq 0$ 时均为 0，因此，$F(z)=Z[\delta(t)]=1$。

例 2-6 求单位脉冲序列 $\delta_T(t)=\sum\limits_{k=0}^{\infty}\delta(t-kT)$ 的 z 变换。

解 因为 $\delta_T(t)$ 在 $t=kT$ 时，其值为 1，因此，有：

$$F(z)=Z[\delta_T(t)]=\sum_{k=0}^{\infty}\delta_T(kT)z^{-k}=\sum_{k=0}^{\infty}1\cdot z^{-k}$$

$$=1+z^{-1}+z^{-2}+z^{-3}+\cdots=\frac{1}{1-z^{-1}}=\frac{z}{1-z}$$

例 2-7 求单位速度函数 $f(t)=t$ 的 z 变换。

解 因 $\sum\limits_{k=0}^{\infty}z^{-k}=\dfrac{1}{1-z^{-1}}$，两边对 z 求导并乘 T，整理后得 $\sum\limits_{k=0}^{\infty}kTz^{-k}=\dfrac{Tz^{-1}}{(1-z^{-1})^2}$，即

$$F(z)=\sum_{k=0}^{\infty}f(kT)z^{-k}=\frac{Tz^{-1}}{(1-z^{-1})^2}$$

②$F(s)$的 z 变换

求拉氏变换式 $F(s)$的 z 变换的含义是：将拉氏变换式所代表的连续函数 $f(t)=L^{-1}[F(s)]$进行采样，然后求它的 z 变换。为此，首先应通过拉氏反变换求得原函数 $f(t)$，然后对它的采样序列进行 z 变换。通常，在给定 $F(s)$后，应利用 s 域中的部分分式展开法，将 $F(s)$分解为简单因式，进而得到简单的时间函数之和，然后对各时间函数进行 z 变换。

另一种由 $F(s)$求取 $F(z)$的方法是留数计算方法，其本质和部分分式法是一样的。

例 2-8 试求 $F(s)=\dfrac{1}{s(s+1)}$的 z 变换。

解 首先对 $F(s)$进行部分分式展开，即

$$F(s)=\frac{1}{s(s+1)}=\frac{1}{s}-\frac{1}{s+1}$$

对各项进行拉氏反变换，得：

$$f(t)=L^{-1}\left(\frac{1}{s}-\frac{1}{s+1}\right)=1-\mathrm{e}^{-t}$$

利用 z 变换定理及例 2-3 的结果，可得：

$$\begin{aligned}F(z)&=Z[F(s)]=Z(1-\mathrm{e}^{-t})\\&=\frac{z}{z-1}-\frac{z}{z-\mathrm{e}^{-t}}\\&=\frac{z(1-\mathrm{e}^{-t})}{(z-1)(z-\mathrm{e}^{-t})}\end{aligned}$$

应注意，对 $F(s)$进行 z 变换时，不能将 $s=\dfrac{1}{T}\ln z$ 直接代入求取 $F(z)$，如已求得了采样信号的拉氏变换式 $F^*(s)$，原则上可以用 $s=\dfrac{1}{T}\ln z$ 直接代入求取 $F(z)$。例如，$F^*(s)=\dfrac{1}{1-\mathrm{e}^{-T(s+1)}}$，是函数 $f(t)=\mathrm{e}^{-t}$ 采样信号的拉氏变换，此时，它的 z 变换可直接将 $s=\dfrac{1}{T}\ln z$ 代入求得：

$$F(z)=F^*(s)\Big|_{s=\frac{1}{T}\ln z}=\frac{1}{1-\mathrm{e}^{-T(s+1)}}\Big|_{s=\frac{1}{T}\ln z}=\frac{1}{1-\mathrm{e}^{-T}\mathrm{e}^{-\ln z}}=\frac{1}{1-\mathrm{e}^{-T}z^{-1}}$$

所得结果与例 2-3 结果相同。

③利用 z 变换定理求取 z 变换式

z 变换的许多定理都可用于求取复杂函数的 z 变换。

例 2-9 已知 $f(t)=\sin\omega t$ 的 z 变换 $F(z)=\dfrac{z\sin\omega T}{z^2-2z\cos\omega T+1}$，试求 $f_1(t)=\mathrm{e}^{-at}\sin\omega t$ 的 z 变换。

解 利用 z 变换中的复位移定理可以很容易得到 $f_1(t)=\mathrm{e}^{-at}\sin\omega t$ 的 z 变换：

$$Z(\mathrm{e}^{-at}\sin\omega t)=\frac{\mathrm{e}^{at}z\sin\omega T}{z^2\mathrm{e}^{2at}-2z\mathrm{e}^{at}\cos\omega T+1}=\frac{\mathrm{e}^{-at}z\sin\omega T}{z^2-2z\mathrm{e}^{-at}\cos\omega T+\mathrm{e}^{-2at}}$$

④查表法

实际应用时可能遇到各种复杂函数，不可能采用上述方法进行推导计算。实际上，前人已通过各种方法针对常用函数进行计算，求出了相应的 $F(z)$ 并列出了表格，工程人员根据已知函数直接查表即可。具体表格见附录 A。

(2)z 反变换方法

①查表法

如已知 z 变换函数 $F(z)$，可以依 $F(z)$ 直接从给定的表格中求得它的原函数 $f^*(t)$。

②部分分式法

若 $F(z)$ 较复杂，可能无法直接从表格中求得它的原函数 $f^*(t)$。此时应首先将部分分式展开，使展开式的各项能从表中查到。z 变换式 $F(z)$ 通常是 z 的有理分式，对此，可以将 $F(z)/z$ 展开成部分分式，然后各项乘以 z，再查表。这样做是因为表中绝大部分 z 变换式的分子中均含有 z 因子。

例 2-10 求下式的 z 反变换：

$$F(z)=\frac{-3z^2+z}{z^2-2z+1}=\frac{z-3z^2}{(z-1)^2}$$

解 将该式的部分分式展开，可以利用 MATLAB 的符号语言工具箱进行计算，程序如下：

```
Fz=sym('(-3*z^2+z)/(z^2-2*z+1)');  % 进行符号定义
F=Fz/'z';
[numF,denF]=numden(F);              %提取分子分母
pnumF=sym2poly(nuniF);              %将分母转化为一般多项式
pdenF=sym2poly(denF);
[R,P,K]=residue(pnumF,pdenF) %部分分式展开
```

运行程序可得 $\frac{F(z)}{z}$ 的部分分式展开式为

$$\frac{F(z)}{z}=-\frac{2}{(z-1)^2}-\frac{3}{z-1}$$

进一步可得：

$$F(z)=-\frac{2z}{(z-1)^2}-\frac{3z}{z-1}$$

通过查表可得：

$$f(k)=-2k-3u(k)$$

其中

$$u(k)=\begin{cases}1, & k\geqslant 0\\ 0, & k<0\end{cases}$$

采样信号为

$$f^*(t)=\sum_{k=0}^{\infty}[-2k-3u(k)]\delta(t-kT)$$

③幂级数展开法(长除法)

如前所述，$F(z)$ 通常为式(2-31)或式(2-32)的有理分式形式，若用分母除分子多项式，

并将其按 z^{-1} 的升幂排列，则有：

$$F(z)=f(0)+f(T)z^{-1}+f(zT)z^{-2}+\cdots=\sum_{k=0}^{\infty}f(kT)z^{-k} \tag{2-60}$$

根据 z 变换的定义，若 z 变换用幂级数表示，则 z^{-1} 前的加权系数即为采样时刻的 $f(kt)$，对应的采样函数为

$$f^{*}(t)=f(0)\delta(t)+f(T)\delta(t-T)+f(2T)\delta(t-2T)+\cdots+f(kT)\delta(t-kT)+\cdots \tag{2-61}$$

一般来说，长除法所得为无穷多项式，实际应用时取其有限项就可以了。

例 2-11 已知 $F(z)=\dfrac{10z^{-1}}{1-1.5z^{-1}+0.5z^{-2}}$，求 $f^{*}(t)$。

解 利用长除法，有：

$$\begin{array}{r|l}
 & 10z^{-1}+15z^{-2}+17.5z^{-3}+18.75z^{-4}+\cdots \\
\hline
1-1.5z^{-1}+0.5z^{-2} & 10z^{-1} \\
 & -)\,10z^{-1}-15z^{-2}+5z^{-3} \\
 & \overline{\quad 15z^{-2}-5z^{-3}} \\
 & -)\,15z^{-2}-22.5z^{-3}+7.5z^{-4} \\
 & \overline{\quad 17.5z^{-3}-7.5z^{-4}} \\
 & -)\,17.5z^{-3}-26.25z^{-4}+8.75z^{-5} \\
 & \overline{\quad 18.75z^{-4}-8.75z^{-5}}
\end{array}$$

由此可得：

$$F(z)=10z^{-1}+15z^{-2}+17.5z^{-3}+18.75z^{-4}+\cdots$$

$$f^{*}(t)=0+10\delta(t-T)+15\delta(t-2T)+17.5\delta(t-3T)+18.75\delta(t-4T)+\cdots$$

对该例，从相关系数中可以归纳得：

$$f^{*}(t)=\sum_{k=0}^{\infty}20(1-0.5^{k})\delta(t-kT)$$

2.4.4 差分方程的 z 变换解法

与用拉氏变换求解线性常系数微分方程类似，利用 z 变换也可以方便地求解线性常系数差分方程，将差分方程的求解转换为代数方程的求解。

例 2-12 用 z 变换法求下述差分方程：

$$c(k+2)-3c(k+1)+2c(k)=4^{k}$$

解 (1) 对上述方程的每一项进行 z 变换，有：

$$[z^{2}C(z)-z^{2}c(0)-zc(1)]-[3zC(z)+3zc(0)]+2C(z)=\frac{z}{z-4}$$

$$(z^{2}-3z+2)C(z)-zc(1)-z^{2}c(0)+3zc(0)=\frac{z}{z-4}$$

(2)归纳整理，写出 $C(z)$ 表达式

$$C(z)=\frac{z}{(z-4)(z^{2}-3z+2)}+\frac{z^{2}c(0)+zc(1)-3zc(0)}{(z^{2}-3z+2)}$$

式中,等号右边第 1 项为特解,第 2 项为通解。

(3)z 反变换

若假设初始条件为零,上式第 2 项为零。为进行 z 反变换,需求解 $C(z)$表达式的特征根。通过部分分式展开,可得:

$$C(z)=\frac{0.166z}{z-4}-\frac{0.5z}{z-2}+\frac{0.33z}{z-1}$$

查表可得:

$$c(k)=0.166\times 4^{k}-0.5\times 2^{k}+0.333$$

2.5 脉冲传递函数

在连续系统中,常用传递函数研究系统的特性,对采样系统或线性离散系统,同样也可以在 z 域通过脉冲传递函数来研究它们的特性。

2.5.1 脉冲传递函数定义

与连续系统传递函数的定义类似,离散系统脉冲传递函数定义为在初始条件为零时,系统输出量 z 变换与输入量 z 变换之比,即

$$G(z)=\frac{C(z)}{R(z)} \tag{2-62}$$

若已知系统的脉冲传递函数 $G(z)$,系统输出量的 z 变换可表示为

$$C(z)=G(z)R(z) \tag{2-63}$$

上述关系如图 2-19(a)所示。通过 z 反变换,即可求得输出的采样信号:

$$c^{*}(t)=Z^{-1}[C(z)]=Z^{-1}[G(z)R(z)] \tag{2-64}$$

若是采样系统,输入信号 $r(t)$经采样后为 $r^{*}(t)$,其 z 变换为 $R(z)$,但其输出为连续信号 $c(t)$。为了用脉冲传递函数表示,可在输出端虚设一个与输入开关同步动作的采样开关,如图 2-19(b)虚线所示,便可得到输出采样信号 $c^{*}(t)$,其 z 变换 $C(z)$采样系统变成了离散系统,它的脉冲传递函数仍以式(2-64)表示。脉冲传递函数又称 z 传递函数。

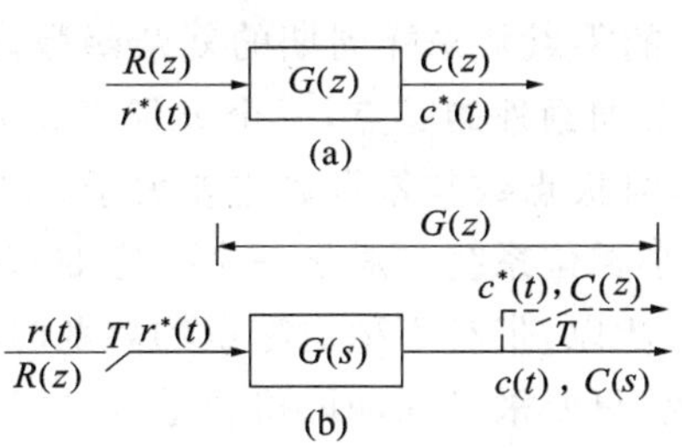

图 2-19 脉冲传递函数

2.5.2 脉冲传递函数特性

(1)离散系统脉冲传递函数的求取

在连续系统里,传递函数可以看作系统输入为单位脉冲时,它的脉冲响应的拉普拉斯变

换。对离散系统，脉冲传递函数也可以看作系统输入为单位脉冲时，它的脉冲响应的 z 变换。事实上，由于系统输入为单位脉冲时，系统的输出响应为脉冲响应 $g^{*}(t)$，因为 $R(z)=Z[\delta(t)]=1$，因此，有：

$$C(z)=Z[g^{*}(t)]=G(z)R(z)=G(z) \tag{2-65}$$

如果已知采样系统的连续传递函数 $G(s)$，当其输出端加入虚拟开关变为离散系统时，它的脉冲传递函数可按下述步骤求取：

①对 $G(s)$ 进行拉普拉斯反变换，求得脉冲响应 $g(t)=L^{-1}[G(s)]$。

②对 $g(t)$ 采样，求得离散系统脉冲响应 $g^{*}(t)$ 为

$$g(t)=\sum_{k=0}^{\infty}g(kT)\delta(t-kT) \tag{2-66}$$

③对离散脉冲响应 $g^{*}(t)$ 进行 z 变换，即得系统的脉冲传递函数 $G(z)$：

$$G(z)=Z[g^{*}(t)]=\sum_{k=0}^{\infty}g(kT)z^{-k} \tag{2-67}$$

为书写方便，以下几种脉冲传递函数的表示方法均可应用：

$$G(z)=Z[g^{*}(t)]=Z[g(t)]=Z[G(s)] \tag{2-68}$$

由式(2-68)可知，当已知连续系统的传递函数 $G(s)$，只需对其进行 z 变换即可得到它的脉冲传递函数 $G(z)$。

与连续系统传递函数类似，脉冲传递函数完全表征了系统或环节的输入与输出之间的特性，并且也只由系统或环节本身的结构参数决定，与输入信号无关。

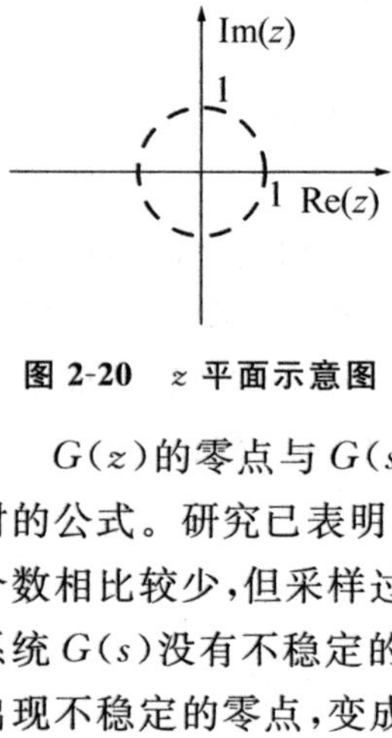

图 2-20　z 平面示意图

(2)脉冲传递函数的极点与零点

通常，脉冲传递函数 $G(z)$ 由式(2-31)或式(2-32)有理分式表示。当 $G(z)$ 是由 $G(s)$ 通过 z 变换得到时，它的极点由 $G(s)$ 的极点按 $z=e^{sT}$ 的关系一一映射得到。由此映射关系可知，$G(z)$ 的极点位置不仅与 $G(s)$ 的极点有关，还与采样周期密切相关。从该式可见，当采样周期 T 足够小时，不管 $G(s)$ 的极点如何分布，都将密集地映射在 $z=1$ 附近，z 平面示意图如图 2-20 所示。

$G(z)$ 的零点与 $G(s)$ 的零点的关系较为复杂，与极点相互映射不同，不存在零点相互映射的公式。研究已表明，$G(z)$ 的零点是采样周期的复杂函数。通常，$G(s)$ 零点个数与极点个数相比较少，但采样过程会增加额外的零点，一个 n 阶离散系统有 $n-1$ 个零点。若连续系统 $G(s)$ 没有不稳定的零点，且极点数与零点数之差大于 2，当采样周期较小时，$G(z)$ 总会出现不稳定的零点，变成非最小相位系统。对于一个确定的 $G(s)$，可以得到 $G(z)$ 产生不稳定零点的采样周期取值范围。所以，带有不稳定零点的离散时间系统是十分普遍的。相反，有不稳定零点的连续传递函数，只要采样周期取得合适，离散后也可以得到没有不稳定零点的 $G(z)$。了解 $G(z)$ 是否具有不稳定零点，在使用基于对消被控过程零点的方法设计控制器时很有意义。

2.5.3　差分方程与脉冲传递函数

如前所述，离散系统既可用差分方程描述，又可用脉冲传递函数描述，因此两者之间可互相转换。

(1)由差分方程求脉冲传递函数

已知差分方程为

$$c(k)+a_1c(k-1)+a_2c(k-2)+\cdots+a_nc(k-n)$$
$$=b_0r(k)+b_1r(k-1)+\cdots+b_mr(k-m) \tag{2-69}$$

设初始条件为零,式(2-69)可写成求和形式,即

$$c(k)+\sum_{i=1}^{n}a_ic(k-i)=\sum_{j=0}^{m}b_jr(k-j) \tag{2-70}$$

两端进行 z 变换,得:

$$C(z)+\sum_{i=1}^{n}a_iz^{-i}C(z)=\sum_{j=0}^{m}b_jz^{-j}R(z) \tag{2-71}$$

由此可得系统的脉冲传递函数为

$$G(z)=\frac{C(z)}{R(z)}=\frac{\sum_{j=0}^{m}b_jz^{-j}}{1+\sum_{i=1}^{n}a_iz^{-i}} \tag{2-72}$$

式(2-72)中,$\Delta(z)=1+\sum_{i=1}^{n}a_iz^{-i}$ 为该系统的特征多项式。

因此,系统输出 $C(z)$为

$$C(z)=G(z)R(z)=\frac{\sum_{j=0}^{m}b_jz^{-j}}{1+\sum_{i=1}^{n}a_iz^{-i}}R(z) \tag{2-73}$$

通过 z 反变换即可求得在 $r(kT)$作用下的 $c(kT)$。实际上,这为原差分方程的特解。

(2)由脉冲传递函数求差分方程

已知系统的脉冲传递函数,通过 z 反变换可求得相应的差分方程。

已知系统的脉冲传递函数为

$$G(z)=\frac{C(z)}{R(z)}=\frac{\sum_{j=0}^{m}b_jz^{-j}}{1+\sum_{i=1}^{n}a_iz^{-i}}$$

则可得:

$$C(z)+\sum_{i=1}^{n}a_iz^{-i}C(z)=\sum_{j=1}^{m}b_jz^{-j}R(z)$$

进行反变换即可得到对应的差分方程为

$$c(k)+\sum_{i=1}^{n}a_ic(k-i)=\sum_{j=0}^{m}b_jr(k-j)$$

2.6 离散系统的方块图分析

和连续系统一样,离散系统也可以用方块图描述。方块图描述所用符号与连续系统相

同，但增加了采样开关。由于在采样系统中，既有连续环节，又有计算机那样的离散环节，而且采样开关的位置也不完全相同，因此，方块图等效变换的具体做法与连续系统稍有差别。

2.6.1 环节连接的等效变换

(1)采样系统中连续部分的结构形式

图 2-21 给出了采样系统中连续部分 4 种常见的结构形式。

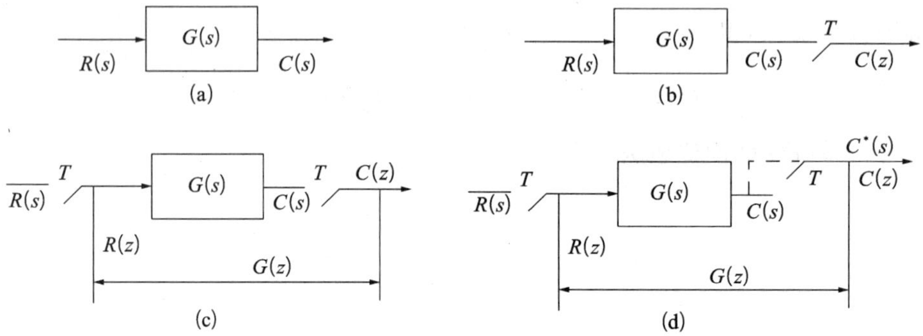

图 2-21 连续部分的 4 种常见的结构形式

图 2-21(a)所示结构是常见的连续输入与连续输出，此时，有：

$$C(s)=G(s)R(s) \tag{2-74}$$

图 2-21(b)所示结构是连续输入与采样输出，此时，有：

$$C^*(s)=[G(s)R(s)]^* \tag{2-75}$$

若将 s 用 z 代入，变为 z 域形式，则有：

$$C(z)=Z[G(s)R(s)]=GR(z) \tag{2-76}$$

注意，$GR(z)$表示对$[G(s)R(s)]$乘积进行 z 变换。

图 2-21(c)所示结构是采样输入与采样输出，此时按脉冲传递函数的定义有：

$$C(z)=G(z)R(z) \tag{2-77}$$

式(2-77)中，$G(z)=Z[G(s)]$。

图 2-21(d)所示结构是采样输入与连续输出，此时，有：

$$C(s)=G(s)R^*(s) \tag{2-78}$$

式中，$R^*(s)$是采样序列 $r^*(t)$的拉普拉斯变换。如果要研究输出在采样时刻的信息 $C^*(s)$，则可在输出端虚设一个采样开关，这就与图 2-21(c)结构相同了。

从上述分析可以看到，并不是所有结构都能写出环节的脉冲传递函数，如图 2-21(b)与图 2-21(d)所示结构只能写出输出的表达式，不能写出它的脉冲传递函数。只有当输入信号及输出信号均有采样开关，或者说它们均为离散信号时，才能写出它们之间的脉冲传递函数。这一点在结构图变换时应特别注意。

(2)串联环节的脉冲传递函数

常遇到的环节串联结构有图 2-22 所示的两种形式。

对第一种形式[图 2-22(a)]，由于两个连续环节之间有采样开关，输入输出也均有采样开关，这样，每个环节的输入输出都是离散信号，按定义可得：

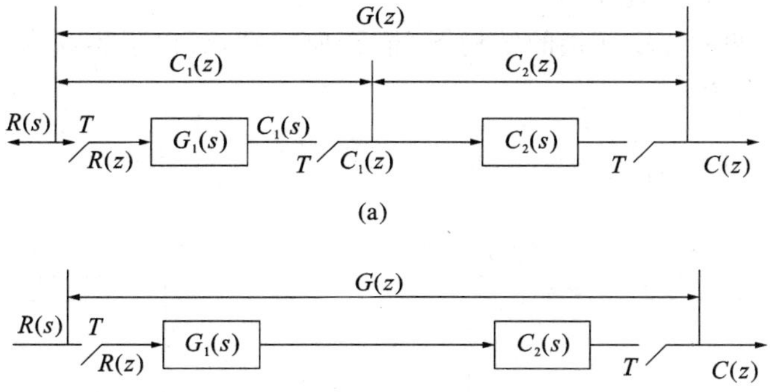

图 2-22 串联连接的两种形式

$$\left.\begin{aligned} C_1(z) &= G_1(z)R(z) \\ C(z) &= G_2(z)C_1(z) \end{aligned}\right\} \tag{2-79}$$

式中，$G_1(z)=Z[G_1(s)]$，$G_2(z)=Z[G_2(s)]$。将第一式代入第二式中，可得：

$$C(z)=G_2(z)G_1(z)R(z)=G(z)R(z) \tag{2-80}$$

故有

$$G(z)=\frac{C(z)}{R(z)}=G_1(z)G_2(z) \tag{2-81}$$

类似地，n 个环节串联，且它们之间均有采样开关隔开，则可得：

$$G(z)=G_1(z)G_2(z)\cdots G_n(z)=\prod_{i=1}^{n}G_i(z) \tag{2-82}$$

式中，$G_i(z)=Z[G_i(s)]$。

对第二种情况[图 2-22(b)]，两个连续环节之间无采样开关，这样在输入与输出两个采样开关之间的连续函数为 $G(s)=G_1(s)G_2(s)$，$G(s)$ 可以看作一个独立环节。按定义，输出采样信号 $C(z)=G(z)R(z)$，其中有：

$$G(z)=Z[G(s)]=Z[G_1(s)G_2(s)]=G_1G_2(z) \tag{2-83}$$

可见，两个环节之间无采样开关，它们的等效脉冲传递函数等于两个连续环节乘积的 z 变换。类似地，也可扩充到几个无采样开关串联连接的情况，即

$$G(z)=Z[G_1(s)G_2(s)\cdots G_n(s)]=G_1G_2\cdots G_n(z) \tag{2-84}$$

应注意，两个连续环节串联之后的 z 变换并不等于每个环节 z 变换之积，即

$$G_1(z)G_2(z)\neq G_1G_2(z) \tag{2-85}$$

这一点可通过实例说明，例如，图 2-22 中 $G_1(s)=\dfrac{1}{s}$，$G_2(s)=\dfrac{1}{s+1}$，对第一种情况，有：

$$G(z)=G_1(z)G_2(z)=Z\left[\frac{1}{s}\right]\cdot Z\left[\frac{1}{s+1}\right]=\frac{z^2}{(z-1)(z-\mathrm{e}^{-T})} \tag{2-86}$$

对第二种情况，有：

$$G(z)=Z[G_1(s)G_2(s)]=Z\left[\frac{1}{s(s+1)}\right]=\frac{(1-\mathrm{e}^{-T})z}{(z-1)(z-\mathrm{e}^{-T})} \tag{2-87}$$

显然，两者结果不同。但也应注意到，它们的极点相同，仅零点不同。

(3)并联环节的脉冲传递函数

图 2-23 给出了两种并联连接的结构图，依叠加定理，可以很容易求得两种连接的并联环节的脉冲传递函数为

$$G(z)=\frac{C(z)}{R(z)}=G_1(z)+G_2(z)=Z[G_1(s)]+Z[G_2(s)] \tag{2-88}$$

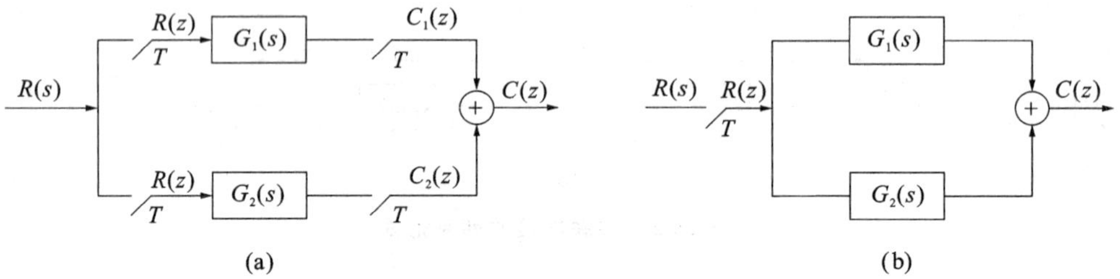

图 2-23　并联环节的脉冲传递函数

2.6.2　闭环反馈系统脉冲传递函数

在连续系统里，闭环传递函数与相应开环传递函数之间有确定关系，因此可用典型结构图描述一个闭环系统。但在采样系统中，由于采样开关位置不同，闭环传递函数也不同，在求闭环传递函数时应特别注意采样开关的位置。现就常见的采样系统结构讨论闭环系统的等效脉冲传递函数的求取。

图 2-24 所示是一种常见的采样控制系统的结构。若系统输出是连续的，为将其变成离散系统，在输出端加入虚拟采样开关，表示仅研究系统在各采样点离散时刻的输出值。综合点之后的采样开关可等效为综合点两个输入端的采样开关。

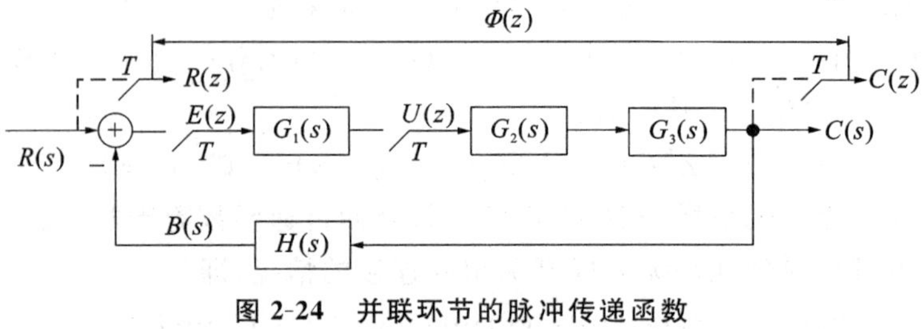

图 2-24　并联环节的脉冲传递函数

依图 2-24 可得：

$$\left.\begin{aligned}&E(z)=R(z)-B(z)\\&B(z)=Z[G_2(s)G_3(s)H(s)]U(z)=G_2G_3H(z)U(z)\\&E(z)=R(z)-G_2G_3H(z)U(z)\\&C(z)=Z[G_2(s)G_3(s)]U(z)=G_2G_3(z)U(z)\\&U(z)=Z[G_1(s)]E(z)=G_1(z)E(z)\end{aligned}\right\} \tag{2-89}$$

因此

$$C(z)=G_2G_3(z)G_1(z)E(z)$$

将 $U(z)$ 代入 $E(z)$ 表达式中，得：

$$E(z)=\frac{R(z)}{1+G_1(z)G_2G_3H(z)} \tag{2-90}$$

将 $E(z)$代入 $C(z)$表达式，得：

$$C(z)=\frac{G_1(z)G_2G_3(z)}{1+G_1(z)G_2G_3H(z)}R(z) \tag{2-91}$$

所以，可得以 $C(z)$为输出、以 $R(z)$为输入的闭环脉冲传递函数为

$$f(z)=\frac{C(z)}{R(z)}=\frac{G_1(z)G_2G_3(z)}{1+G_1(z)G_2G_3H(z)} \tag{2-92}$$

由式(2-90)可得以 $R(z)$为输入的误差传递函数

$$f_e(z)=\frac{E(z)}{R(z)}=\frac{1}{1+G_1(z)G_2G_3H(z)} \tag{2-93}$$

由式(2-92)可见，闭环脉冲传递函数的求取方法与连续系统类似。唯一要注意的问题是，在求取正向通道传递函数及反馈通道传递函数时，要使用独立环节的脉冲传递函数。所谓独立环节，是指在两个采样开关之间的环节(不论其中有几个连续环节串联或并联)。如式(2-92)所示，正向通道传递函数的两个独立环节只能是 $G(z)$与 $G_2G_3(z)$之积，而开环传递函数的独立环节只能是 $G(z)$与 $G_1G_2(z)H(z)$之积。式(2-92)中$[1+G_1(z)G_2G_3H(z)]$为闭环系统特征多项式。

由式(2-91)可见，系统输出 z 变换可按以下公式直接给出：

$$C(z)=\frac{\text{前向通道所有独立环节 } z \text{ 变换的乘积}}{1+\text{闭环回路中所有独立环节 } z \text{ 变换的乘积}} \tag{2-94}$$

但应注意，输入信号 $R(s)$也作为一个连续环节看待。因此，若要使 $R(z)$存在，则可以依式(2-92)写出闭环系统脉冲传递函数，否则无法得到传递函数。表 2-2 中给出了一些常用采样系统结构图及输出表达式。

表 2-2 常用采样系统结构图及输出表达式

序号	结构图	$C(z)$
1	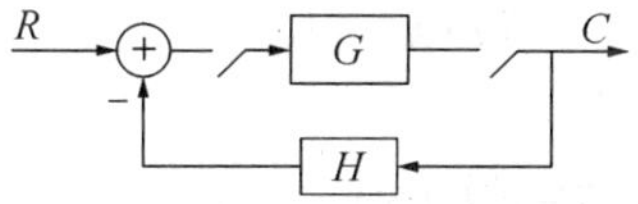	$C(z)=\frac{G(z)R(z)}{1+G(z)H(z)}$
2	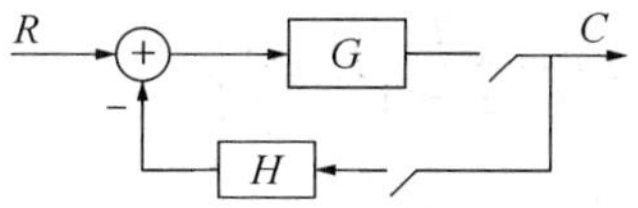	$C(z)=\frac{RG(z)}{1+HG(z)}$
3	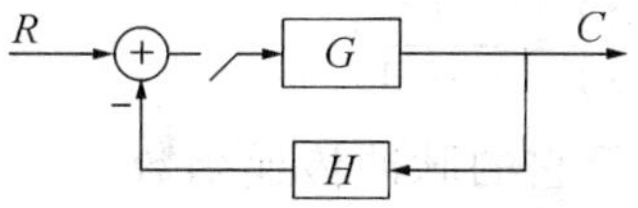	$C(z)=\frac{G(z)R(z)}{1+GH(z)}$
4	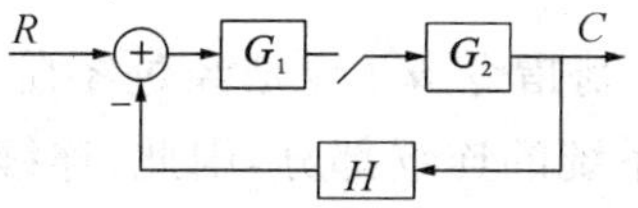	$C(z)=\frac{G_2(z)G_1R(z)}{1+G_1G_2H(z)}$
5	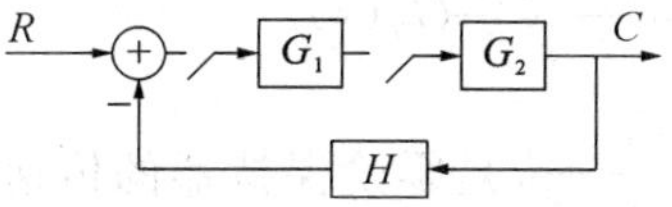	$C(z)=\frac{G_1(z)G_2(z)R(z)}{1+G_1(z)G_2H(z)}$

续表 2-2

序号	结构图	$C(z)$
6	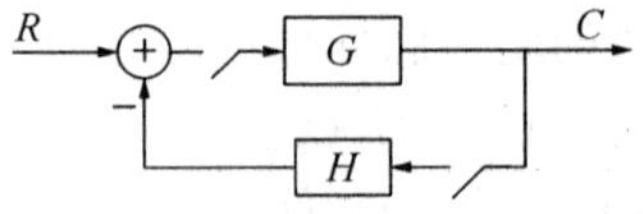	$C(z)=\dfrac{G(z)R(z)}{1+G(z)H(z)}$
7	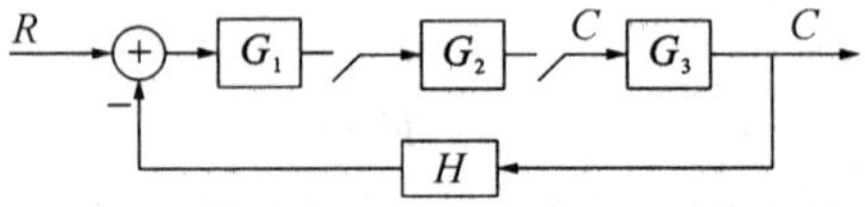	$C(z)=\dfrac{G_2(z)G_3(z)G_1R(z)}{1+G_2(z)G_2G_3H(z)}$
8	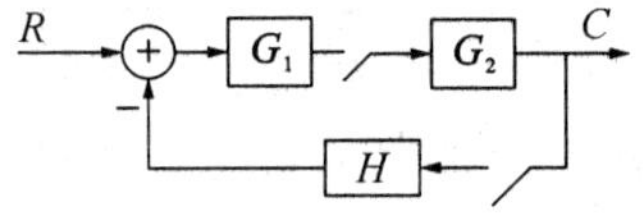	$C(z)=\dfrac{G_2(z)R_1R(z)}{1+G_2(z)G_1H(z)}$

2.6.3 计算机控制系统的闭环脉冲传递函数

如前所述，计算机控制系统基本上是由数字计算机部分和连续部分构成的。现讨论计算机内控制算法及连续部分的脉冲传递函数的求取问题。

(1)数字部分的脉冲传递函数

计算机内部的控制算法，通常有两种形式，一种是差分方程，另一种是连续传递函数。

若以差分方程来描述控制算法的输入输出关系，利用式(2-72)即可直接得到它的脉冲传递函数。

例如，若已知计算机实现的控制算法由下述差分方程描述：

$$u(k)=u(k-1)+Te(k-1) \tag{2-95}$$

对给定差分方程两端进行 z 变换，得：

$$\left.\begin{aligned} U(z)&=z^{-1}U(z)+Tz^{-1}E(z)\\ U(z)&=\frac{Tz^{-1}}{1-z^{-1}}E(z)=\frac{T}{z-1}E(z)\end{aligned}\right\} \tag{2-96}$$

因此，数字部分的脉冲传递函数为

$$D(z)=\frac{U(z)}{E(z)}=\frac{T}{z-1} \tag{2-97}$$

若以连续传递函数给定，则可以通过 z 变换求得它的脉冲传递函数。

(2)连续部分的脉冲传递函数

典型的计算机控制系统，计算机输出的控制指令 $u^{*}(t)$ 是经过零阶保持器加到系统的被控对象上的，零阶保持器和被控对象，是该系统的连续部分，因此，连续部分传递函数是：

$$G_h(s)G_0(s)=\frac{1-\mathrm{e}^{-Ts}}{s}G_0(s) \tag{2-98}$$

式中，$G_0(s)$ 是被控对象传递函数；$G_h(s)=\dfrac{1-\mathrm{e}^{-Ts}}{s}$，是零阶保持器的传递函数。

通常，被控对象的输出 $c(t)$ 是连续变化的，为了研究方便，将其转换为纯离散系统，在系统输出端加入一个虚拟采样开关，如图 2-25 所示。为此，连续部分的脉冲传递函数 $G(z)$ 为

$$G(z)=\frac{C(z)}{U(z)}=Z\left[\frac{1-\mathrm{e}^{-Ts}}{s}G_0(s)\right]=Z\left[\frac{1}{s}G_0(s)-\frac{1}{s}G_0(s)\mathrm{e}^{-Ts}\right]$$
$$=Z\left[\frac{1}{s}G_0(s)\right]-Z\left[\frac{1}{s}G_0(s)\mathrm{e}^{-Ts}\right] \tag{2-99}$$

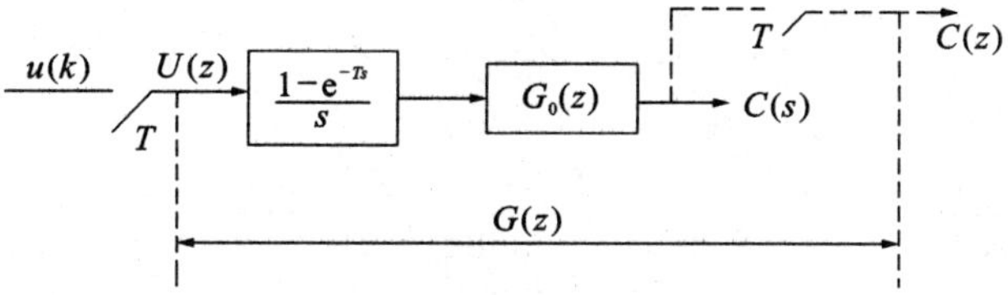

图 2-25 连续部分的系统结构

式中等号右边第二项是函数 $g(t)=L^{-1}\left[\frac{1}{s}G_0(s)\right]$ 延迟一个采样周期 T 后 $g(t-T)$ 的 z 变换，根据 z 变换的延迟定理，得：

$$G(z)=G_0(z)-z^{-1}G_0(z)=(1-z^{-1})G_0(z) \tag{2-100}$$

式中，$G_0(z)=Z\left[\frac{1}{s}G_0(s)\right]$。从该式可见，$z$ 变换时，零阶保持器中的 $(1-\mathrm{e}^{-Ts})$ 可以直接变换为 $(1-z^{-1})$。

(3)闭环传递函数的求取

在求得 $D(z)$ 及 $G(z)$ 后，依据式(2-92)即可求得计算机控制系统的闭环脉冲传递函数 $\Phi(z)$。

例 2-13 试求图 2-26 所示计算机控制系统闭环脉冲传递函数，已知 $T=1$ s。

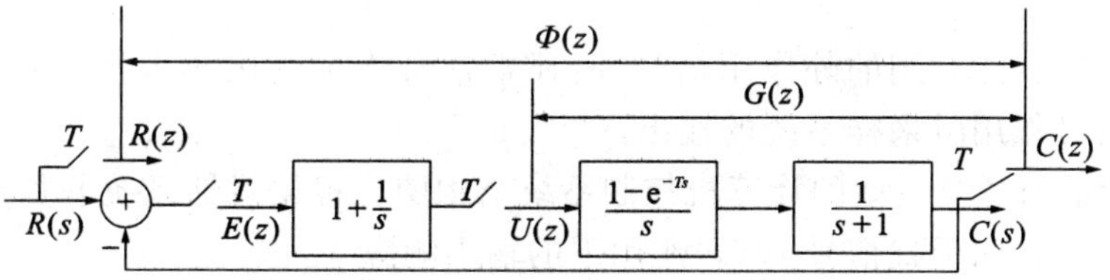

图 2-26 例 2-13 计算机控制系统结构图

解 由于 $D(s)=(1+1/s)$，所以，有：

$$D(z)=Z[D(s)]=Z[1+1/s]=1+\frac{1}{1-z^{-1}}=\frac{2-z^{-1}}{1-z^{-1}}$$

又因为 $G(s)=G_h(s)G_0(s)=\frac{1-\mathrm{e}^{-Ts}}{s}\frac{1}{s+1}$，所以，有：

$$G(z)=G_hG_0(z)=Z\left[\frac{1-\mathrm{e}^{-Ts}}{s}\frac{1}{s+1}\right]$$
$$=(1-z^{-1})Z\left[\frac{1}{s(s+1)}\right]$$

$$=(1-z^{-1})\left[\frac{1}{1-z^{-1}}-\frac{1}{1-e^{-T}z^{-1}}\right]=\frac{(1-e^{-T})z^{-1}}{1-e^{-T}z^{-1}}$$

由图可知 $H(s)=1$，由式(2-94)可得：

$$\Phi(z)=\frac{C(z)}{R(z)}=\frac{D(z)G_hG_0(z)}{1+D(z)G_hG_0(z)}=\frac{\dfrac{2-z^{-1}}{1-z^{-1}}\ \dfrac{(1-e^{-T})z^{-1}}{1-e^{-T}z^{-1}}}{1+\dfrac{2-z^{-1}}{1-z^{-1}}\ \dfrac{(1-e^{-T})z^{-1}}{1-e^{-T}z^{-1}}}$$

$$=\frac{(2-z^{-1})(1-e^{-T})z^{-1}}{(1-z^{-1})(1-e^{-T}z^{-1})+(2-z^{-1})(1-e^{-T})z^{-1}}$$

因为 $T=1$，所以，有：

$$\Phi(z)=\frac{C(z)}{R(z)}=\frac{2(1-0.5z^{-1})\times 0.632z^{-1}}{(1-z^{-1})(1-0.368z^{-1})+2(1-0.5z^{-1})\times 0.632z^{-1}}$$

$$=\frac{1.264(z^{-1}-0.316z^{-2})}{1-0.104z^{-1}+0.05z^{-2}}=\frac{1.264z-0.399}{z^2-0.104z+0.05}$$

实际上，对传递函数进行 z 变换时，亦可以直接利用 MATLAB 相应命令，例如对例 2-13 有：

```
num= [1];
den= [1  1];
[c,d]= c2dm(num,den, 1, 'zoh')
```

结果为

```
c= [0  0.6321]
d= [1.0000  - 0.3679]
```

即
$$G(z)=\frac{0.6321}{z-0.3679}=\frac{0.6321z^{-1}}{1-0.3679z^{-1}}$$

2.6.4 干扰作用时闭环系统的输出

在控制系统里，除有用的外作用信号外，还常常有连续变化的干扰信号。以图 2-27 为例，讨论干扰信号作用时采样系统的输出。

图 2-27 所示为一个典型的计算机控制系统结构图。根据线性系统叠加定理，可分别计算出指令信号 $R(s)$和干扰信号 $N(s)$作用下的输出响应。

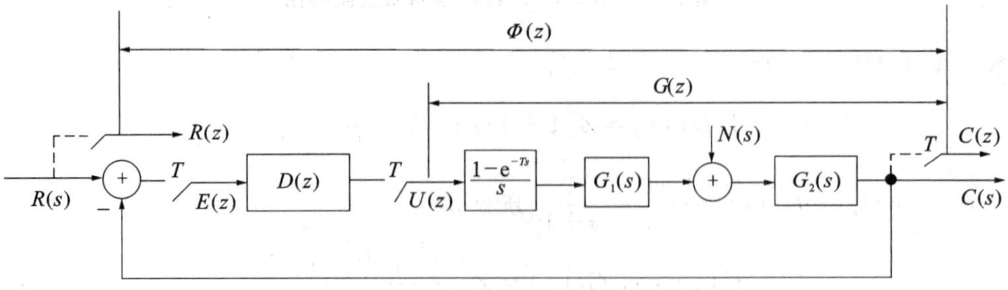

图 2-27　带干扰作用的控制结构框图

(1)$R(s)$单独作用时的输出响应[令 $N(s)=0$]

依式(2-91)可得：

$$C_R(z)=\frac{R(z)D(z)G(z)}{1+D(z)G(z)} \tag{2-101}$$

式(2-101)中，有：

$$G(z)=Z\left[\frac{1-e^{-Ts}}{s}G_1(s)G_2(s)\right]=(1-z^{-1})Z\left[\frac{G_1(s)G_2(s)}{s}\right] \tag{2-102}$$

(2)干扰 $N(s)=0$ 单独作用时的输出响应[令 $R(s)=0$]

由于干扰 $N(s)$直接作用于 $G(s)$之前，中间无采样开关，因此，无法写出 $N(s)$与输出 $C_N(z)$之间的脉冲传递函数，只能求出在 $N(s)$作用下的 $C_N(z)$，依式(2-94)可得：

$$C_N(z)=\frac{NG_2(z)}{1+D(z)G(z)} \tag{2-103}$$

(3)系统总的输出

$$C(z)=C_R(z)+C_N(z)=\frac{D(z)G(z)R(z)+NG_2(z)}{1+D(z)G(z)} \tag{2-104}$$

由以上公式可见，不同输出类型的表达式不同，但它们的分母却相同，即闭环系统的特征多项式是不变的。

2.7 本章总结

数字计算机只能接收和处理二进制编码，这些二进制编码可以表示某种物理量的大小或某个数值，称为数字信号。实际系统中的被控制量大都是一些在时间上连续的信号，一般称为模拟量或连续量。因此，计算机控制系统也可以称为数字控制系统、离散控制系统或采样控制系统，而模拟控制系统也称为连续控制系统。与连续控制系统相比，在离散控制系统中，信号的传输及变换过程较为复杂。

要研究一个实际的物理系统，首先要解决它的数学模型和分析工具问题。计算机控制系统是线性离散系统或者可当作线性离散系统。这种系统是在连续控制系统之后发展起来的。因此，离散系统的研究方法有很多是与连续系统相对应的。例如，连续系统输出量与输入量之间的关系是用微分方程描述的，而离散系统的输出量与输入量之间的关系是用差分方程描述的；连续系统分析的主要数学工具是拉普拉斯变换，而离散系统分析的主要数学工具是 z 变换；连续系统的数学模型采用传递函数，而离散系统的数学模型采用脉冲传递函数；和连续系统一样，离散系统也可以用方块图描述。方块图描述所用符号与连续系统相同，但增加了采样开关。通过对计算机控制系统信号的分析和数学描述，可以深入理解系统的动态行为、性能指标和控制策略，为系统设计、分析和优化提供理论和方法支持。

习　题

1. 什么是采样定理？采样周期选取的一般原则是什么？

2. 试推导零阶保持器的传递函数。为什么闭环控制系统一般采用零阶保持器而不采用信号恢复效果更好的高阶保持器？

3. 采样周期 T 对系统的控制品质有何影响？如何选择采样周期？

4. 若给出下述 $f(t)$ 的拉氏变换 $F(s)$，试求采样信号 $f^{*}(t)$ 的拉氏变换 $F^{*}(s)$（写成闭合形式）。

(1) $F(s)=\dfrac{1}{s(s+1)}$；(2) $F(s)=\dfrac{1}{(s+1)(s+2)}$

5. 试分别画出 $f(t)=5e^{-10t}$ 及其采样信号 $f^{*}(t)$ 的幅频曲线（设采样周期 $T=0.1$ s）。

6. 若数字计算机的输入信号为 $f(t)=5e^{-10t}$，试根据采样定理选择合理的采样周期 T。设信号中的最高频率为 ω_m，定义为 $|F(j\omega_m)|=0.1|F(0)|$。

7. 简述保持器在计算机控制系统中的作用。

8. 使用 z 变换定义下列各序列的 z 变换 $F(z)$。

(1) $f(k)=\begin{cases}1, k=0,1,2,3\\0,\text{其他情况}\end{cases}$；(2) $f(k)=\begin{cases}k^2, k=0,1,2,3\\1,\text{其他情况}\end{cases}$

9. 求图 2-28 所示曲线 $f(t)$ 的 z 变换 $F(z)$。设采样周期 $T=1$ s。

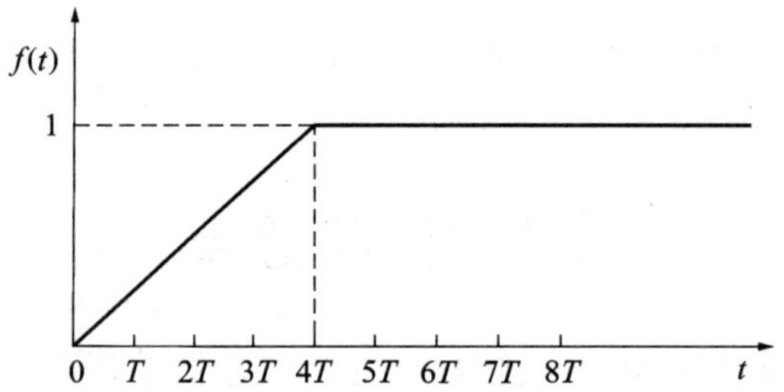

图 2-28　习题 9 函数曲线

10. 求 $f(t)=t^2e^{-at}$ 的 z 变换 $F(z)$。

11. 求下列拉普拉斯变换函数的 z 变换。

(1) $G(s)=\dfrac{s+1}{s(s^2+1)}$；(2) $G(s)=\dfrac{1-e^{-Ts}}{s}\cdot\dfrac{k}{T_1s+1}$

12. 求下列 z 变换函数 $F(z)$ 对应时间序列的初值和终值。

(1) $F(z)=\dfrac{z}{z+1}$；(2) $F(z)=\dfrac{z}{(z-1)(z+a)}$

13. 利用部分分式法求 $F(z)=\dfrac{z^2+z+2}{(z-1)(z^2-z+1)}$ 的反变换 $f(k)$。

14. 用直除法求 $F(z)$ 的前四项。

(1) $F(z)=\dfrac{1+2z^{-1}}{(1-z^{-1})^2}$；(2) $F(z)=\dfrac{z^{-1}(1-z^{-2})}{(1+z^{-2})^2}$

15. 用 z 变换法求解下列差分方程：

(1) $c(k+1)-bc(k)=r(k)$，已知输入信号 $r(k)=a^k$，初始条件 $c(0)=0$；

(2) $c(k+2)+4c(k+1)+3c(k)=2k$，已知初始条件 $c(0)=c(1)=0$。

16. 已知离散系统的差分方程 $c(k)+0.5c(k-1)-c(k-2)+0.5c(k-3)=4r(k)-r(k-2)-0.6r(k-3)$，求系统的脉冲传递函数。

17. 试求图 2-29 所示天线计算机控制系统的闭环脉冲传递函数 $\Phi(z)$。

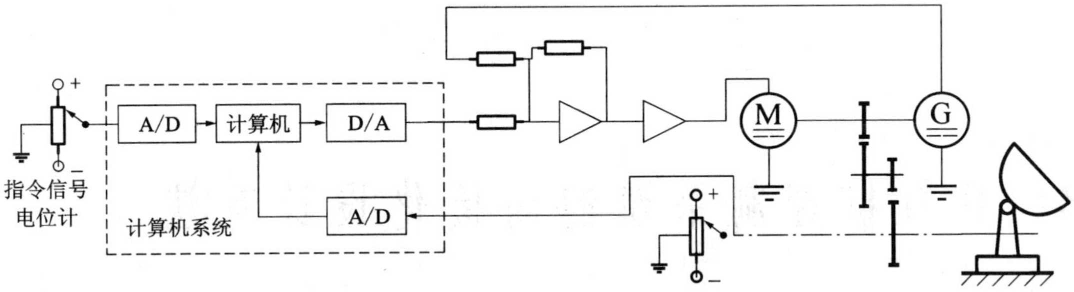

(a)

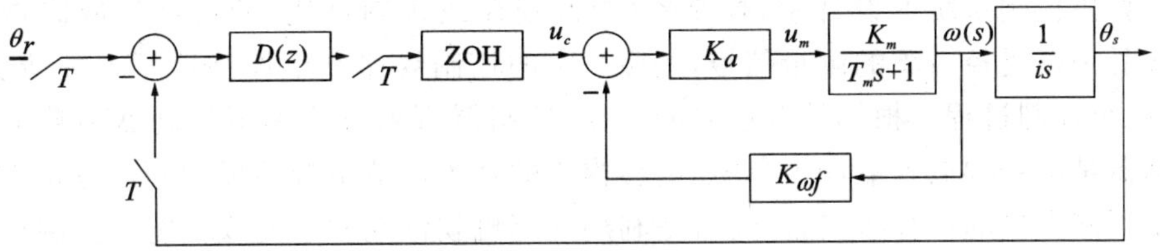

(b)

图 2-29　习题 17 天线控制系统结构

3 计算机控制系统的间接化设计方法

在计算机控制系统的设计中，控制器（控制规律或控制算法）的设计是最核心的部分。控制器接受来自受控对象的测量信号，按照一定的控制规律产生控制信号来推动执行器工作，完成整个控制过程。根据控制信号的特性，控制器可划分为模拟控制器和数字控制器。模拟控制器是由各种放大器和由电阻、电容构成的基本环节组合而成的硬件电路，而数字控制器基于不同类型的计算机装置，通常是利用计算机软件编程来完成特定的控制算法。

本章介绍计算机控制系统间接化设计方法的基本概念、模拟控制器的离散化方法、数字PID控制器的原理及设计等。此外，本章从计算机控制连续对象构成混合信号系统的特点出发，将经典控制理论中的连续控制器设计方法引入数字控制器设计的理论与设计过程中，并着重对在工程领域中应用最广泛的PID控制器的原理、设计和相关改进方法进行详细阐述。

3.1 计算机控制系统的间接化设计方法概述

对一个给定的被控对象，在建立了描述其动态特性的数学模型后，如何设计一个基于该模型的控制系统，使其满足性能指标的控制要求的问题被称为系统设计。

经典控制理论已经详细讨论了连续控制系统的建模、分析与设计。基于时域分析的系统设计方法主要包括系统数学模型和响应求解等；基于频域分析的系统设计方法主要包括根轨迹法和频率响应法等。控制器的主要形式包括反馈控制器和PID控制器。

所谓计算机控制系统的间接化设计方法，是指在一定条件下，把计算机控制系统近似地看成模拟系统，用分析连续系统的方法来进行动态分析和设计，再将所设计的校正装置的传递函数进行离散化，因此间接化设计方法也称为模拟化设计方法。间接化设计方法的基本条件是：当系统的采样频率足够高时，采样系统的特性接近于连续变化的模拟系统，因而可以忽略采样开关和保持器，将整个系统看作连续变化的模拟系统，其实质是将模拟控制器离散化，用数字控制器代替模拟控制器。

图3-1所示的计算机控制系统结构图中，$G_0(s)$是被控对象的传递函数，$\frac{1-e^{-Ts}}{s}$是零阶保持器的传递函数，T是系统的采样周期，$D(z)$是数字控制器。数字控制器间接化设计方法的步骤如下：

(1)根据已知的系统性能指标和被控对象的动态特性，采用经典连续系统的频率分析法、根轨迹法等设计出模拟控制器 $D(s)$；

(2)采样开关和零阶保持器对系统的影响相当于附加了一个 $T/2$ 的延时环节，因此要忽略其对系统的影响，确保系统的采样频率足够高、采样周期 T 足够短；

(3)在保证系统稳定性的基础上，使数字控制器与模拟控制器在频率响应上相似，利用离散化的方法得到数字控制器 $D(z)$；

(4)改变数字控制器的形式，设计由计算机实现的控制算法，得到系统的控制输入 $U(z)$，方便计算机的编程实现；

(5)求得控制算法后，应按图 3-1 所示的计算机控制系统检验其闭环特性是否符合设计要求，若满足设计要求，设计结束；否则应修改设计。

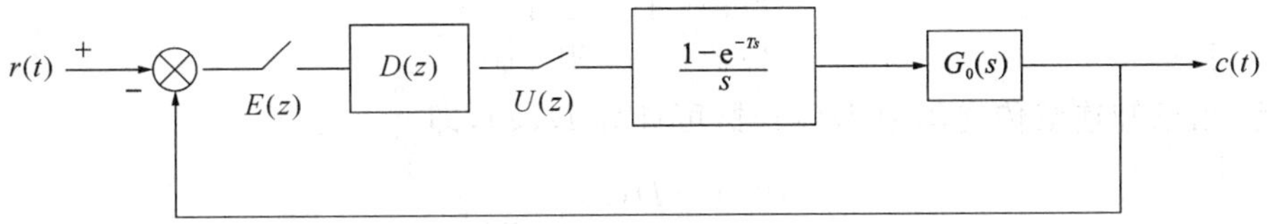

图 3-1 计算机控制系统结构图

3.2 模拟控制器的离散化方法

3.2.1 零阶保持器法

零阶保持器法，又称阶跃响应不变法。其基本思想是：离散近似后数字控制器的阶跃响应序列，必须与模拟调节器的阶跃响应的采样值相等，即

$$D(z)=\frac{1}{1-z^{-1}}=Z\left[D(s)\ \frac{1}{s}\right] \tag{3-1}$$

式中，$\frac{1}{1-z^{-1}}$、$\frac{1}{s}$分别是单位阶跃信号的 z 变换和拉氏变换。

式(3-1)也可以写作

$$D(z)=\frac{1}{1-z^{-1}}=Z[\frac{D(s)}{s}] \tag{3-2}$$

或者

$$D(z)=Z\left[\frac{1-e^{-Ts}}{s}D(s)\right] \tag{3-3}$$

3.2.2 双线性变换

双线性变换法又称 Tustin 变换法，它是将 S 域函数与 Z 域函数进行转换的一种近似方法。由 z 变换的定义：

$$z=e^{Ts}=\frac{e^{\frac{T}{2}s}}{e^{-\frac{T}{2}s}} \tag{3-4}$$

将 $e^{\frac{T}{2}s}$ 和 $e^{-\frac{T}{2}s}$ 展开成泰勒级数为

$$e^{\frac{T}{2}s}=1+\frac{T}{2}s+\frac{T^2}{8}s^2+\cdots \tag{3-5}$$

$$e^{-\frac{T}{2}s}=1-\frac{T}{2}s+\frac{T^2}{8}s^2+\cdots \tag{3-6}$$

只取式(3-5)和式(3-6)的前两项代入 z 变换式(3-4)，则得：

$$z\approx\frac{1+\frac{T}{2}s}{1-\frac{T}{2}s}=\frac{\frac{2}{T}+s}{\frac{2}{T}-s}=\frac{2+Ts}{2-Ts} \tag{3-7}$$

即 s 的近似值为

$$s=\frac{2}{T}\frac{z-1}{z+1}=\frac{2}{T}\frac{1-z^{-1}}{1+z^{-1}} \tag{3-8}$$

因此，当已知连续传递函数 $D(s)$ 时，可计算 $D(z)$，即

$$D(z)=D(s)\Big|_{s=\frac{2}{T}\frac{z-1}{z+1}} \tag{3-9}$$

双线性变换法实际上就是梯形积分法。

3.2.3 前向差分法

如果将微分用差分代替，得到：

$$\frac{\mathrm{d}u(t)}{\mathrm{d}t}\approx\frac{u(k+1)-u(k)}{T}=e(k) \tag{3-10}$$

两边取 z 变换，得：

$$(z-1)U(z)=TE(z) \tag{3-11}$$

即

$$D(z)=\frac{U(z)}{E(z)}=\frac{1}{\frac{z-1}{T}} \tag{3-12}$$

与 $D(s)=\frac{U(s)}{E(s)}=\frac{1}{s}$ 比较，可以看出 $D(z)$ 与 $D(s)$ 的形式完全相同，由此可得以下等效代换关系：

$$s=\frac{z-1}{T}$$

因此，前向差分变换法是将 $D(s)$ 中的 s 用 $(z-1)/T$ 来代替，便可得到 $D(z)$，即

$$D(z)=D(s)\Big|_{s=\frac{z-1}{T}} \tag{3-13}$$

由 z 变换的定义，将 z 展开成泰勒级数，则有：

$$z=e^{Ts}=1+Ts+\frac{T^2s^2}{2}+\cdots \tag{3-14}$$

可取前两项得到 $z=1+Ts$，即

$$s=\frac{z-1}{T} \tag{3-15}$$

式(3-15)又称为 Euler 代换，它实际上是对映射 $z=e^{Ts}$ 的一种近似表达。将 $z=e^{Ts}$ 进

PID 控制器的控制原理和设计方法已为控制系统领域的广大工程技术人员所熟知。

PID 是比例(Proportion)、积分(Integration)、微分(Differentiation)的简称。PID 控制器根据系统的误差,利用比例、积分、微分计算出控制量对被控对象进行控制。通常,模拟 PID 控制的算法如式(3-24)所示。

$$u(t)=K_P\left[e(t)+\frac{1}{T_I}\int_0^t e(t)\mathrm{d}t+\frac{T_D\mathrm{d}e(t)}{\mathrm{d}t}\right] \tag{3-24}$$

其控制结构如图 3-4 所示,其中 $r(t)$ 为参考输入或设定值,$c(t)$ 为系统输出,$e(t)=r(t)-c(t)$ 为偏差,$u(t)$ 为 PID 控制器的输出,K_P 为比例系数,T_I 为积分时间常数,T_D 为微分时间常数,$G_0(s)$ 为被控对象传递函数。

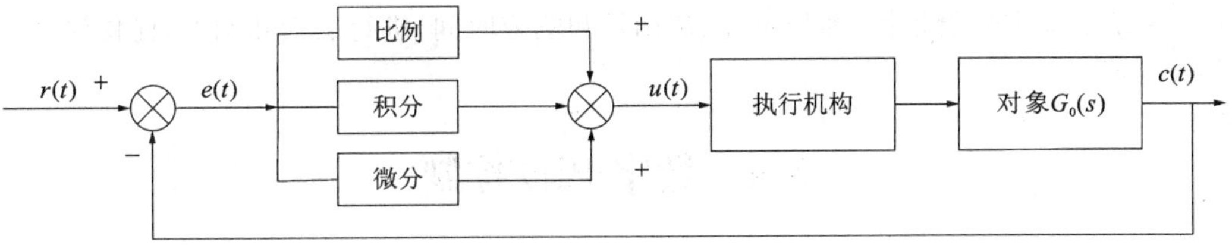

图 3-4 模拟 PID 控制结构

式(3-24)等号两边取拉普拉斯变换,整理后得 PID 控制器的传递函数 $D(s)$ 为

$$D(s)=\frac{U(s)}{E(s)}=K_P\left(1+\frac{1}{T_Is}+T_Ds\right)=K_P+\frac{K_I}{s}+K_Ds \tag{3-25}$$

其中,$K_I=\frac{K_P}{T_I}$,称为积分系数;$K_D=K_PT_D$,称为微分系数。

PID 控制器的工作原理如下:

(1)比例单元 P:这是对偏差进行控制,偏差一旦出现,控制器立即产生控制作用,使输出量朝着减小偏差的方向变化。控制作用的强弱取决于比例系数 K_P,K_P 越小偏差调节速度越慢,K_P 越大偏差调节速度越快,但 K_P 过大容易引起振荡,特别是在迟滞较多的情况下可能导致闭环系统不稳定。比例调节器的作用在于加快系统的响应速度,提高系统的调节精度,但它不能消除静态误差。

(2)积分单元 I:这是对偏差累积进行控制,直至偏差为零。其控制效果不仅与偏差大小有关,而且还与偏差持续的时间有关。积分时间常数 T_I 值大,积分作用弱;T_I 值小,积分作用强。增大 T_I 将减缓消除稳态误差的过程,但可减小超调,提高稳定性。积分调节器的作用在于消除系统的静态误差,但代价是降低系统的快速性。

(3)微分单元 D:这是按偏差变化的趋向进行控制的,希望在误差出现之前进行修正,从而提高输出响应的快速性,减小超调。微分调节器的作用在于影响系统偏差的变化率,改善系统的动态特性。

因此,PID 控制是根据当前误差(偏差)、过去的累积误差和误差变化率来计算控制输出,实现对系统的稳定、快速和精确控制。以下是一个简单的 PID 控制器实例,以温度控制系统为例:

(1)系统描述:假设有一个恒温箱系统,需要通过加热元件来维持箱内的温度恒定。系统输入为加热功率,输出为箱内温度,目标是使温度维持在设定值(例如,25 ℃)附近。

(2)PID 控制器设计

比例控制器(P):控制器输出与温度偏差成正比,即 $u_P(t)=K_Pe(t)$,消除静态误差。

积分控制器(I):控制器输出与温度偏差的累积值成正比,即 $u_I(t)=K_I\int e(t)$,消除稳态误差和减小超调。

微分控制器(D):控制器输出与温度偏差的变化率成正比,即 $u_D(t)=K_De'(t)$,提高系统的动态特性和稳定性。

(3)控制策略:PID 控制器输出为 $u(t)=u_P(t)+u_I(t)+u_D(t)$。加热元件根据控制器调整输出功率,实现温度控制。

(4)调试与优化:首先通过试验和模拟,调整 PID 控制器的参数,使系统的性能最优;接着根据系统响应和性能指标(如稳定性、超调量和响应时间)进行反馈和调整,优化控制策略和参数设置。

3.4 数字 PID 控制

自从计算机和各类微控制器芯片进入控制领域以来,用计算机或微控制器芯片取代模拟 PID 控制电路组成控制系统,不仅可以用软件实现 PID 控制算法,而且可以利用计算机和微控制器芯片的逻辑功能,使 PID 控制更加灵活。将模拟 PID 控制规律进行适当变换后,以微控制器或计算机为运算核心,利用软件程序来实现 PID 控制和校正,就是数字 PID 控制。

3.4.1 PID 控制的数字化

由于数字控制是一种采样控制,它只能根据采样时刻的偏差值来计算控制量,因此需要对连续 PID 控制算法进行离散化处理。对于实时控制系统而言,尽管对象的工作状态是连续的,但如果仅在离散的瞬间对其采样进行测量和控制,就能够将其表示成离散模型,当采样周期 T 足够短时,离散控制形式便能很接近连续控制形式,从而达到与其相同的控制效果。此时,可以用求和代替积分,用差分代替微分,于是,有:

$$\left.\begin{aligned} &u(t)\approx u(k)\\ &e(t)\approx e(k)\\ &\int_0^t e(t)\mathrm{d}t\approx T\sum_{j=0}^{k}e(j)\\ &\frac{\mathrm{d}e(t)}{\mathrm{d}t}\approx\frac{e(k)-e(k-1)}{T}\end{aligned}\right\}\tag{3-26}$$

整理后,得到:

$$u(k)=K_P\left[e(k)+\frac{T}{T_I}\sum_{j=0}^{k}e(j)+T_D\frac{e(k)-e(k-1)}{T}\right]\tag{3-27}$$

式(3-27)两边取 z 变换,得:

$$U(z)=K_P\left[E(z)+\frac{T}{T_I}\frac{E(z)}{1-z^{-1}}+\frac{T_D}{T}(1-z^{-1})E(z)\right]\tag{3-28}$$

整理后,得 PID 控制器的 z 传递函数为

$$D(z)=\frac{U(z)}{E(z)}=K_P[1+\frac{T}{T_I}\frac{1}{1-z^{-1}}+\frac{T_D}{T}(1-z^{-1})]$$
$$=K_P+\frac{K_I}{1-z^{-1}}+K_D(1-z^{-1})$$
$$=\frac{K_P(1-z^{-1})+K_I+K_D(1-z^{-1})^2}{1-z^{-1}} \tag{3-29}$$

其中，$K_I=K_P\frac{T}{T_I}$，$K_D=K_P\frac{T_D}{T}$。

数字 PID 控制系统如图 3-5 所示。

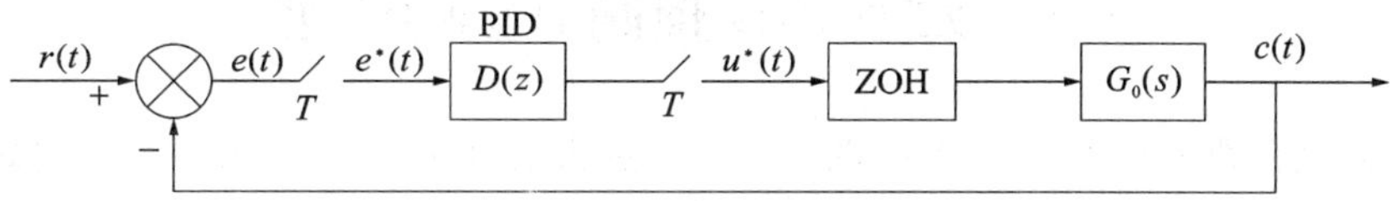

图 3-5 数字 PID 控制系统

3.4.2 数字 PID 控制算法

数字 PID 控制算法在实际应用中又可分为两种：位置式 PID 控制算法和增量式 PID 控制算法。在控制理论上两者是相同的，但在数字量化后的实现上会存在差别，下面分别对其进行介绍。

（1）位置式

$$u(k)=K_P\left[e(k)+\frac{T}{T_I}\sum_{j=0}^{k}e(j)+T_D\frac{e(k)-e(k-1)}{T}\right]$$
$$=K_Pe(k)+K_I\sum_{j=0}^{k}e(j)+K_D[e(k)-e(k-1)] \tag{3-30}$$

当执行机构需要控制量的全值时，PID 控制算法称为位置式 PID 控制算法，此算法一般适用于执行装置无记忆功能的场合，如直流电机的电枢电压控制。

式(3-30)表明，计算机控制过程是根据采样时刻的偏差值计算控制量，输出控制量 $u(k)$ 直接决定了执行机构的位置（如流量、压力、阀门等的开启位置），故称为位置式 PID 控制算法或全量式 PID 控制算法。

（2）增量式

当执行机构不需要控制量的全值，仅需要其增量时，由式(3-30)可以导出增量 PID 控制算法。因此，有：

$$\Delta u(k)=u(k)-u(k-1)$$
$$=K_P[e(k)-e(k-1)]+K_Ie(k)+K_D[e(k)-2e(k-1)+e(k-2)]$$
$$=(K_P+K_I+K_D)e(k)-(K_P+2K_D)e(k-1)+K_De(k-2) \tag{3-31}$$

与位置式 PID 控制算法相比，增量式算法具有以下优点：

① 增量式算法不需要对所有的系统偏差过去值 $e(i)$ 进行累加，输出量只与最近几次的系统偏差值有关，数值计算的精度对控制量的计算影响较小；而位置式算法要对所有偏差的过去值累加，这种误差的积累会使输出量与理论计算存在较大的偏差。

② 增量式算法中，积分运算是通过对系统偏差一次次累加实现的，每次的输出控制量中，积分项的值均为 $K_I e(k)$，始终为有限值，因此不会出现积分饱和的问题；而位置式 PID 控制器的输出往往会在初始时间内，由于系统偏差较大，积分结果超过 D/A 转换的最大值，从而产生积分饱和现象。

③在增量式算法中，计算机只输出控制增量，即执行机构位置的变化部分，因而误动作影响小，可以通过逻辑判断限制或禁止本次输出，不会严重影响系统的工作，在进行手动-自动切换时，控制量冲击小，能够较平滑地过渡；而位置式算法输出的是控制量的绝对值，误动作影响大。

3.5 数字 PID 控制算法的改进

任何一种执行机构都存在一个线性工作区，在此线性区内，它可以线性地跟踪控制信号，而当控制信号过大并超过这个线性区时，就进入饱和区或截止区，其特性将变成非线性特性。同时，执行机构还存在着一定的阻尼和惯性，其控制信号的响应速度受到了限制。因此，执行机构的动态特性也存在一个线性工作区，控制信号的变化率过大也会使执行机构进入非线性区。也就是说，在实际系统中，要求系统的控制量和控制量的变化率必须落在某个区间范围内。

前述标准 PID 位置式算法中积分项控制作用过大将导致积分饱和，增量式算法中微分项和比例项控制作用过大将导致微分饱和，都会使执行机构进入非线性区，从而使系统出现过大的超调量和持续振荡，动态品质变差。为了避免出现以上两种饱和现象，避免系统的过大超调量，使系统具有较好的动态指标，必须使 PID 控制器输出的控制信号受到约束，即对基本的数字 PID 控制算法进行改进，主要是对积分项和微分项的改进。

3.5.1 积分分离 PID 控制算法

在一般的 PID 控制系统中，若积分作用太强，会使系统产生过大的超调量，振荡剧烈且调节时间过长，对某些系统来说是不允许的。为了克服这个缺点，可以采用积分分离的方法，即在系统误差较大时取消积分作用，待误差减小到某一定值之后，再接上积分作用，这样就可以既减小超调量，改善系统动态特性，又保持了积分作用。

设 β 为积分分离阈值，则有：

当 $|e(k)|>\beta$ 时，采用 PD 控制，可使超调量大幅度减小。

当 $|e(k)|\leqslant\beta$ 时，采用 PID 控制，可保证稳态误差为零。

此时，数字 PID 控制算法可表示为

$$\begin{aligned} u(k) &= K_P\left[e(k)+K_L\frac{T}{T_I}\sum_{j=0}^{k}e(j)+T_D\frac{e(k)-e(k-1)}{T}\right] \\ &= K_P e(k)+K_L K_I\sum_{j=0}^{k}e(j)+K_D[e(k)-e(k-1)] \end{aligned} \tag{3-34}$$

其中，$K_L=\begin{cases}1, & |e(k)\leqslant\beta| \\ 0, & |e(k)>\beta|\end{cases}$，称为控制系数，也称为积分项的开关系数。

采用积分分离的 PID 算法的控制效果如图 3-6 所示。由此可见，当系统误差较大时，取消积分环节，采用 PID 控制，避免由于积分累积而引起系统较大的超调；当系统误差较小时，引入积分环节，采用 PID 控制以消除误差，相较于普通 PID 算法，控制系统的性能有了较大的改善。

例如，在粗甘油精炼过程中，为保证最终成品甘油的高纯度，甘油蒸馏工艺对蒸馏釜温度控制提出了较高的要求。而釜温控制系统具有惯性大、滞后严重的特点，若采用传统的 PID 控制系统，其执行元件不能对被控制量的变化作出快速反应，当短时间内出现较大偏差时，在积分项作用下会产生较大的超调和长时间的振荡，控制量将超出限制范围，引起积分失控，很难达到令人满意的控制效果。因此，为了解决积分失控问题和提高控制质量，可以设计一种结合积分分离 PID 算法的釜温控制系统。该系统既具有控制灵活、超调量小、实现容易的特点，又能有效地改善系统响应时间和控制精度，更大程度上保证了甘油蒸馏的温度条件。

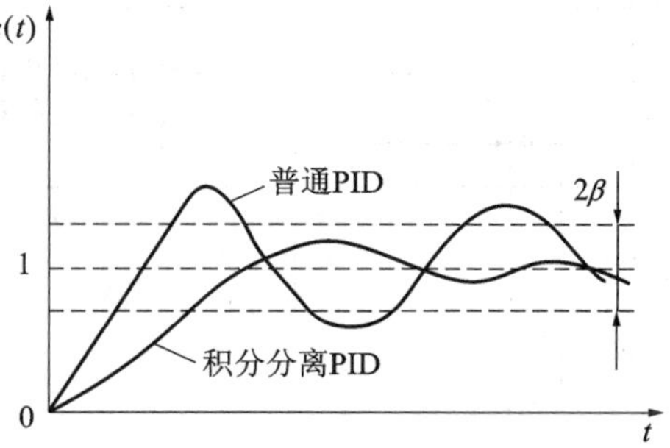

图 3-6　积分分离 PID 控制算法

3.5.2　抗积分饱和 PID 控制算法

所谓积分饱和，就是指系统存在一个方向的偏差，PID 控制器的输出因积分作用的不断累加而扩大，从而导致控制器输出不断增大，超出正常范围并进入饱和区。当数字 PID 输出 $u(k)$ 进入饱和区后，若误差信号 $e(k)$ 改变符号后，需要很长时间才能退出饱和区，实现反向控制作用。这种积分饱和作用会使系统输出特性变差，超调量增大，极大影响了系统性能。

实际控制系统都会受到执行元件的饱和非线性约束，系统执行机构所能提供的最大控制变量是有限的，即 $|u(k)| \leqslant u_0$。式中，u_0 为限制值，这相当于在系统中串联了一个饱和非线性环节，如图 3-7 所示。

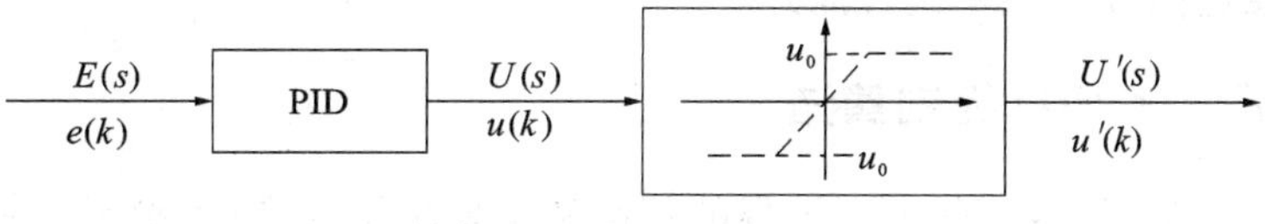

图 3-7　抗积分饱和 PID

此时，数字 PID 控制算法可表示为

$$u'(k)=\begin{cases}u(k), & |u(k) \leqslant u_0| \\ u_0, & |u(k) > u_0|\end{cases} \tag{3-33}$$

$$u(k)=K_P e(k)+K_L K_I \sum_{j=0}^{k} e(j)+K_D[e(k)-e(k-1)] \tag{3-34}$$

其中，$K_L=\begin{cases}0, u(k)\text{sign}[e(k)]>u_0 \\ 1,\text{其他}\end{cases}$，称为控制系数，也称为积分项的开关系数。

设系统输入为 R，当 $u(k)$ 工作在线性区，即 $u(k)\leqslant u_0$ 时，积分器工作，取 $K_L=1$；当 $u(k)$ 工作在饱和区，即 $u(k)>u_0$ 时，分以下两种情况讨论：

①当 $u(k)$ 为正值，其工作过程如图 3-8 所示，判断误差信号的符号，如果 $e(k)>0$，表明输出没有达到规定值，取 $K_L=0$，停止积分；如果 $e(k)<0$，输出超过了规定值，要对负值误差信号进行积分，使 $u(k)$ 退出饱和区。

②当 $u(k)$ 为负值，若 $e(k)>0$，输出没有达到规定值，停止积分；反之，输出超过了规定值，进行积分。

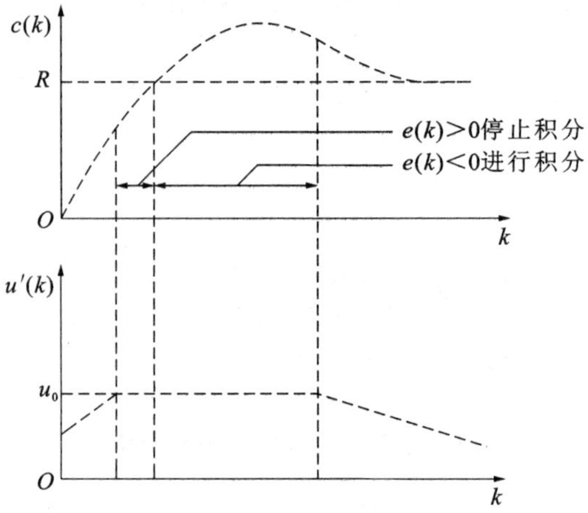

图 3-8　抗积分饱和工作过程

例如，在地暖系统的工作过程中，地暖系统是通过对地板的加热使热量逐渐向空气中散发，因而室内空气温度的变化表现出非线性与滞后性的特点，如果单纯使用传统 PID 控制算法进行温度控制，则会出现温度变化不稳定、用户舒适度降低、能源浪费等问题。因此，引入抗积分饱和来实现 PID 控制算法的优化。当检测到输入的室温高于设定温度某一范围时，控制系统发出控制信号，停止压缩机与风机的工作，暂停制热功能，系统处于待机状态；反之，则进入正常制热程序。地暖控制系统通过实时控制膨胀阀的开度来限制制热媒介的流量，从而实现对地暖制热量的控制。基于抗积分饱和的 PID 控制算法比传统 PID 控制算法在精确度与稳定性方面均有显著提升。

3.5.3　带死区 PID 控制算法

在计算机控制系统中，某些生产过程的控制精度要求不太高，不希望控制系统频繁动作（如中间容器的液面控制等），这时可采用带死区的 PID 控制算法。引入死区的主要目的是消除稳定点附近的波动，由于测量值的测量精度和干扰的影响，实际系统中测量值不会真正稳定在某一个具体的值，而与设定值之间总会存在偏差，而这一偏差并不是系统真实控制过程的反应，因此引入死区就能较好地消除这一点。

所谓带死区的 PID 控制，就是在计算机中人为地设置一个不灵敏区，当偏差进入不灵敏区时，其控制输出维持上次采样的输出；当偏差不在不灵敏区时，则进行正常的 PID 运算后输出。带死区的 PID 控制系统结构如图 3-9 所示。

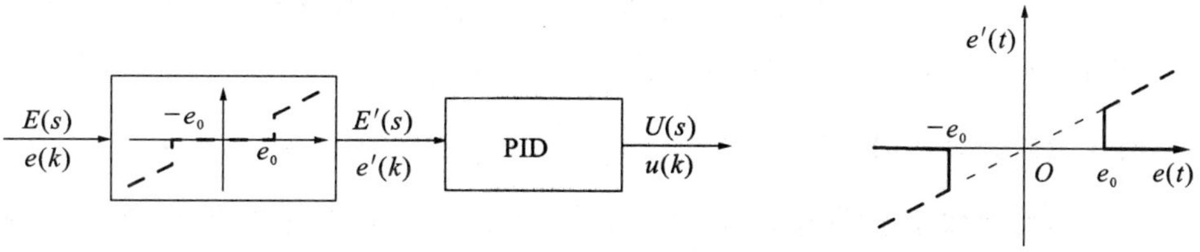

图 3-9　带死区的 PID 控制

当然，死区的大小对系统的影响是不同的。死区太小可能达不到预期的效果，而死区太大则可能对系统的正常变化造成严重滞后，因此需要根据具体的系统对象来设定。

设进入不灵敏区 ε，则当 $|e(k)|>\varepsilon$ 时，$e'(k)=e(k)$；当 $|e(k)|\leqslant\varepsilon$ 时，$e'(k)=0$。不灵敏区 ε 是一个可调的参数，其具体数值可根据实际控制对象由试验确定。ε 值太小，使控制动作过于频繁，达不到稳定被控对象的目的；若 ε 值太大，则系统将产生较大的滞后；当 $\varepsilon=0$ 时，则为 PID 控制。该系统称得上是一个非线性控制系统，但在概念上与典型不灵敏区非线性控制系统不同。

例如，某钢铁烧结厂处理的原料种类繁多，为使烧结矿的物理性能和化学性能稳定，必须根据烧结生产过程的要求和烧结质量的要求进行精确的配料。若使用传统的 PID 控制不仅超调量较大，而且系统响应相对较慢，这样一旦遇到波动就会造成配料不均匀，从而导致烧结矿质量下降。因此，在该控制系统中，采用带死区 PID 控制的配料方式具有较强的抗干扰性和稳定性，能够很好地适应烧结工业中的自动配料系统，并有效地提高烧结矿的品质。

3.5.4　不完全微分 PID 控制算法

由于微分作用容易引进高频干扰，因此，可以串接一个低通滤波器来抑制高频影响。

设低通滤波器的传递函数为 $G_f(s)=\dfrac{1}{T_f s+1}$，其中 T_f 为时间常数。

不完全微分 PID 控制如图 3-10 所示。

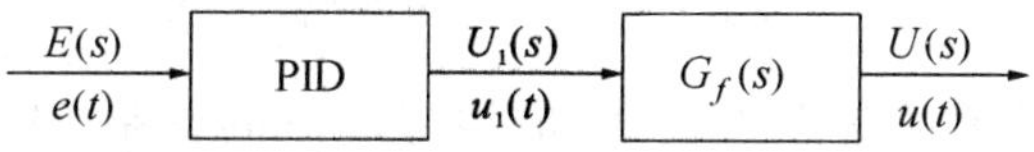

图 3-10　不完全微分 PID 控制

此时，$\dfrac{U(s)}{U_1(s)}=\dfrac{1}{T_f s+1}$，经整理得：

$$T_f sU(s)+U(s)=U_1(s) \tag{3-35}$$

$$T_f\frac{\mathrm{d}u(t)}{\mathrm{d}t}+u(t)=u_1(t) \tag{3-36}$$

将式(3-36)中的微分用后向差分代替，积分用矩形面积和代替，此时，数字 PID 控制算法可表示为

$$u(k)=au(k-1)+(1-a)u_1(k) \tag{3-37}$$

其中，$a=\dfrac{T_f}{T_f+T}$，$u_1(k)=K_P\left[e(k)+\dfrac{T}{T_I}\sum_{j=0}^{k}e(j)+T_D\dfrac{e(k)-e(k-1)}{T}\right]$。

设数字微分调节器的输入为单位阶跃序列 $e(k)=l$。普通的数字 PID 调节器中的微分作用，只有在第一个采样周期里起效，不能按照偏差变化的趋势在整个调节过程中起效。另外，微分作用在第一个采样周期时作用很强，容易溢出。

当使用完全微分算法时，$u(k)=\frac{T_D}{T}[e(k)-e(k-1)]$，则 $u(0)=\frac{T_D}{T}$，$u(1)=u(2)=\cdots=0$。由此可见，普通数字 PID 中的微分作用，只有在第一个采样周期里有效，通常 $T_D>T$，所以 $u(0)>1$。

当使用不完全微分算法时，$u(k)=\frac{T_f}{T+T_f}u(k-1)+\frac{T_D}{T+T_f}[e(k)-e(k-1)]$，则 $u(0)=\frac{T_D}{T+T_f}\ll\frac{T_D}{T}$，$u(1)=\frac{T_fT_D}{(T+T_f)^2}$，$u(2)=\frac{T_f^2T_D}{(T+T_f)^3}$。可以看出不完全微分数字 PID 不但能抑制高频干扰，而且还克服了普通数字 PID 控制的缺点，数字控制器输出的微分作用能在各个采样周期里按照误差变化的趋势均匀地输出，改善了系统的性能。

两种算法的控制作用如图 3-11 所示。在第一个采样周期里不完全微分数字控制器的输出幅度比完全微分数字控制器的小得多，而且控制器的输出近似于理想的微分控制器，因此，不完全微分数字控制器具有良好的控制性能。

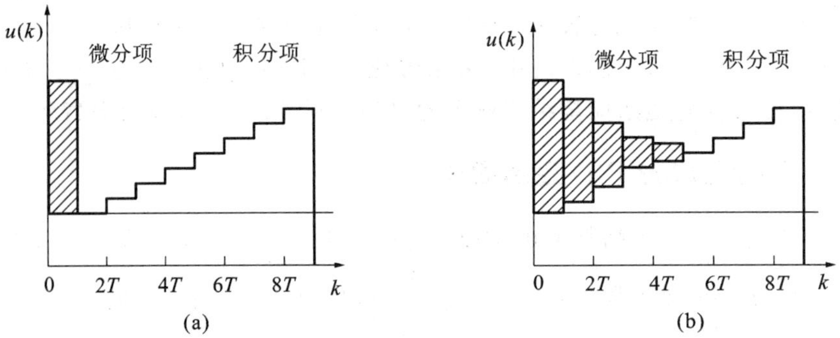

图 3-11　两种数字 PID 控制器的作用

(a)普通数字 PID；(b)不完全微分 PID

例如，在四旋翼飞行器的姿态控制中，应用最广泛的就是 PID 控制器。但是常规 PID 控制器中的微分环节对高频干扰信号过于敏感，容易引起控制器输出振荡，导致调节质量下降。因此，为提高飞行器姿态的控制性能，在常规 PID 控制器微分环节中加入一阶惯性环节，可减小外界信号对系统造成的干扰。不完全微分 PID 控制器比常规 PID 控制器响应速度快，具有更高的鲁棒性和自适应能力。

3.5.5　微分先行 PID 控制算法

在传统的 PID 控制器中，微分项通常是基于控制误差的微分来计算的，这可能会引入较大的噪声或不稳定性。特别是在某些给定值频繁且大幅变化的场合，微分项常常会引起系统的振荡。为了适应这种给定值频繁变化的场合，设计了微分先行算法。微分先行 PID 算法通过预先对参考输入进行微分来生成一个“虚拟”微分信号，然后与实际的控制误差进行比较，以减小噪声和提高响应速度。微分先行 PID 结构是由不完全微分数字 PID 形式变换而来的，同样能起到平滑微分的作用。把微分运算放在比较器附近，就构成了微分先行PID结构，有以下两种形式。

一种形式为输出量微分，如图3-12所示。这种形式只是对输出量 $c(t)$ 进行微分，而对给定值 $r(t)$ 不作微分，适用于给定值频繁变动的场合，可以避免给定值 $r(t)$ 频繁变动时所引起的超调量过大、系统振荡等，改善了系统的动态特性。

另一种形式为偏差微分，如图3-13所示。这种形式是对偏差值 $e(t)$ 进行微分，也就是对给定值 $r(t)$ 和输出量 $c(t)$ 都有微分作用，适用于串级控制的副控回路，因为副控回路的给定值是主控调节器给定的，也应该对其作微分处理，因此，应该在副控回路中采用偏差微分的PID控制。

由此可见，引入微分先行控制，能够更快地响应变化和扰动，提高系统的动态性能和稳定性；微分先行控制可以帮助减小因测量噪声和外部扰动引起的控制误差，从而提高控制系统的鲁棒性和可靠性；微分先行PID控制算法特别适用于需要高精度控制和快速响应的场景，如机器人控制、精密定位和自动化生产线等。

例如，微环境定量恒湿机是用于文物保护的调湿设备。其通过向展柜输入稳定的目标湿度气体，为文物存储提供适宜的湿度环境。采用传统PID控制器的控湿设备时在加湿过程中均存在明显的滞后问题，造成湿度控制过程中出现超调量过大、易受外界干扰等增加控制难度的现象，使得设备的湿度调控结果难以达到预期目标。因此，采用微分先行PID控制算法的控湿设备对微环境定量恒湿机的滞后现象有更好的补偿效果。

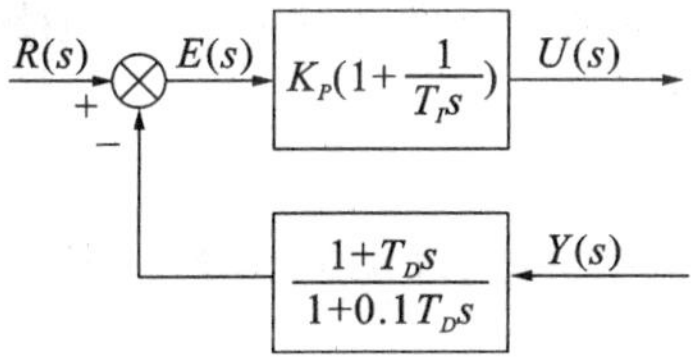

图3-12　输出量微分

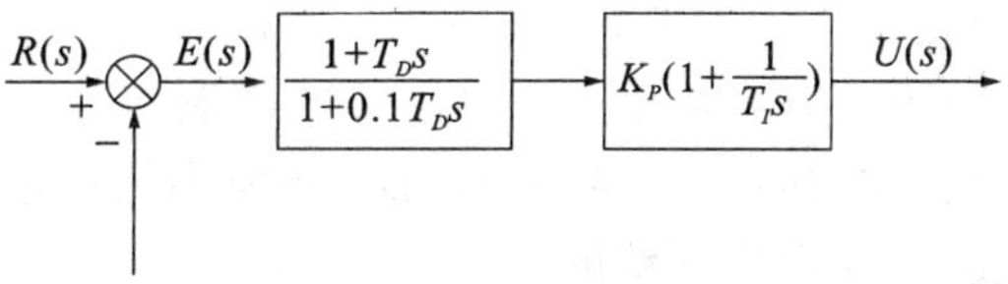

图3-13　偏差微分

3.6　PID数字控制器的参数整定

一般的生产过程都具有较大的时间常数，而数字PID控制系统的采样周期则要短得多，因此数字调节器的参数整定，完全可以按照模拟调节器的各种参数整定方法进行分析和综合。但是，数字控制器与模拟控制器相比，除比例系数 K_P、积分时间 T_I 和微分时间 T_D 外，还有一个重要的参数——采样周期 T，需要很好地选择。合理地选择采样周期 T，也是数字控制系统的关键问题之一。

数字PID控制器参数的整定主要是确定 K_P、T_I（或 K_I）、T_D（或 K_D）和采样周期 T 等4个参数。

在数字控制系统中，参数的整定是十分重要的，控制系统中参数整定的好坏直接影响调节的品质。

3.6.1　凑试法

由于实际生产过程错综复杂，参数千变万化，因此，如何确定被控对象的动态特性并非易事。有时即使能找出来，不仅计算烦琐、工作量大，而且其结果与实际相差较远。因此，目前应用得最多的还是经验法，即根据具体的控制规律及不同控制对象的特征，通过闭环试验反复凑试，直到找出最佳控制参数。

凑试法是通过模拟或闭环运行观察响应曲线（例如阶跃响应），然后根据调节器各参数对系统响应的大致影响，反复凑试参数，以达到令人满意的响应结果，从而确定 PID 调节器的参数。

要想把凑试法运用得好，就必须首先熟知 PID 各参数对系统性能的影响。通过实践可总结出如下的一些规律：

（1）比例系数 K_P 对系统性能的影响

①对系统动态特性的影响。若比例系数 K_P 增大，则可使系统动作更加灵敏，速度加快；若 K_P 偏大，则系统振荡次数加多，调节时间加长；若 K_P 太大，则系统会趋于不稳定；若 K_P 太小，则又会使系统动作缓慢。

②对稳态特性的影响。在系统稳定的情况下，加大比例系数 K_P，可以减小稳态误差，提高控制精度。但是，加大 K_P 只是减小稳态误差，却不能完全消除稳态误差。

（2）积分时间常数 T_I 对系统性能的影响

①对系统动态特性的影响。若 T_I 太小，则系统将不稳定；若 T_I 偏小，则系统振荡次数较多；若 T_I 太大，则对系统性能的影响减小。当 T_I 合适时，过滤过程的性能比较理想。

② 对稳态误差的影响。积分控制能消除系统的稳态误差，提高系统的控制精度。但是，若 T_I 太大，则积分作用太弱，以至于不能减小稳态误差。

（3）微分时间常数 T_D 对系统的影响

微分控制可以改善动态性能，如减小超调量，缩短调节时间，允许加大比例控制，使稳态误差减小，提高控制精度。

当 T_D 偏大时，超调量较大，调节时间较长；当 T_D 偏小时，超调量也较大，调节时间也较长；只有 T_D 合适时，才可以得到比较令人满意的过渡过程。

使用凑试法时，可参考以上参数对控制过程的影响趋势，对参数整定采取先比例、后积分、再微分的整定步骤。凑试法的具体步骤如下：

K_P：首先整定比例部分，即将比例系数 K_P 由小变大，并观察相应的系统响应，直到得到反应快、超调量小的响应曲线。如果系统没有静差或静差小到允许范围内，并且响应曲线比较令人满意，那么只需用比例调节即可，最优比例系数就是由此确定的。

$T_I(K_I)$：如果在比例调节的基础上，系统的静差不能满足设计要求，那么就需要加入积分环节。整定时首先置积分时间 T_I 为一较大值，并将经第一步整定得到的比例系统略微减小（如缩小为原值的 4/5），然后减小积分时间常数，在保持系统良好动态特性的前提下使静差得到消除，在此过程中，可根据响应曲线的好坏反复改变比例系数与积分时间常数，得到令人满意的控制过程与整定参数。

$T_D(K_D)$：若使用比例积分器消除了静差，但动态过程经反复调整仍不能令人满意，即可加入微分环节，构成比例积分微分调节器。在整定时，可先置微分时间 T_D 为零，在第二步整定的基础上增大 T_D，同时相应地改变比例系数和积分时间，逐步凑试，以获得令人满意的控制过程与整定参数。常见控制器的经验数据如表 3-1 所示。

表 3-1 常见控制器的经验数据表

被控量	特点	K_P	T_I/min	T_D/min
流量	对象的时间常数小，并有噪声，故 K_P 较小，T_I 较小，不用微分	1～2.5	0.1～1	
温度	对象为多容量系统，有较大滞后，常用微分	1.6～5	3～10	0.5～3
压力	对象为容量系统，滞后一般不大，不用微分	1.4～3.5	0.4～3	
液位	在允许有稳态误差时，不必用积分和微分	1.25～5		

3.6.2 扩充临界比例度法

扩充临界比例度法是以模拟控制器中使用的临界比例度法为基础的一种 PID 数字控制器参数的整定方法。用它整定 T、K_P、T_I 和 T_D 的步骤如下：

(1)选择一个合适的采样周期 T，将控制器设计成纯比例控制 K_P。调节 K_P 值，使系统出现临界振荡，记下相应的临界振荡周期 T_S 和临界振荡增益 K_S。

(2)选择合适的控制度。所谓控制度，就是指数字控制器和模拟控制器所对应的过渡过程的误差平方的积分比。控制度的计算公式为

$$\text{控制度}=\frac{\left[\int_0^{\infty} e^2(t)\mathrm{d}t\right]_{\mathrm{D}}}{\left[\int_0^{\infty} e^2(t)\mathrm{d}t\right]_{\mathrm{A}}} \tag{3-38}$$

通常，当控制度为 1.05 时，数字控制器和模拟控制器的控制效果相当。当控制度为 2.0 时，数字控制器比模拟控制器的控制质量差一倍。

(3)根据控制度查表并求出 T、K_P、T_I 和 T_D 的值。

扩充临界比例度法的整定参数如表 3-2 所示。

例如，控制度为 1.05 时，临界振荡周期 $T_S=0.1$ s 和临界振荡增益 $K_S=4$，采用 PID 控制规律，$\frac{T}{T_S}=0.014$，$\frac{K_P}{K_S}=0.63$，$\frac{T_I}{T_S}=0.49$，$\frac{T_D}{T_S}=0.14$。则可以求出：

$$T=0.014T_S=0.014\times0.1\ \text{s}=0.0014\ \text{s};K_P=0.63K_S=0.63\times4=2.52$$

$$T_I=0.49T_S=0.49\times0.1\ \text{s}=0.049\ \text{s};\ T_D=0.14T_S=0.14\times0.1\ \text{s}=0.014\ \text{s}$$

表 3-2 扩充临界比例度法的整定参数

控制度	控制规律	T/T_S	K_P/K_S	T_I/T_S	T_D/T_S
1.05	PI	0.03	0.54	0.88	
	PID	0.014	0.63	0.49	0.14
1.2	PI	0.05	0.49	0.91	
	PID	0.045	0.47	0.47	0.16
1.5	PI	0.14	0.42	0.99	
	PID	0.09	0.34	0.43	0.20

续表 3-2

控制度	控制规律	T/T_S	K_P/K_S	T_I/T_S	T_D/T_S
2.0	PI	0.22	0.36	1.05	
	PID	0.16	0.27	0.4	0.22

3.6.3 扩充响应曲线法

在上述方法中，不需要预先知道被控对象的数学模型，而是直接在闭环系统中进行整定。如果已知被控对象的动态特性曲线，那么数字控制器的参数整定也可以采用类似模拟式控制器的响应曲线法来进行，这种方法被称为扩充响应曲线法，其步骤如下：

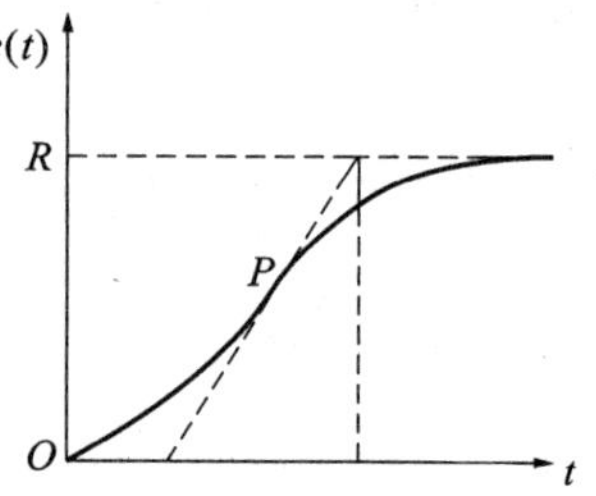

图 3-14　被控对象的阶跃响应曲线

(1)断开数字控制器，使系统在手动状态下工作。当系统在给定值平衡后，给一阶跃输入信号。用仪表记录下被控对象在阶跃输入信号作用下工作的变化过程曲线，其阶跃响应曲线如图 3-14 所示。

(2)在曲线最大斜率处作切线，求得滞后时间 τ、对象时间常数 T_m，以及它们的比值 T_m/τ。

根据所求得的 τ、T_m 和 T_m/τ 的值，查表 3-3 即可求得控制器的 T、K_P、T_I 和 T_D，表中控制度的求法与扩充临界比例度法相同。

表 3-3　扩充响应曲线法的整定参数表

控制度	控制规律	$\frac{T_m}{\tau}$	$\frac{K_P}{T_m \times \tau^{-1}}$	$\frac{T_I}{\tau}$	$\frac{T_D}{\tau}$
1.05	PI	0.1	0.84	3.4	
	PID	0.05	1.15	2.0	0.45
1.2	PI	0.2	0.73	3.6	
	PID	0.16	1.0	1.9	0.55
1.5	PI	0.5	0.68	3.9	
	PID	0.34	0.85	1.62	0.65
2.0	PI	0.8	0.57	4.2	
	PID	0.6	0.6	1.5	0.82

3.6.4 智能参数整定方法

智能 PID 参数整定方法是一种结合了先进的优化技术、机器学习算法和控制理论的高级控制策略。它旨在自适应地确定最优的 PID 参数设置，以满足系统的性能、稳定性和鲁棒性要求。智能 PID 参数整定方法可以实时地响应系统的变化和扰动，自动调整 PID 参数以维持系统的最优性能；通过应用先进的优化算法和技术，智能 PID 参数整定方法可以实现对参数空间的全局搜索和优化，避免局部最优解和次优解；利用机器学习和数据驱动的方法，智能 PID 参数整定方法可以从实时数据和经验中学习，逐步优化控制策略和参数设置；智能 PID 参数整定方法强调提高控制系统的鲁棒性和稳定性，通过优化 PID 参数来实现更好的控制性能和应对能力。

目前，智能 PID 参数整定方法主要包括基于贝叶斯优化、遗传算法和机器学习的自适应 PID 参数整定方法。贝叶斯优化是一种基于概率模型的全局优化方法，它通过构建系统的代理模型来估计未知的目标函数，并在此基础上进行参数优化和探索；遗传算法是一种模拟自然选择和遗传机制的优化技术，它通过模拟种群的进化过程来搜索和优化参数空间中的最优解；机器学习技术，如神经网络、支持向量机和决策树等，可以用于建立系统的动态模型和预测性能，从而辅助 PID 参数的自适应调整和优化。

智能 PID 参数自适应整定步骤如下：

(1)系统建模与分析：对控制系统进行详细的建模和分析，包括系统的动态特性、性能指标和稳定性要求。

(2)性能评估与指标定义：基于系统的性能和稳定性要求，定义一组合适的性能评估指标或准则，作为优化的目标和约束条件。

(3)数据采集与预处理：收集和预处理系统的实时数据，包括控制输入、输出和反馈信息，用于后续的参数优化和模型训练。

(4)初始参数设定：根据系统的动态特性和稳定性要求，设置初步的 PID 参数。

(5)智能优化与训练：应用先进的优化算法、机器学习模型和智能算法，对 PID 参数进行优化和训练，以最大化或最小化性能评估指标。

(6)自适应调整：基于实时数据和反馈信息，使用机器学习技术对 PID 参数进行自适应调整和优化，以适应系统的变化和扰动。

(7)验证与试验测试：通过模拟仿真、试验验证和实时测试，评估和验证优化后的 PID 参数设置，确保满足控制要求和应用需求。

3.7　PID 数字控制器设计举例

下面用模拟控制器离散化的方法，设计一个轧机位置控制系统的数字控制器，在轧机上通过采用位置控制系统来自动控制钢板厚度，目的是使钢板在轧制方向上的厚度均匀，改善产品质量，提高板材的利用率。

轧机位置控制系统的主回路主要由电液伺服阀、液压缸及用于位移检测的差动变压器等组成。图 3-15 所示是轧机液压厚度调节系统方框图。

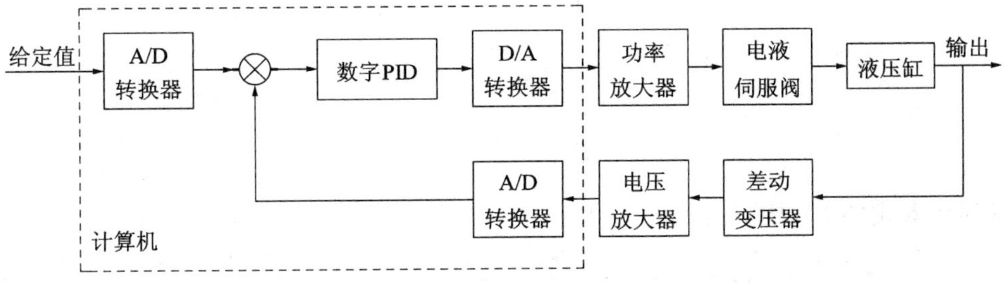

图 3-15　轧机液压厚度调节系统框图

在不考虑外来干扰的情况下，轧机位置反馈系统原理框图如图 3-16 所示。

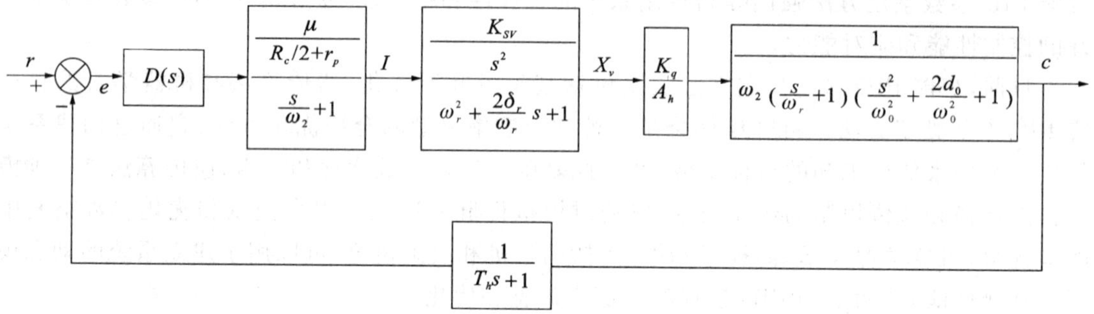

图 3-16　轧机位置反馈系统原理框图

I—输入电流；X_v—伺服开口量；c—液压缸位移

在图 3-16 中，$D(s)$为校正环节的传递函数，由工控机来实现。

由图 3-16 可知，不考虑 $D(s)$时，轧机系统的开环传递函数原为七阶，从中找出影响系统动态特性的主要环节和参数，对系统进行简化，可以得到简化的轧机系统的开环传递函数：

$$G(s)=\frac{\frac{\mu}{R_c/2+r_p}K_{SV}\frac{K_q}{A_h}}{\omega_2\left(\frac{1}{\omega_r s+1}\right)\left[\left(\frac{1}{\omega_a}+T_h\right)s+1\right]} \tag{3-39}$$

式中　μ——放大器增益；

R_c——电液伺服阀的电阻；

r_p——放大器内阻；

ω_a——伺服阀线圈衔铁回路的转折频率；

K_{SV}——放大系数；

K_q——液压缸流量增益；

A_h——液压缸柱塞面积：

ω_2——负荷刚度与阻尼系数；

ω_r——液压弹簧刚度和负荷刚度串联耦合时，刚度与阻尼系数之比；

T_h——差动变压器时间常数。

在式(3-39)中，令

$$K=\frac{\mu}{R_c/2+r_p}K_{SV}\frac{K_q}{A_h}$$

$$T_{S1}=\frac{1}{\omega_r}$$

$$T_{S2}=\frac{1}{\omega_a}+T_h$$

将其代入式(3-39)中，得：

$$G(s)=\frac{K}{(T_{S1}s+1)(T_{S2}s+1)}\quad (T_{S1}>T_{S2}) \tag{3-40}$$

从快速性和稳定性角度看，用工控机实现对轧机系统的动态校正，就是要求包含工控机的轧机系统具有二阶最佳设计的基本形式，即

$$D(s)G(s)=D(s)\frac{K}{(T_{S1}s+1)(T_{S2}s+1)} \tag{3-41}$$

整个系统的开环传递函数为

$$D(s)=\frac{\tau s+1}{T_I s} \tag{3-42}$$

为把式(3-41)转化成二阶最佳设计的基本形式，应选择 $D(s)$ 为 PI 控制器，即为使控制器能抵消轧机系统中较大的时间常数 T_{S1}，可选择 $\tau=T_{S1}$，则式(3-41)转化成

$$\begin{aligned} D(s)G(s)&=\frac{\tau s+1}{T_I s}\,\frac{K}{(T_{S1}s+1)(T_{S2}s+1)} \\ &=\frac{1}{\dfrac{T_I}{K}s(T_{S2}s+1)} \end{aligned} \tag{3-43}$$

比较式(3-43)与二阶最佳设计形式的系数，得到：

$$\left.\begin{aligned} \frac{T_1}{K}&=\sqrt{2T_2} \\ T_{S2}&=\frac{1}{2}\sqrt{2T_2} \end{aligned}\right\} \tag{3-44}$$

解得

$$T_1=2KT_{S2} \tag{3-45}$$

最终得到控制器的传递函数为

$$D(s)=\frac{T_{S1}s+1}{2KT_{S2}s}=K_P\left(1+\frac{1}{T_I s}\right) \tag{3-46}$$

式中　K_P——比例函数，$K_P=\dfrac{T_{S1}}{2KT_{S2}}$；

　　T_I——积分时间系数，$T_I=T_{S1}$。

把式(3-46)离散化，得到数字控制器的差分方程：

$$u(k)=u(k-1)+a_0e(k)-a_1e(k-1) \tag{3-47}$$

式中　a_0——等效积分系数，$a_0=K_P\left(1+\dfrac{T}{T_I}\right)$；

　　a_1——比例系数，$a_1=K_P$。

由式(3-47)得到防止积分整量化误差的算式为

$$u(k)=u(k-1)+a_0'e(k)-a_1e(k-1)+\delta e(k) \tag{3-48}$$

式中　a_0'——比例系数，$a_0'=a_1=K_P$；

　　δ——积分系数，$\delta=\dfrac{K_PT}{T_I}$。

图 3-17 所示为轧机系统数字控制器程序框图。

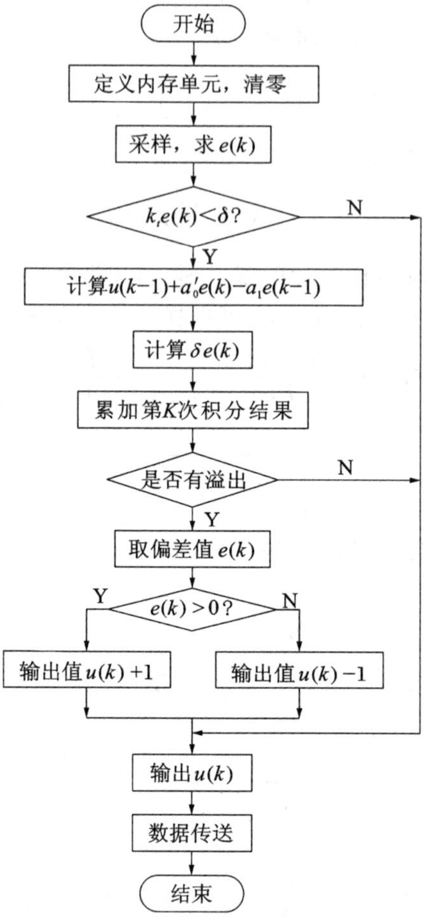

图 3-17　轧机系统数字控制器程序框图

3.8　本章总结

连续系统的设计已经形成一套系统的、成熟的、实用的设计方法，并在控制领域为人们所熟知和掌握。因此，在设计计算机控制系统时，仍然经常使用连续系统的设计方法，首先设计出连续系统的控制器 $D(s)$，再将 $D(s)$所描述的连续调节规律通过某种规则（即数字化方法）转换为计算机能够实现的数字控制器 $D(z)$。另外，还有许多原来是模拟式的控制系统，为了更新和提高系统的控制性能，需要将系统中原有的模拟控制器 $D(s)$变为计算机能够实现的数字控制器 $D(z)$。将 $D(s)$变为 $D(z)$的过程就是 $D(s)$的数字化过程。

在工业应用中，PID 及其衍生改进的算法是应用最广泛的算法之一，目前工业控制器中约有 90%是 PID 控制器。比例系数 K_P、积分时间 T_I 和微分时间 T_D 三个参数的设定是 PID 控制算法的关键问题。一般来说，设计 PID 算法时只能设定它们的大概数值，并在系统运行时通过反复调试来确定最佳值，或者采取智能化的方法自适应地完成参数整定。

习 题

1. 某控制系统中的控制器为 $D(s)=\dfrac{1}{s^2+0.2s+1}$，设采样周期 $T=1$ s，分别使用前向差分变换法、后向差分变换法和双线性变换法求数字控制器 $D(z)$ 及其控制算法。

2. 为什么 PID 控制仍是过程控制中应用最普遍的控制规律？

3. 增量式 PID 控制器为什么优于位置式 PID 控制器？它们有什么根本区别？

4. 简述 PID 参数 K_P、T_I、T_D 对系统的动态特性和稳态特性的影响。

5. PID 控制系统中，微分调节起何作用？为什么在有些系统中采用不完全微分算式，它与常规算式有哪些区别？

6. 什么叫积分饱和？它是怎么被引起的？如何消除？

7. 简述 PID 数字控制器的参数整定，以及常用的整定方法。

8. 在计算机控制系统中，采样周期的选择要注意什么问题？

9. 设临界振荡周期为 2.5 s，临界比例系数为 6，控制度为 1.5，使用扩充临界比例度法确定 PID 控制参数。

10. 描述智能 PID 参数整定的基本流程，并解释每个步骤的作用。

11. 解释机器学习在智能 PID 参数整定中的应用，并讨论其优缺点。

12. 在实际工程应用中，PID 控制器可能面临哪些挑战和限制？如何克服或缓解这些问题？

13. 除了传统的比例、积分和微分控制，PID 控制器还可以采用哪些先进的设计和优化技术？

14. 在复杂的非线性系统中，如何调整和优化 PID 控制器以实现良好的控制性能？

4 计算机控制系统的直接设计方法

计算机控制系统的分析与设计和连续模拟系统一样，都是研究控制系统的运动规律和改变系统运动规律的可能性及其实现方法。分析问题属于理论层面，而设计则属于工程层面，不仅要量化系统的控制规律或控制策略，而且要给出其实现方法与步骤。计算机控制系统的直接设计方法就是指从被控对象的特性出发，以单输入、单输出系统的 z 传递函数为基础，在已知被控对象数学模型的前提下，根据控制指标的要求，直接设计出数字控制器。

这种方法把计算机控制系统变成纯粹的离散系统，直接根据采样系统理论来设计，因此也称为计算机控制系统的离散化设计方法。由于离散化设计方法完全根据采样系统的特点进行分析与综合，并导出相应的控制规律，它比模拟设计更精确，更具有一般意义，可以实现复杂的控制，能大幅度地提高控制系统的性能。

本章首先讨论离散化设计方法的基本原理与实现步骤，然后详细讨论时间最优（最少拍有纹波、最少拍无纹波）控制系统的设计方法。

4.1 离散化设计方法的基本原理

假设被控对象的传递函数为 $G_0(s)$，零阶保持器的传递函数为 $\frac{1-\mathrm{e}^{-Ts}}{s}$，广义对象的脉冲传递函数为 $G(z)=Z[\frac{1-\mathrm{e}^{-Ts}}{s}G_0(s)]$，数字控制器的脉冲传递函数为 $D(z)$，闭环脉冲传递函数为 $\Phi(z)$。

计算机控制系统的标准框架如图 4-1 所示。

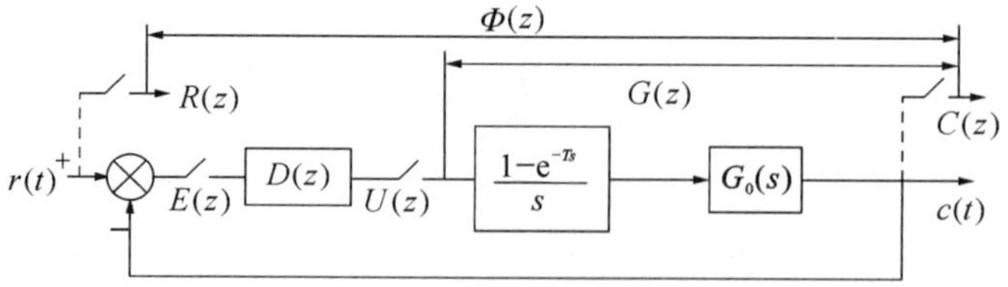

图 4-1 计算机控制系统的标准框架

则闭环系统的脉冲传递函数为

$$\Phi(z)=\frac{C(z)}{R(z)}=\frac{D(z)G(z)}{1+D(z)G(z)} \tag{4-1}$$

系统的设计目标，是设计一个数字控制器的脉冲传递函数 $D(z)$，利用它来控制被控对象，达到期望的性能指标。

由 $\Phi(z)$ 解得 $D(z)$ 为

$$D(z)=\frac{\Phi(z)}{G(z)[1-\Phi(z)]} \tag{4-2}$$

当已知 $G(z)$ 时，只要根据设计要求选择好 $\Phi(z)$，就可求得 $D(z)$。因此，设计 $D(z)$ 的问题就转化为如何构造 $\Phi(z)$ 的问题了。

计算机控制系统的离散化设计步骤如下：

(1)求广义被控对象的脉冲传递函数 $G(z)$；

(2)根据系统的性能指标要求以及实现的约束条件构造闭环脉冲传递函数 $\Phi(z)$；

(3)确定数字控制器的脉冲传递函数 $D(z)$；

(4)由 $D(z)$ 确定控制算法并编制程序。

系统的结构与参数决定着系统的性能，而性能可以用性能指标来描述，性能指标就是系统性能好坏的度量。因此，数字控制器能够改变系统性能的根本原因就在于它改变了对象的特性，即改变了对象的数学模型，从而改变了其性能指标。在这里，结构体现在模型的阶次(如差分方程的阶数)，参数体现在差分方程的系数。当然，连续系统对应于相应的微分方程。

描述控制系统的性能指标包括输入信号的性能指标和干扰信号的性能指标，如图 4-2 所示。

- 性能指标
  - 输入信号的性能指标
    - 输出的稳态性能指标：稳态误差 e_{ss}
    - 输入的动态性能指标
      - 超调量 σ
      - 调节时间 t_s
      - 上升时间 t_r
      - 阻尼比 ζ
      - 振荡次数 N
  - 干扰信号的性能指标
    - 对干扰的稳态性能指标：稳态误差 e_N
    - 对干扰的动态性能指标
      - 回复时间 t_V
      - 动态降落 ΔC_{max}

图 4-2　描述控制系统的性能指标

4.2　最少拍有波纹控制系统的设计

最少拍控制系统的设计方法是一种较简单的离散化，它要求系统在典型的输入信号作用下能在最少个采样周期内达到稳态无静差。最少拍控制系统实质上是时间最优控制，系统的性能指标是调节时间最短。最少拍控制器 $D(z)$ 设计的基本步骤如 4.1 节所述，其中最关键的一步是根据系统性能指标要求和约束条件确定期望的闭环脉冲传递函数 $\Phi(z)$。

4.2.1　确定闭环脉冲传递函数 $\Phi(z)$ 的方法

先研究一个比较简单的情况，假设广义被控对象的脉冲传递函数 $G(z)$ 是稳定的，满足以下的 3 个假设条件：

①在 z 单位圆上或圆外无极点，而且没有纯滞后；

②在 z 单位圆上或圆外无零点；

③没有纯滞后。

对最少拍系统设计的性能指标要求包括以下几点：

①对准确性的要求。在典型输入信号下达到稳态后，系统在采样点的输出能准确跟踪输入信号，不存在静差。

②对快速性的要求。各种系统在有限拍内达到稳态的设计中，系统准确跟踪输入信号所需的采样周期数为最小。

③对稳定性的要求。数字控制器 $D(z)$必须在物理上可以实现，且闭环系统必须是稳定的。

下面根据以上 3 个性能指标来确定 $\Phi(z)$。

(1)由准确性要求确定 $\Phi(z)$

下面来研究什么样的 $\Phi(z)$可使稳态误差为零。偏差的 z 变换为

$$E(z)=R(z)-C(z)=R(z)-\Phi(z)R(z)=[1-\Phi(z)]R(z) \tag{4-3}$$

由 z 变换的定理，得出：

$$\lim_{t\to\infty}e(t)=\lim_{z\to1}(1-z^{-1})E(z)=\lim_{z\to1}(1-z^{-1})[1-\Phi(z)]R(z) \tag{4-4}$$

无稳态误差的条件是式(4-4)为零。要想求出 $\Phi(z)$，还要联系输入信号的性质，下面分析计算不同的输入信号 $R(z)$所对应的 $\Phi(z)$。

①单位阶跃输入

已知 $r(t)=1(t)$，可知 $R(z)=\dfrac{1}{1-z^{-1}}$。

因此，有：

$$\lim_{t\to\infty}e(t)=\lim_{z\to1}(1-z^{-1})[1-\Phi(z)]\times\frac{1}{1-z^{-1}} \tag{4-5}$$

很明显，当 $1-G_B(z)=1-z^{-1}$ 时，式(4-5)等于零，由此得出无稳态误差的条件为

$$1-\Phi(z)=1-z^{-1}$$

即

$$\Phi(z)=z^{-1} \tag{4-6}$$

现在考察稳态误差，有：

$$\begin{aligned}E(z)&=[1-\Phi(z)]R(z)=(1-z^{-1})\times\frac{1}{1-z^{-1}}=1\\&=1\times z^{0}+0\times z^{-1}+0\times z^{-2}+\cdots\end{aligned} \tag{4-7}$$

由 $E(z)$的计算结果可知，误差仅存在一拍，即调整时间为一个采样周期 T，在第二个采样周期以后误差恒等于零。当输入信号为单位阶跃信号时，误差的波形如图 4-3 所示。

②单位速度输入

已知 $r(t)=t$，可知 $R(z)=\dfrac{Tz^{-1}}{(1-z^{-1})^2}$。

因此，有：

$$\lim_{t\to\infty}e(t)=\lim_{z\to1}(1-z^{-1})[1-\Phi(z)]\times\frac{Tz^{-1}}{(1-z^{-1})^2} \tag{4-8}$$

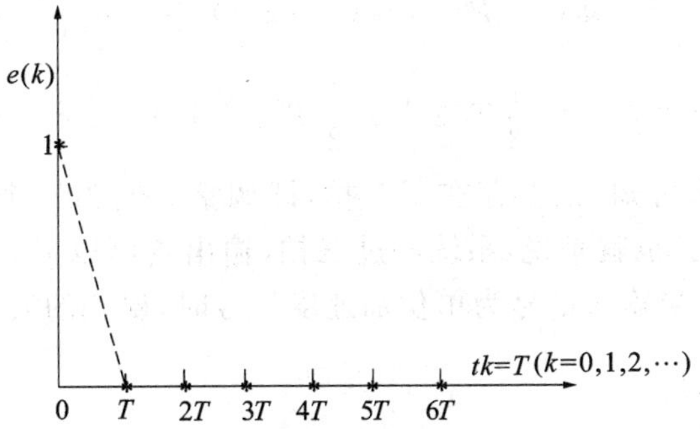

图 4-3 单位阶跃输入时误差的波形

当 $1-\Phi(z)=(1-z^{-1})^2$ 时，式(4-8)等于零，由此得出无稳态误差的条件为

$$1-\Phi(z)=(1-z^{-1})^2$$

即

$$\Phi(z)=2z^{-1}-z^{-2} \tag{4-9}$$

此时，误差 $e(t)$ 的 z 变换为

$$E(z)=[1-\Phi(z)]R(z)=(1-2z^{-1}+z^{-2})\times\frac{Tz^{-1}}{(1-z^{-1})^2}=Tz^{-1}$$

$$=0\times z^0+T\times z^{-1}+0\times z^{-2}+\cdots \tag{4-10}$$

由 $E(z)$ 的计算结果可知，误差存在两拍，即调整时间为两个采样周期，第三个采样周期以后误差恒等于零。当输入信号为单位速度信号时，误差的波形如图 4-4 所示。

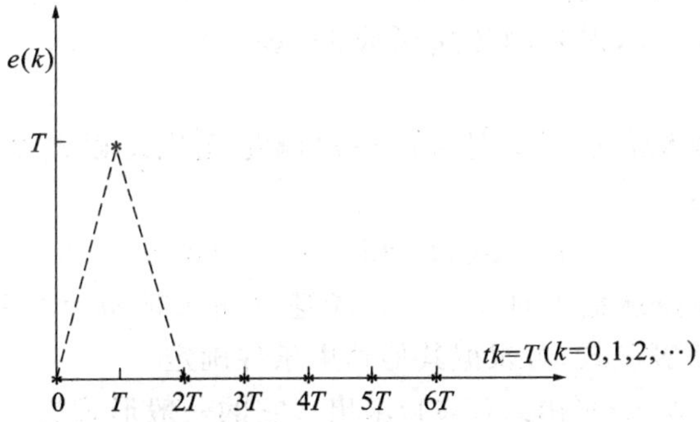

图 4-4 单位速度输入时误差的波形

③单位加速度输入

已知 $r(t)=\frac{t^2}{2}$，可知 $R(z)=\frac{T^2z^{-1}(1+z^{-1})}{2(1-z^{-1})^3}$。

因此，有：

$$\lim_{t\to\infty}e(t)=\lim_{z\to1}(1-z^{-1})[1-\Phi(z)]\times\frac{T^2z^{-1}(1+z^{-1})}{2(1-z^{-1})^3} \tag{4-11}$$

当 $1-\Phi(z)=(1-z^{-1})^3$ 为零，无稳态误差的条件为

$$1-\Phi(z)=(1-z^{-1})^3$$

即

$$\Phi(z)=3z^{-1}-2z^{-2}-z^{-3} \tag{4-12}$$

此时误差 $e(t)$ 的 z 变换为

$$E(z)=[1-\Phi(z)]R(z)=(1-z^{-1})^3\times\frac{T^2z^{-1}(1+z^{-1})}{2(1-z^{-1})^3}$$

$$=0\times z^0+\frac{1}{2}T^2z^{-1}+\frac{1}{2}T^2z^{-2}+0\times z^{-3}+\cdots \tag{4-13}$$

由 $E(z)$的计算结果可知，误差存在了三拍，即调整时间为三个采样周期，第四个采样周期以后误差恒等于零。也就是说，系统经过三拍，输出就可以无差地跟踪输入的变化，系统的调节时间 $t_s=3T$。当输入信号为单位加速度信号时，误差的波形如图 4-5 所示。

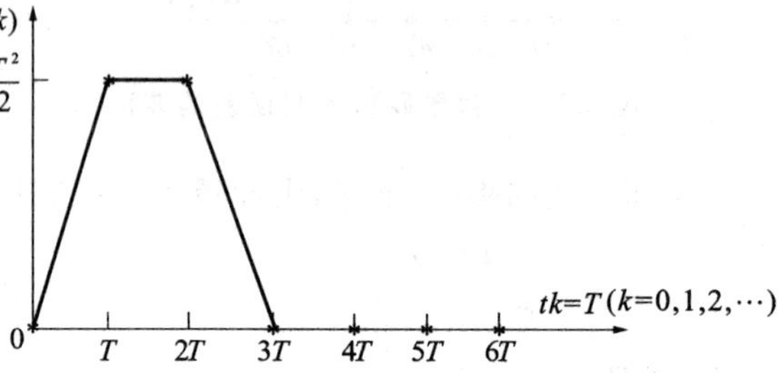

图 4-5 单位加速度输入时误差的波形

比较以上 3 种典型输入信号的情况，$R(z)=\dfrac{B(z)}{(1-z^{-1})^m}$，其中 $B(z)$是不包含$(1-z^{-1})$因子的关于 z^{-1} 的多项式，不难得出以下结论：

单位阶跃输入，$m=1$，误差的传递函数 $1-\Phi(z)=1-z^{-1}$，$\Phi(z)=z^{-1}$。

单位速度输入，$m=2$，误差的传递函数 $1-\Phi(z)=(1-z^{-1})^2$，$\Phi(z)=2z^{-1}-z^{-2}$。

单位加速度输入，$m=3$，误差的传递函数 $1-\Phi(z)=(1-z^{-1})^3$，$\Phi(z)=3z^{-1}-3z^{-2}+z^{-3}$。

从上述 3 种典型输入信号的情况可以得出满足无稳态误差条件的误差的传递函数$[1-\Phi(z)]$的一般形式：

$$1-\Phi(z)=(1-z^{-1})^mF(z) \tag{4-14}$$

在式(4-14)中，单位阶跃输入时 $m=1$；单位速度输入时 $m=2$；单位加速度输入时 $m=3$；$F(z)$为 z^{-1} 的有限项多项式，可根据其他约束条件确定。

闭环脉冲传递函数 $\Phi(z)$可由式(4-14)求出。它的一般形式为

$$\Phi(z)=1-(1-z^{-1})^mF(z)$$

$$=(f_1z^{-1}+f_2z^{-2}+\cdots+f_mz^{-m}) \tag{4-15}$$

式中 $f_1,f_2,\cdots,f_m$——待定系数。$\Phi(z)$中 z^{-1} 多项式的项数 m，与输入函数 $R(z)$分母中$(1-z^{-1})$因子的阶数 m 相等。

确定系数 $f_1,f_2,\cdots,f_m$ 的方程式为

$$\left.\begin{aligned}&\Phi(z)\Big|_{z=1}=1\\&\frac{\mathrm{d}\Phi(z)}{\mathrm{d}z}\Big|_{z=1}=0\\&\vdots\\&\frac{\mathrm{d}^{m-1}\Phi(z)}{\mathrm{d}z^{m-1}}\Big|_{z=1}=0\end{aligned}\right\} \tag{4-16}$$

联立求解式(4-16)，就可以确定 $f_1, f_2, \cdots, f_m$ 等 m 个常数。

在一般情况下，所取的项数与输入函数 z 变换式 $R(z)$ 分母中 $(1-z^{-1})$ 因子的阶数 m 相同。如果广义被控对象的脉冲传递函数 $G(z)$ 有单位圆上[(1,0)点除外]或圆外零点、极点，或其他别的情况，则增加项数。

(2)由快速性要求确定 $\Phi(z)$

快速性要求系统以最小的采样周期达到稳态值，这就要求 $\Phi(z)$ 中多项式的项数尽可能少，$\Phi(z)$ 的项数与 $[1-\Phi(z)]$ 的项数是相等的。

$(1-z^{-1})^m$ 因子是用作满足无稳态偏差条件的，因此不能变动。那么，要减少 $[1-\Phi(z)]$ 的项数，就只能减少 $F(z)$ 多项式的项数，项数最少的是 $F(z)=1$。

因此，由快速性要求出发可得：

$$1-\Phi(z)=(1-z^{-1})^m$$

即

$$\Phi(z)=1-(1-z^{-1})^m \tag{4-17}$$

对于单位阶跃输入，$m=1$，将其代入式(4-17)，得：

$$\Phi(z)=1-(1-z^{-1})=z^{-1} \tag{4-18}$$

对于单位速度输入，$m=2$，将其代入式(4-17)，得：

$$\Phi(z)=1-(1-z^{-1})^2=2z^{-1}-z^{-2} \tag{4-19}$$

对于单位加速度输入，$m=3$，将其代入式(4-17)，得：

$$\Phi(z)=1-(1-z^{-1})^3=3z^{-1}-2z^{-2}+z^{-3} \tag{4-20}$$

从上面讨论可知，$\Phi(z)$ 是同时满足快速性和准确性要求的。

闭环脉冲传递函数 $\Phi(z)$ 确定以后，即可计算数字控制器的脉冲传递函数 $D(z)$ 的表达式。

(3)由稳定性要求确定 $\Phi(z)$

在讨论如何确定闭环脉冲传递函数 $\Phi(z)$ 时，为简单起见，一开始给广义被控对象的脉冲传递函数 $G(z)$ 加了假设条件，即在单位圆上[(1,0)点除外]，或单位圆外既无零点、极点，也无纯滞后环节。下面讨论这些条件不满足时，应如何确定 $\Phi(z)$。由式(4-2)可得闭环脉冲传递函数：

$$\Phi(z)=D(z)G(z)[1-\Phi(z)] \tag{4-21}$$

①$G(z)$ 中有位于单位圆上或圆外的极点。为了保证闭环系统稳定，如果 $G(z)$ 包含不稳定的极点，那么就得用 $D(z)$ 或 $[1-\Phi(z)]$ 中相应的零点来对消。通过增加 $D(z)$ 的零点来对消 $G(z)$ 的不稳定极点是不被允许的，这是因为受环境条件的影响，$G(z)$ 的微小变化造成实际上不能完全对消的情况是不可避免的，这将有可能使系统不稳定。因此，必须在 $[1-\Phi(z)]$ 中增加相应的零点来对消 $[1-\Phi(z)]$ 的不稳定极点。

②$G(z)$ 中有位于单位圆上或圆外的零点。如果 $G(z)$ 有位于单位圆上或圆外的零点，则不能用 $[1-\Phi(z)]$ 的极点对消，这是因为 $[1-\Phi(z)]$ 已选定为 z^{-1} 的多项式，没有极点。同时，也不能用 $D(z)$ 的极点来对消，因为 $D(z)$ 不允许有不稳定的极点。所以，$G(z)$ 中有位于单位圆上或单位圆外的零点时，只能原封不动地留在 $\Phi(z)$ 中。

③$G(z)$ 中包括纯滞后环节 z^{-1} 的多次项。不能通过在 $D(z)$ 的分母上设置纯滞后环节来对消 $G(z)$ 的纯滞后环节，否则通分后，$D(z)$ 分子的阶次将高于分母的阶次，这是不允许的。同时，纯滞后环节也不能用 $[1-\Phi(z)]$ 中的相应因子对消，因为 $[1-\Phi(z)]$ 中没有 z^{-N}

因子。因此，$G(z)$的纯滞后环节 z^{-N} 也必须留在$\Phi(z)$内。

考虑上述3种情况，$\Phi(z)$的一般形式为

$$\Phi(z)=[f_1z^{-1}+f_2z^{-2}+\cdots+f_mz^{-m}+f_{m+1}z^{-(m+1)}+\cdots+f_{m+p}z^{-(m+p)}]\times(1+\beta_1z^{-1})\cdots(1+\beta_qz^{-1})z^{-N} \tag{4-22}$$

式中 $\beta_1,\beta_2,\cdots,\beta_q$——$G(z)$在单位圆上或圆外的零点在$\Phi(z)$中的反映；

$f_{m+1}z^{-(m+1)},\cdots,f_{m+p}z^{-(m+p)}$——$G(z)$在单位圆上或圆外的极点在$\Phi(z)$中的反映；

z^{-N}——纯滞后环节；

N——纯滞后时间，以采样周期的整数倍计算。

式(4-22)的系数可由下式求出

$$\left.\begin{aligned}&\Phi(z)\Big|_{z=1}=1\\&\frac{\mathrm{d}\Phi(z)}{\mathrm{d}z}\Big|_{z=1}=0\\&\vdots\\&\frac{\mathrm{d}^{m-1}\Phi(z)}{\mathrm{d}z^{m-1}}\Big|_{z=1}=0\\&\Phi(z)\Big|_{z=\alpha_1}=1\\&\Phi(z)\Big|_{z=\alpha_p}=1\end{aligned}\right\} \tag{4-23}$$

实际上，这3种情况不一定同时存在。

当$G(z)$没有纯滞后环节时，可令$N=0$，$z^{-N}=1$。

当$G(z)$中没有单位圆上或单位圆外极点时，$\alpha_1=\alpha_2=\cdots=\alpha_p=0$。

当$G(z)$中没有单位圆上或单位圆外零点时，$\beta_1=\beta_2=\cdots=\beta_q=0$。

如果上述3种情况均不存在，则$\Phi(z)=f_1z^{-1}+f_2z^{-2}+\cdots+f_mz^{-m}$。

4.2.2 最少拍有波纹控制系统的设计举例

例 4-1 已知对象的传递函数为$G_0(s)=\dfrac{10}{s(s+1)}$，采样周期$T=1$ s，输入$r(t)=t$，试设计单位速度输入下的最少拍有波纹系统。

$\left[\text{提示：}Z\left(\dfrac{1}{s}\right)=\dfrac{z}{z-1},\ Z\left(\dfrac{1}{s^2}\right)=\dfrac{Tz}{(z-1)^2},\ Z\left(\dfrac{1}{s+a}\right)=\dfrac{z}{z-\mathrm{e}^{-aT}}\text{。}\right]$

解 (1)广义对象的脉冲传递函数$G(z)$

$$\begin{aligned}G(z)&=Z\left[\frac{1-\mathrm{e}^{-Ts}}{s}G_0(s)\right]\\&=Z\left[\frac{1-\mathrm{e}^{-Ts}}{s}\frac{10}{s(s+10)}\right]\\&=10\times(1-z^{-1})Z\left(\frac{1}{s^2}-\frac{1}{s}+\frac{1}{s+1}\right)\\&=10\times(1-z^{-1})\left[\frac{z}{(z-1)^2}-\frac{z}{z-1}+\frac{z}{z-\mathrm{e}^{-1}}\right]\end{aligned}$$

$$=\frac{3.68z^{-1}(1+0.718z^{-1})}{(1-z^{-1})(1-0.768z^{-1})}$$

(2)闭环脉冲函数 $\Phi(z)$

因为 $R(z)=\dfrac{1}{1-z^{-1}}$，$m=2$，因此，有：

$$\Phi(z)=f_1z^{-1}+f_2z^{-2}$$

由 $G(z)\Big|_{z=1}=1$，$\dfrac{\mathrm{d}\Phi(z)}{\mathrm{d}z}\Big|_{z=1}=0$，得：

$$\begin{cases}f_1+f_2=1\\ f_1+2f_2=0\end{cases}$$

解得

$$\begin{cases}f_1=2\\ f_2=-1\end{cases}$$

因此

$$\Phi(z)=2z^{-1}-z^{-2}=2z^{-1}(1-0.5z^{-1})$$

$$1-\Phi(z)=1-2z^{-1}+z^{-2}$$

$$=(1-z^{-1})^2$$

(3)控制器的脉冲传递函数 $D(z)$

$$D(z)=\frac{\Phi(z)}{G(z)[1-\Phi(z)]}$$

$$=\frac{2z^{-1}(1-0.5z^{-1})}{\dfrac{3.68z^{-1}(1+0.718z^{-1})}{(1-z^{-1})(1-0.368z^{-1})}(1-z^{-1})^2}$$

$$=\frac{0.544\times(1-0.5z^{-1})\times(1-0.368z^{-1})}{(1-z^{-1})(1+0.718z^{-1})}$$

(4)系统的响应函数 $c(t)$。其 z 变换为

$$C(z)=\Phi(z)R(z)$$

$$=2z^{-1}(1-0.5z^{-1})\frac{z^{-1}}{(1-z^{-1})^2}$$

$$=\frac{2z^{-1}-z^{-3}}{1-2z^{-1}+z^{-2}}$$

$$=0\times z^0+0\times z^{-1}+2\times z^{-2}+3\times z^{-3}+4\times z^{-4}+\cdots$$

系统的响应曲线如图 4-6 所示。

(5) 控制量 $U(z)$

$$U(z)=\frac{\Phi(z)R(z)}{G(z)}$$

$$=\frac{2z^{-1}(1-0.5z^{-1})}{\dfrac{3.68z^{-1}(1+0.718z^{-1})}{(1-z^{-1})(1-0.368z^{-1})}}\frac{z^{-1}}{(1-z^{-1})^2}$$

$$=\frac{0.544z^{-1}-0.472z^{-2}+0.1z^{-3}}{1-0.282z^{-1}-0.718z^{-2}}$$

$$=0.544z^{-1}-0.319z^{-2}+0.4z^{-3}+\cdots$$

$$=0\times z^{0}+0.544\times z^{-1}-0.319\times z^{-2}+0.4\times z^{-3}+\cdots$$

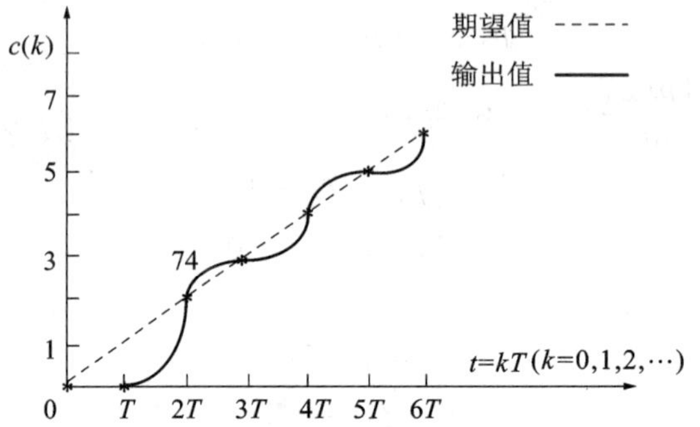

图 4-6　例 4-1 系统的响应曲线

控制量曲线如图 4-7 所示。

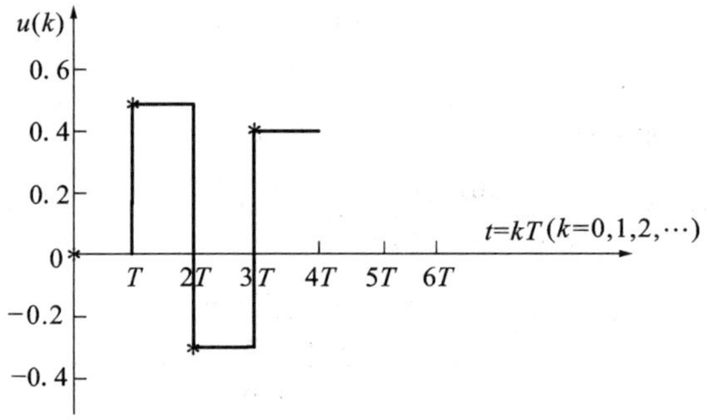

图 4-7　例 4-1 系统的控制量曲线

例 4-2　已知被控对象的传递函数为 $G_0(s)=\dfrac{10}{s(0.1s+1)(0.05s+1)}$，采用周期 $T=0.2$ s，试设计单位阶跃输入时的最少拍有波纹系统。

解　(1) 广义被控对象的脉冲传递函数 $G(z)$

$$G(z)=Z\left[\frac{1-\mathrm{e}^{-Ts}}{s}G_0(s)\right]$$

$$=Z\left[\frac{1-\mathrm{e}^{-0.2s}}{s}\ \frac{10}{s(0.1s+1)(0.05s+1)}\right]$$

$$=\frac{0.76z^{-1}(1+0.045z^{-1})(1+1.14z^{-1})}{(1-z^{-1})(1-0.135z^{-1})(1-0.0183z^{-1})}$$

(2) 闭环脉冲传递函数 $\Phi(z)$

因为 $R(z)=\dfrac{1}{1-z^{-1}}$，$m=1$，因此，有：

$$\Phi(z)=f_1z^{-1}(1+1.14z^{-1})$$

由 $\Phi(z)|_{z=1}=1$，得 $f_1=0.47$，因此，有：

$$\Phi(z)=0.47z^{-1}(1+1.14z^{-1})$$

即
$$1-\Phi(z)=(1-z^{-1})(1+0.53z^{-1})$$

（3）控制器的脉冲传递函数 $D(z)$

$$D(z)=\frac{\Phi(z)}{G(z)[1-\Phi(z)]}=\frac{0.62\times(1-0.135z^{-1})(1-0.0183z^{-1})}{(1+0.045z^{-1})(1+0.53z^{-1})}$$

（4）系统的响应函数 $c(t)$。其 z 变换为

$$C(z)=\Phi(z)R(z)=\frac{0.47z^{-1}(1+1.14z^{-1})}{1-z^{-1}}=0\times z^{0}+0.47\times z^{-1}+z^{-2}+z^{-3}+\cdots$$

系统的阶跃响应曲线如图 4-8 所示。

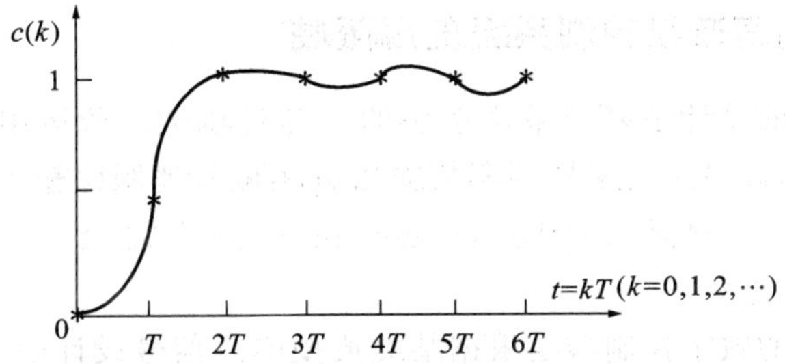

图 4-8　例 4-2 系统的阶跃响应曲线

例 4-3　在某计算机控制系统中，被控对象的传递函数由一个积分环节 $\frac{1}{s}$ 和一个纯滞后环节 e^{-2Ts} 串联而成，采样周期 $T=1$ s。试设计单位阶跃输入时的最少拍有波纹系统。

（1）采用零阶保持器法写出广义对象的脉冲传递函数。

（2）写出系统的闭环脉冲传递函数。

（3）设计系统的数字控制器的脉冲传递函数。

（4）求系统的响应。

解　（1）采用零阶保持器法写出广义对象的脉冲传递函数 $G(z)$，即

$$G_1(z)=Z\left[\frac{1-e^{-Ts}}{s}G_0(s)\right]=Z\left[\frac{1-e^{-Ts}}{s}\times\frac{e^{-2Ts}}{s}\right]=\frac{z^{-3}}{1-z^{-1}}$$

（2）闭环脉冲传递函数 $\Phi(z)$

因为 $R(z)=\frac{1}{1-z^{-1}}$，$m=1$，因此，有：

$$\Phi(z)=f_1z^{-1}\times z^{-2}$$

由 $\Phi(z)\big|_{z=1}=1$，得 $f_1=1$，因此，有：

$$\Phi(z)=z^{-3}$$

即

$$1-\Phi(z)=1-z^{-3}=(1-z^{-1})(1+z^{-1}+z^{-2})$$

(3)控制器的脉冲传递函数 $D(z)$

$$D(z)=\frac{\Phi(z)}{G(z)[1-\Phi(z)]}=\frac{1}{1+z^{-1}+z^{-2}}$$

(4)系统的响应函数 $c(t)$。其 z 变换为

$$C(z)=\Phi(z)R(z)=\frac{z^{-3}}{1-z^{-1}}=z^{-3}+z^{-4}+z^{-5}+\cdots$$

4.2.3 最少拍有波纹控制系统的局限性

最少拍控制系统的设计是基于采样系统的 z 传递函数。所运用的数学方法及得到的控制结构都十分简单，以最少的采样周期数输出就无偏差地跟踪输入函数。整个设计过程可以用解析的方法进行。这是它的优点，但也存在一些不足之处。

(1)系统的适应性差

最少拍控制系统的数字控制器是根据某类典型输入信号设计的，对其他类型的输入信号就不一定是最少拍，甚至会产生很大的超调量和静差。

例如，当 $\Phi(z)$ 是按单位速度输入设计时，$\Phi(z)=2z^{-1}-z^{-2}$，当将同样的控制器用于另外两种不同的典型输入时，系统的输出如下：

①当输入信号为单位阶跃信号时，$r(t)=1(t)$，$R(z)=\frac{1}{1-z^{-1}}$，系统的输出为

$$C(z)=R(z)\Phi(z)=\frac{2z^{-1}-z^{-2}}{1-z^{-1}}=2z^{-1}+z^{-2}+z^{-3}+\cdots \tag{4-24}$$

系统的阶跃响应曲线如图 4-9 所示，系统要两拍才能达到期望值，显然已经不是最少拍了，并且第一拍的输出幅值为 2，超调量为 100%。

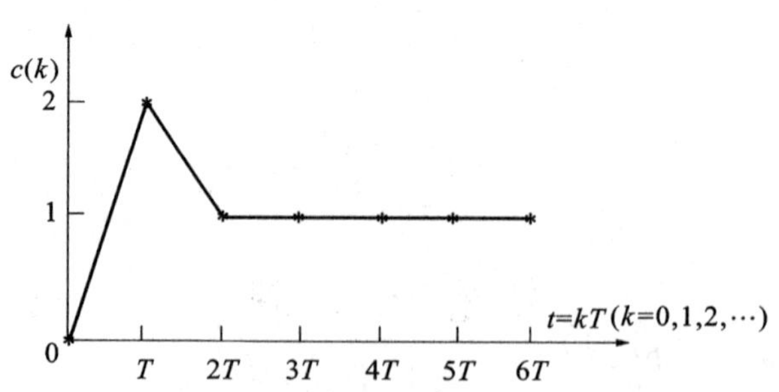

图 4-9　系统的阶跃响应曲线

②当输入信号为单位加速度信号时，$r(t)=\frac{1}{2}t^2$，$R(z)=\frac{T^2z^{-1}(1+z^{-1})}{2(1-z^{-1})^3}$，系统输出为

$$C(z)=R(z)\Phi(z)=(2z^{-1}-z^{-2})\frac{T^2z^{-1}(1+z^{-1})}{2(1-z^{-1})^3}$$
$$=T^2z^{-2}+3.5T^2z^{-3}+7T^2z^{-4}+\cdots \tag{4-25}$$

采样周期 $T=1$ s 时，系统的输出在各采样点时刻的数值依次为 0，0，1，3.5，7，11.5，…，与期望值 0，0.5，2，4.5，8，12.5，…相比，达到稳态存在的静差 $e=1$。系统的响应曲线如图 4-10 所示。

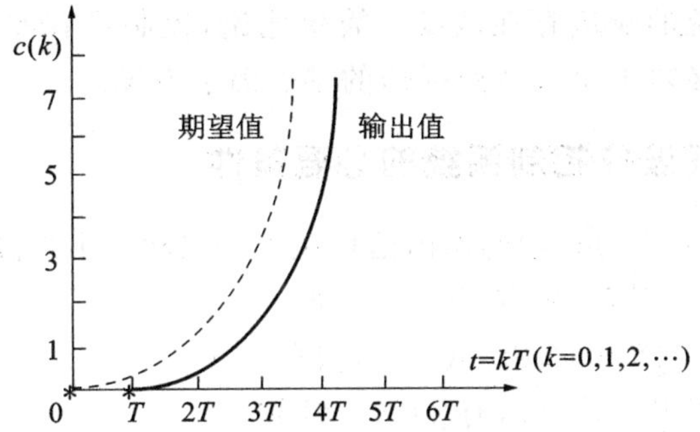

图 4-10 系统的响应曲线

(2)对参数变化的灵敏度大

最少拍设计是在结构和参数不变的条件下得到的理想结果，系统在 $z=0$ 处有多重极点，理论上可以证明这些 $z=0$ 处的多重极点对系统参数变化的灵敏度无穷大。因此，当系统的结构和参数变化时，系统的性能指标将受到严重影响。

(3)控制作用已超出限定范围

按最少拍原则设计的系统是时间最优系统，在设计中并未对控制量作出限制。从理论上讲，采样时间越短，调整时间就越短，但实际上这是不可能的。因为当采样周期很短时，对控制系统的控制作用的要求往往会超出限定范围，而控制机构实际所能提供的控制作用是在一定范围内的，所以，当 T 很小时，实际的控制情况与理论计算不符，控制效果变差。此外，当控制量过大时，由于被控对象实际上存在非线性，其传递函数也会存在变化，这样使最少拍系统的设计目标不能如愿实现。

(4)在采样点之间存在波纹

最少拍控制系统只能保证在采样点上稳态误差为零，在许多情况下，系统在采样点之间输出量存在波纹，这不但使实际控制达不到预期目的，而且增加了功率损耗和机械磨损。

由于以上原因，最少拍控制系统在工程中的应用受到很大限制，但人们可以针对它的局限性，在设计基础上加以改进，选择更为合理的期望闭环响应 $\Phi(z)$，且已获得令人满意的控制效果。

4.3 最少拍无波纹控制系统的设计

最少拍控制系统的输出响应在采样点之间存在波纹，这是工程上所不希望的。要求所设计的系统，在经过最少的采样周期数之后，不仅在采样点上，而且在采样点之间输出也与

输入信号相等，即要求设计一个最少拍无波纹系统。最少拍无纹波系统不仅具有准确、快速、稳定的特点，而且可以消除波纹对系统工作的不利影响，是比有纹波更具有实用价值的一种离散化设计方法。

4.3.1 最少拍控制系统产生波纹的原因

由于$U(z)=\dfrac{\Phi(z)R(z)}{G(z)}$，广义对象化$G(z)$中稳定的零点是控制量$U(z)$的极点，控制量虽然是稳定的，但存在剧烈的振荡，这样一个控制量作用在保持器的输入端，保持器的输出也会波动。因此，系统的响应存在波纹。简单地说，控制量有波动，系统响应就有波纹。要消除响应的波纹，就必须用$\Phi(z)$将$G(z)$的零点因子消掉。

4.3.2 最少拍无波纹控制系统的必要条件

为了使控制系统在稳态过程中的输出信号在采样点间不出现波纹，必须满足以下条件：

①对阶跃输入，当$t\geqslant NT$时，有$y(t)=$常数；

②对速度输入，当$t\geqslant NT$时，有$y(t)=$常数；

③对加速度输入，当$t\geqslant NT$时，有$y(t)=$常数。

这样，被控对象$G_0(s)$必须有能力给出与系统输入相同的、平滑的输出$y(t)$。如果针对速度输入函数进行设计，那么稳态过程中被控对象$G_0(s)$的输出也必须是速度函数。为了产生这样的速度输出函数，被控对象$G_0(s)$必须至少有一个积分环节，使得输出控制信号$u(k)$为常值时，被控对象$G_0(s)$的稳态输出是所要求的速度函数。同理，如果针对加速度输入函数进行设计，被控对象$G_0(s)$必须至少有两个积分环节。一般来说，如果针对典型输入信号$R(z)=\dfrac{B(z)}{(1-z^{-1})^m}$设计最少拍无波纹控制系统时，则被控对象$G_0(s)$必须至少有$(q-1)$个积分环节。

因此，在设计最少拍无波纹控制系统时，被控对象$G_0(s)$必须有足够多的积分环节，以保证输出控制信号$u(k)$为常数，被控对象$G_0(s)$的稳态输出完全跟踪输入且无波纹。

4.3.3 最少拍无波纹控制系统 $\Phi(z)$ 的确定方法

为了消除响应的波纹，要求$\Phi(z)$包含$G(z)$中稳定的零点，以便和$G(z)$中稳定的零点因子对消。也就是说，$\Phi(z)$包含$G(z)$中所有的零点。

最少拍无波纹控制系统$\Phi(z)$的一般形式为

$$\begin{aligned}\Phi(z)=&[f_1z^{-1}+f_2z^{-2}+\cdots+f_mz^{-m}+f_{m+1}z^{-(m+1)}+\cdots\\&+f_{m+p}z^{-(m+p)}]\times(1+\beta_1z^{-1})\cdots(1+\beta_nz^{-1})z^{-N}\end{aligned}\tag{4-26}$$

式中　$\beta_1,\beta_2,\cdots,\beta_n$——$G(z)$的所有零点，$n=q+v$，$q$个单位圆上或圆外的零点，$v$个单位圆内的零点；

$f_{m+1}z^{-(m+1)},f_{m+2}z^{-(m+2)},\cdots,f_{m+p}z^{-(m+p)}$——$G(z)$的单位圆上或圆外的极点在$\Phi(z)$中的反映；

z^{-N}——纯滞后环节，N为纯滞后时间，以采样周期整数倍计算。

因此，在最少拍无波纹控制系统设计中，确定$\Phi(z)$必须满足以下要求：

①无波纹的必要条件是被控对象 $G_0(s)$ 中含有足够多的积分环节；

②对于最少拍有纹波控制系统的准确性、可实现性、快速性和稳定性要求全部适用；

③无波纹的附加条件是 $\Phi(z)$ 中包含 $G(z)$ 的所有零点。

4.3.4　最少拍无波纹系统的设计举例

例 4-4　某计算机控制系统如图 4-11 所示，已知 $k=10$，$T_m=1$ s，采样周期 $T=1$ s，试设计单位阶跃输入时的最少拍无波纹控制系统。

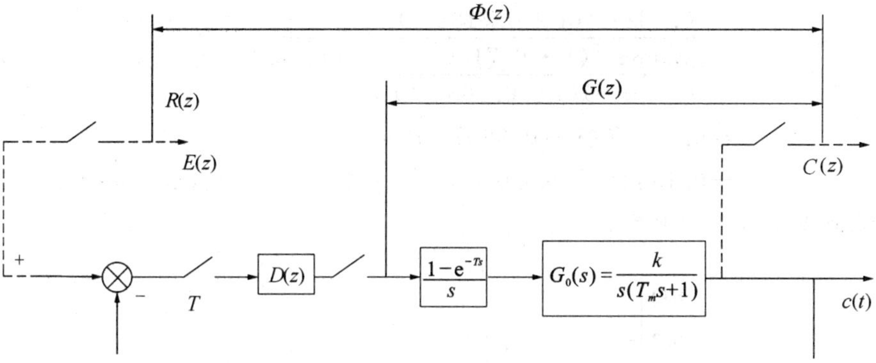

图 4-11　例 4-4 中的计算机控制系统

(1)采用零阶保持器法计算广义对象的脉冲传递函数。

(2)求系统的闭环脉冲传递函数。

(3)设计系统的数字控制器的脉冲传递函数。

(4)求控制量。

(5)求系统的响应。

$\left[\text{提示}:Z\left(\frac{1}{s}\right)=\frac{z}{z-1},Z\left(\frac{1}{s^2}\right)=\frac{Tz}{(z-1)^2},Z\left(\frac{1}{s+a}\right)=\frac{z}{z-e^{-aT}}\text{。}\right]$

解　(1) 广义被控对象的脉冲传递函数 $G(z)$

$$G(z)=Z\left[\frac{1-e^{-Ts}}{s}\times\frac{10}{s(s+1)}\right]$$

$$=\frac{3.68z^{-1}(1+0.718z^{-1})}{(1-z^{-1})(1-0.368z^{-1})}$$

(2)闭环脉冲传递函数 $\Phi(z)$

因为 $R(z)=\dfrac{1}{1-z^{-1}}$，$m=1$，因此，有：

$$\Phi(z)=f_1z^{-1}(1+0.718z^{-1})$$

由 $\Phi(z)|_{z=1}=1$，得 $f_1=0.582$，因此，有：

$$\Phi(z)=0.582z^{-1}(1+0.718z^{-1})$$

即

$$1-\Phi(z)=1-0.582z^{-1}(1+0.718z^{-1})$$

$$=(1-z^{-1})(1+0.418z^{-1})$$

(3)控制器的脉冲传递函数 $D(z)$

$$D(z)=\frac{\Phi(z)}{G(z)[1-\Phi(z)]}=\frac{0.518\times(1-0.368z^{-1})}{1+0.418z^{-1}}$$

(4)控制量 $U(z)$

$$U(z)=\frac{\Phi(z)R(z)}{G(z)}=\frac{0.582z^{-1}(1+0.718z^{-1})}{\dfrac{3.68z^{-1}(1+0.718z^{-1})}{(1-z^{-1})(1-0.368z^{-1})}}\times\frac{1}{(1-z^{-1})}$$
$$=0.158\times(1-0.368z^{-1})$$
$$=0.158\times z^{0}+0.058\times z^{-1}+0\times z^{-2}+0\times z^{-3}+\cdots$$

控制量曲线如图 4-12 所示。

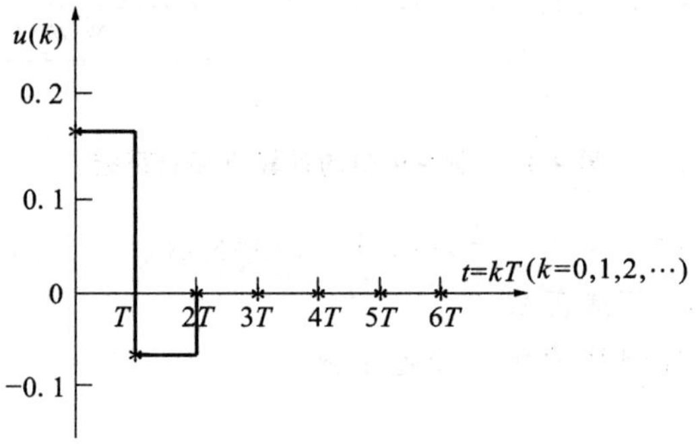

图 4-12　例 4-4 控制量曲线

(5)系统的响应 $C(z)$

$$C(z)=\Phi(z)R(z)=\frac{0.582z^{-1}(1+0.718z^{-1})}{1-z^{-1}}$$
$$=0\times z^{0}+0.582z^{-1}+z^{-2}+z^{-3}+\cdots$$

系统的响应曲线如图 4-13 所示。

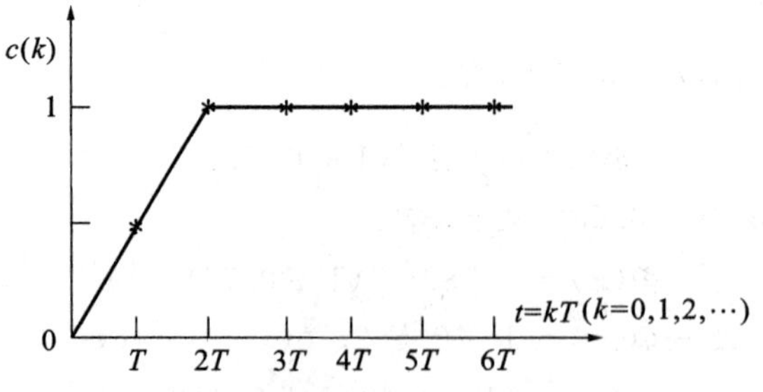

图 4-13　例 4-4 系统的响应曲线

4.4 误差平方和最小系统的设计

最少拍控制系统是针对某种典型输入信号设计的，适应性差。在工作中输入信号往往不只是一种而是由多种典型输入信号组合而成的，有时甚至是随机信号。因此，只针对某种典型输入信号设计的最少拍控制系统就具有一定的局限性。

对于含有多种典型输入信号系统的设计，常用“误差平方和最小”作为系统的性能指标。它是最少拍控制系统设计的一种改进，允许有一定的超调量和稳态误差，调整时间也远非最小拍，因此它是最少拍控制系统设计的一种折中。这种性能指标主要是使系统在动态过程中大的误差迅速减小。

误差平方和最小系统的设计方法是一种工程设计法，它没有严格的数学推导，设计的基本思想是：先针对典型输入信号按最少拍控制系统进行设计，在此基础上加入阻尼因子，既使系统超调量、调整时间和稳态误差等性能指标都有所折中，也使输出响应的波纹和平稳性都有所改进，从而使系统的输出响应波形有所改善。

误差平方和最小的性能指标为

$$\sum_{k=0}^{\infty}[e(kT)]^2=\min \tag{4-27}$$

根据 z 反变换的留数计算公式有：

$$e(kT)=\frac{1}{2\pi j}\oint_L E(z)^{k-1}\mathrm{d}z \tag{4-28}$$

式中，$E(z)$是 $e(kT)$误差的 z 变换；L 是 z 平面上的单位圆周；$E(z)$的极点在单位圆内。由式(4-28)可得：

$$\begin{aligned}\sum_{k=0}^{\infty}[e(kT)]^2&=\sum_{k=0}^{\infty}e(kT)\ \frac{1}{2\pi j}\oint_L E(z)^{k-1}\mathrm{d}z\\&=\frac{1}{2\pi j}\oint_L E(z)z^{-1}\mathrm{d}z\sum_{k=0}^{\infty}e(kT)z^k\end{aligned} \tag{4-29}$$

根据 z 变换的定义，误差 $e(kT)$的 z 变换为

$$E(z)=\sum_{k=0}^{\infty}e(kT)z^{-k} \tag{4-30}$$

因此，有：

$$E(z^{-1})=\sum_{k=0}^{\infty}e(kT)z^{k} \tag{4-31}$$

则得到误差平方和的计算公式：

$$\sum_{k=0}^{\infty}[e(kT)]^2=\frac{1}{2\pi j}\oint_L E(z)E(z^{-1})z^{-1}\mathrm{d}z \tag{4-32}$$

设计误差平方和最小系统，需要确定数字控制器的脉冲传递函数 $D(z)$，使系统在单位阶跃和单位速度输入作用下具有较小的调整时间和令人满意的超调量，并且要求无稳态误差。

首先按单位速度输入的最少拍系统设计，可选择希望闭环误差 z 传递函数为

$$1-\Phi(z)=(1-z^{-1})F(z) \tag{4-33}$$

其中，$F(z)$是待定的且不含$(1-z^{-1})$因子的关于z^{-1}的有限多项式。为了使系统对单位阶跃输入有较好的适应性，首先引入一个阻尼因子项，然后再按误差平方和最小系统设计，则有：

$$1-\Phi(z)=\frac{(1-z^{-1})F(z)}{1+cz^{-1}} \tag{4-34}$$

c为阻尼因子，$0<c<1$。当c值变化时，系统的输出波形（包括调整时间、超调量和稳态误差等性能指标）会发生变化。

因此，为了确定c和$F(z)$，则有以下条件限制：

(1)$[1-\Phi(z)]$的零点中应包含$G(z)$的全部不稳定极点。

(2)$\Phi(z)$的零点中应包含$G(z)$的全部单位圆上和圆外零点。

(3)$\Phi(z)$与$G(z)$所含因子z^{-1}的阶数应相同。

(4)误差平方和最小。

例 4-5 对于图 4-1 所示的系统，设$G_0(s)=\dfrac{10}{s(0.1s+1)(0.05s+2)}$，$T=0.2$ s，试确定数字控制器的脉冲传递函数$D(z)$，使系统在单位阶跃信号和单位速度信号作用下有较小的调整时间和超调量，并且无稳态误差。

解
$$G(z)=\frac{0.76z^{-1}(1+0.045z^{-1})(1+1.14z^{-1})}{(1-z^{-1})(1-0.135z^{-1})(1-0.0183z^{-1})}$$

则$G(z)$无不稳定极点，有一个z^{-1}因子，一个单位圆外零点$z=-1.14$。对于单位速度输入信号且无稳态误差，并考虑对单位阶跃输入的适应性，则有：

$$1-\Phi(z)=\frac{(1-z^{-1})^2(1+a_1z^{-1})}{1-cz^{-1}}$$

$$\Phi(z)=\frac{z^{-1}(1+1.14z^{-1})(b_1+b_2z^{-1})}{1-cz^{-1}}$$

联立上面等式，得：

$$\begin{cases} a_1=0.816-0.285c \\ b_1=1.184-0.716c \\ b_2=-0.716+0.25c \end{cases}$$

对于单位速度输入信号作用下的误差z，变换为

$$R(z)=\frac{Tz^{-1}}{(1-z^{-1})^2}，且\ E(z)=[1-\Phi(z)]R(z)$$

于是，有：

$$\begin{aligned}\sum_{k=0}^{\infty}[e(kT)]^2&=\frac{T^2}{2\pi j}\oint_L E(z)E(z^{-1})z^{-1}\mathrm{d}z\\
&=\frac{T^2}{2\pi j}\oint_L\frac{(1+a_1z^{-1})(1+a_1z^{-1})}{z(1-cz^{-1})(1-cz)}\mathrm{d}z\\
&=\mathrm{Re}\left[\oint_L\frac{(1+a_1z^{-1})(1+a_1z^{-1})}{z(1-cz^{-1})(1-cz)}\mathrm{d}z\right]T^2\\
&=\lim_{z\to 0}\frac{(1+a_1z^{-1})(z+a_1)}{z(1-cz^{-1})(z-c)}T^2+\lim_{z\to c}(z-c)\frac{(1+a_1z^{-1})(z+a_1)}{z(1-cz^{-1})(z-c)}T^2\end{aligned}$$

$$=-\frac{-a_1T}{c}+\frac{(1+a_1c)(c+a_1)}{c(1-c^2)}T^2$$

$$=\frac{1.66\times(1-0.295c)}{1-c}T^2$$

对于单位阶跃输入信号作用下的误差 z，变换为

$$R(z)=\frac{1}{1-z^{-1}},\text{且 } E(z)=[1-\Phi(z)]R(z)$$

于是，有：

$$\sum_{k=0}^{\infty}[e(kT)]^2=\frac{1}{2\pi j}\oint_L\frac{(1-z^{-1})^2(z+a_1)(1+a_1z)}{z(z-c)(cz-1)}\mathrm{d}z$$

$$=\frac{2[(1+c)a_1+(1-a_1)^2]}{1+c}$$

$$=\frac{1.7+1.27c-0.41c^2}{1+c}$$

则 $\sum_{k=0}^{\infty}[e(kT)]^2$ 与 c 的关系曲线如图 4-14 所示。其中，曲线①对应单位速度信号输入的误差平方和与 c 的关系，曲线②对应单位阶跃信号输入的误差平方和与 c 的关系。

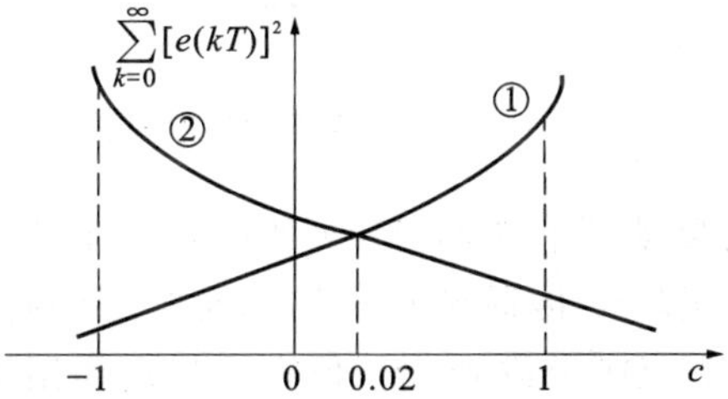

图 4-14 误差平方和与 c 的关系曲线

要想使系统在两种不同输入信号作用下的误差平方和都比较小，可取 $c=0.02$。若按误差平方和最小设计的系统输出响应不一定满足要求，可以改变阻尼因子 c，直到满足要求为止。

由计算可知，当 $c=0,0.02,0.2,0.6,0.8$ 时，单位阶跃信号输入作用下的系统输出的超调量分别为 100%、82%、77%、50%、28%。

若取 $c=0.6$ 超调量，调整时间都比较好，则有：

$$\begin{cases}a_1=0.645\\b_1=0.754\\b_2=-0.566\end{cases}$$

则相应的闭环误差 z 传递函数和闭环 z 传递函数如下所示：

$$1-\Phi(z)=\frac{(1-z^{-1})^2(1+0.645z^{-1})}{1-0.6z^{-1}}$$

$$\Phi(z)=\frac{z^{-1}(1+1.14z^{-1})(0.754-0.566z^{-1})}{1-0.6z^{-1}}$$

对于单位阶跃输入，系统响应输出为

$$Y(z)=\Phi(z)R(z)=0.754z^{-1}+1.5z^{-2}+1.28z^{-3}+1.15z^{-4}+1.024z^{-5}+\cdots$$

对于单位速度输入，系统响应输出为

$$Y(z)=\Phi(z)R(z)=T(0.754z^{-2}+2.154z^{-3}+3.405z^{-4}+4.62z^{-5}+5.75z^{-6}+\cdots)$$

当 $c=0.6$ 时，对应数字控制器为

$$D(z)=\frac{0.99\times(1-0.0183z^{-1})(1-0.135z^{-1})(1-0.75z^{-1})}{(1-z^{-1})(1+0.045z^{-1})(1+0.645z^{-1})}$$

4.5 在扰动作用下计算机控制系统的设计

在前述各节讨论的问题中，仅仅是针对计算机的控制系统的参考输入而设计的。实际的控制系统中，除有参考输入之外，常常还有扰动作用。干扰几乎在任何位置均可进入系统。为了便于讨论，可将干扰归并在零阶保持器和被控对象之间，如图 4-15 所示。现在产生的问题是：针对参考输入而设计的系统，是否能有效地克服干扰所产生的影响？

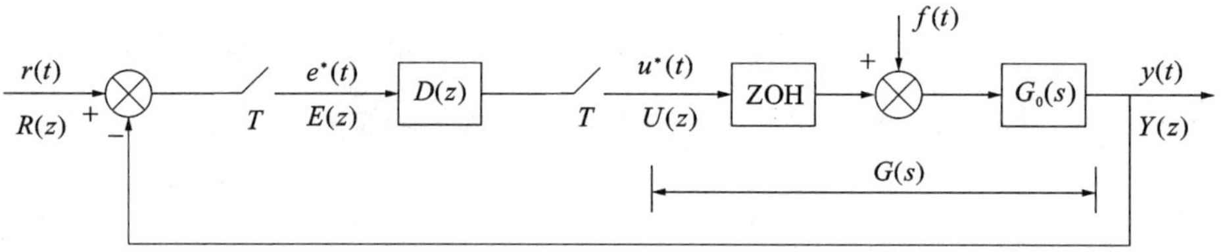

图 4-15 干扰作用下的控制系统

由于负反馈控制系统的自动调节作用，按前面方法只针对参与输入所设计的数字控制器的脉冲传递函数 $D(z)$或闭环 z 传递函数 $\Phi(z)$，对抑制弱扰动作用的影响是很有效的，这种情况下不必修改原设计的 $D(z)$或 $\Phi(z)$，但在强扰动作用下，一般就需修改原设计。

4.5.1 针对扰动作用的设计

假设存在扰动的控制系统如图 4-15 所示，当只存在扰动作用时[此时 $r(t)=0$]，扰动系统的等效图如图 4-16 所示。

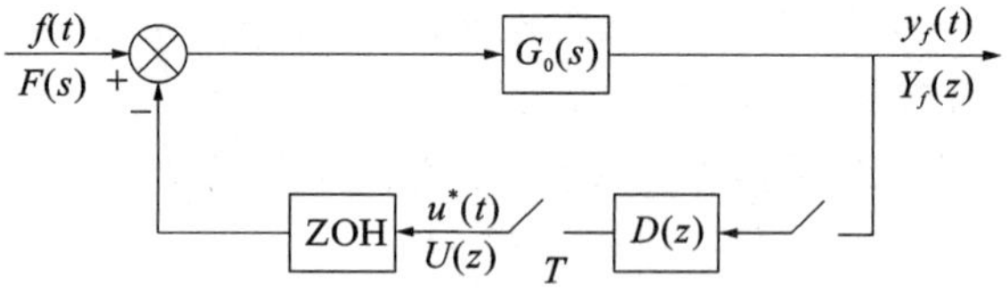

图 4-16 扰动系统的等效方框图

根据线性系统的叠加原理，系统只存在扰动时的输出响应为

$$\begin{aligned}C_f(s)&=G_0(s)\left[F(s)-\frac{1-e^{Ts}}{s}U^*(s)\right]\\&=F(s)G_0(s)-\frac{1-e^{Ts}}{s}G_0(s)U^*(s)\end{aligned}\tag{4-35}$$

取 z 变换，得：

$$C_f(z)=G_0F(z)-G(z)U(z) \tag{4-36}$$

其中

$$G(z)=L\left[\frac{1-e^{Ts}}{s}G_0(s)\right] \tag{4-37}$$

又

$$U(z)=C_f(z)D(z) \tag{4-38}$$

则有：

$$C_f(z)=G_0F(z)-G(z)D(z)C_f(z) \tag{4-39}$$

因此

$$C_f(z)=\frac{G_0F(z)}{1+D(z)G(z)} \tag{4-40}$$

系统输出对扰动的闭环 z 传递函数为

$$\Phi_f(z)=\frac{C_f(z)}{F(z)}=\frac{G_0F(z)/F(z)}{1+D(z)G(z)} \tag{4-41}$$

于是得到数字控制器的脉冲传递函数：

$$D(z)=\frac{[G_0F(z)/F(z)]-\Phi_f(z)}{G(z)\Phi_f(z)} \tag{4-42}$$

针对扰动作用的系统的设计方法如下：

①根据系统运行的实际情况，确定设计中所针对的干扰输入作用 $F(z)$；

②根据消除干扰所引起的输出响应的要求（如无稳态误差、最快速的瞬变响应、稳定性等），以及 $D(z)$ 物理可实现的约束，确定输出对扰动的闭环 z 传递函数所采用的方法与前几节介绍的方法基本相同；

③确定数字控制器的脉冲传递函数 $D(z)$，并编写控制算法程序。

4.5.2 抑制扰动作用的设计

再来研究既有参考输入 $R(s)$ 又有扰动作用 $F(s)$ 的系统的设计方法。对于图 4-15 所示的系统，设计分两步进行：

首先针对参考输入，确定闭环 z 传递函数 $\Phi(z)$。

然后考虑系统对干扰 $F(s)$ 的抑制作用，修改设计的结果（有时不需要修改）。事实上，图 4-15 所示的系统的输出响应为

$$\begin{aligned}C(z)&=\Phi(z)R(z)+\Phi_f(z)F(z)\\&=\frac{D(z)G(z)}{1+D(z)G(z)}R(z)+\frac{G_0F(z)/F(z)}{1+D(z)G(z)}F(z)\end{aligned} \tag{4-43}$$

所以

$$\Phi_f(z)=[1-\Phi(z)]\frac{G_0F(z)}{F(z)} \tag{4-44}$$

如果系统要抑制扰动的影响，则对 $\Phi(z)$ 的要求是：对于设计中的扰动作用，不产生稳态响应。

为了不失一般性，设扰动信号具有以下形式：

$$\begin{aligned}C_f(\infty) &= \lim_{z\to 1}(1-z^{-1})C_f(z)\\ &= \lim_{z\to 1}(1-z^{-1})\Phi_f(z)F(z)\end{aligned} \tag{4-45}$$

则在扰动作用下产生稳态响应可由终值定理求得。

若要求 $C_f(\infty)=0$，则要求扰动的闭环 z 传递函数 $\Phi_f(z)$ 具有以下形式：

$$\Phi_f(z) = (1-z^{-1})^m F_f(z) \tag{4-46}$$

其中，$F_f(z)$ 为不含 $(1-z^{-1})$ 因子的关于 z^{-1} 的有限多项式。

由此可得到以下结论：若系统的扰动的闭环 z 传递函数 $\Phi_f(z)$ 可以表示成 $\Phi_f(z)=(1-z^{-1})^m F_f(z)$ 的形式，则就不必修改针对参考输入所确定的数字控制器的脉冲传递函数 $D(z)$，否则就要修改 $D(z)$。

例 4-6 对于图 4-15 所示的系统，设 $G_0(s)=\dfrac{10}{s(0.025s+1)}$，$T=0.025\ \text{s}$，$r(t)=1(t)$，$f(t)=1(t)$。设计无稳态误差最少拍有波纹系统的数字控制器的脉冲传递函数 $D(z)$。

解 根据最少拍系统设计原则，则得到：

$$1-\Phi(z) = 1-z^{-1}$$

$$\Phi(z) = z^{-1}$$

$$D(z) = \frac{\Phi(z)}{G(z)\Phi(z)} = \frac{10.87\times(1-0.368z^{-1})}{1+0.718z^{-1}}$$

$$\Phi_f(z) = \frac{[1-\Phi(z)]G_0F(z)}{F(z)}$$

$$G_0F(z) = L\left[\frac{10}{s(0.025s+1)}\ \frac{1}{s}\right] = \frac{0.092\times(1+0.718z^{-1})z^{-1}}{(1-z^{-1})^2(1-0.368z^{-1})}$$

$$F(z) = \frac{1}{1-z^{-1}}$$

$$\Phi_f(z) = \frac{0.092\times(1+0.718z^{-1})z^{-1}}{1-0.368z^{-1}}$$

由此可见，$\Phi_f(z)$ 不能满足 $C_f(\infty)=\lim\limits_{z\to 1}(1-z^{-1})\Phi_f(z)F(z)=0.25\neq 0$，则需要修改原设计 $D(z)$，则有：

$$\frac{0.092\times(1+0.718z^{-1})z^{-1}}{1-0.368z^{-1}}A(z) = (1-z^{-1})F_f(z)$$

其中

$$A(z) = (1+az^{-1})(1-0.368z^{-1})$$

$$F_f(z) = k(1+bz^{-1})z^{-1}$$

得

$$0.092\times[1+(0.718+a)z^{-1}+0.718az^{-2}] = k[1+(b-1)z^{-1}-bz^{-2}]$$

解得

$$\begin{cases}k = 0.092\\ a = -1\\ b = 0.718\end{cases}$$

$$A(z) = (1-z^{-1})(1-0.368z^{-1})$$

$$F_f(z) = 0.092z^{-1}(1+0.718z^{-1})z^{-1}$$

$$\Phi_f(z)=0.092z^{-1}(1-z^{-1})(1+0.718z^{-1})$$

$$D(z)=\frac{[G_0F(z)/F(z)]-G_f(z)}{G(z)G_f(z)}$$

$$=\frac{1-(1-z^{-1})^2(1-0.368z^{-1})}{0.092z^{-1}(1-z^{-1})(1+0.718z^{-1})}$$

显然，$D(z)$为物理可实现的。

4.6 本章总结

在计算机控制系统中，数字控制器通常是利用计算机软件编程来完成特定的控制算法。控制算法通常以差分方程、z传递函数或后面要介绍的状态方程的形式表示。采用不同的控制算法，可以实现不同的控制目标，得到不同的控制性能。因此，只要改变控制算法，并改变相应的软件编程，就可以使计算机控制系统完成不同的控制功能，这一点是计算机控制系统优于传统模拟控制系统的一个重要方面。计算机控制系统的直接设计方法则首先将系统中被控对象加上保持器一起构成的广义对象离散化，得到相应的以z传递函数、差分方程或离散系统状态方程表示的离散系统模型，然后利用离散控制系统理论，直接设计数字控制器。离散化设计法由于直接在离散系统的范畴内进行，避免了由模拟控制系统向数字控制器转化的过程，也绕过了采样周期对系统动态性能产生严重影响的问题，是目前应用较为广泛的计算机控制系统设计方法。

习　题

1. 简述计算机控制系统的直接设计方法及其基本原理。

2. 什么是最少拍控制系统？最少拍控制系统有什么不足之处？

3. 已知某一被控对象的传递函数为$G_0(s)=\dfrac{10}{s(s+1)}$，设采用零阶保持器，采样周期$T=1$ s。试针对单位速度输入函数设计有波纹系统的数字控制器，计算采样瞬间$D(z)$和系统的输出响应并绘制图形。

4. 最少拍控制系统产生波纹的原因是什么？如何消除响应的波纹？

5. 最少拍有波纹和无波纹控制系统的设计有什么区别？

6. 何为控制系统的物理可实现性与稳定性？如何理解？

7. 某控制系统如图4-17所示，已知被控对象的传递函数为$G_0(s)=\dfrac{1}{s(0.1s+1)(0.5s+1)}$，设采样周期$T=0.1$ s，针对单位速度输入设计有波纹系统的数字控制器，计算采样瞬间数字控制器的脉冲传递函数和系统的输出响应并绘制图形。

8. 设采样周期$T=0.1$ s，针对单位速度输入设计有波纹系统的数字控制器，计算采样瞬间数字控制器的脉冲传递函数和系统的输出响应并绘制图形。

9. 根据习题8，针对单位速度输入设计快速无波纹系统的数字控制器，计算采样瞬间数字控制器的脉冲传递函数和系统的输出响应并绘制图形。

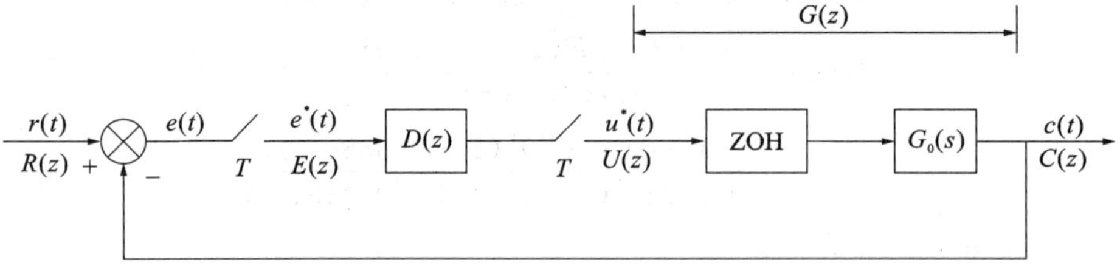

图 4-17　习题 7 控制系统图

10. 某控制系统如图 4-18 所示，已知被控对象的传递函数为 $G_0(s)=\dfrac{5}{s(0.02s+1)}$，设采样周期 $T=0.02$ s，试首先针对参考输入 $r(t)=1(t)$ 设计无稳态误差最少拍系统，再考虑 $f(t)=1(t)$ 的情况，试分析是否要修改原设计。

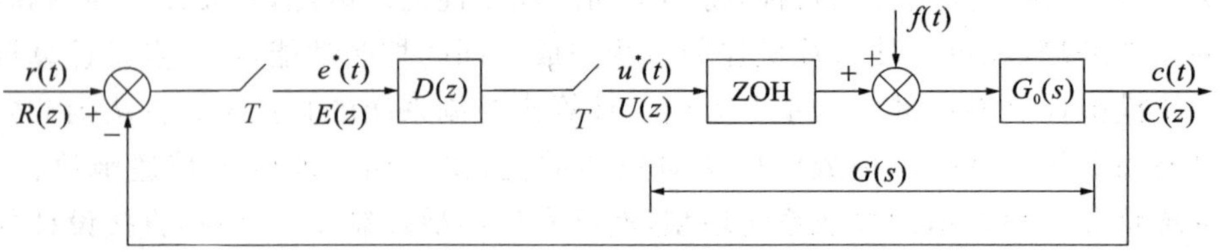

图 4-18　习题 10 控制系统图

5 计算机复杂控制系统的设计

前面介绍了理想情况下，具有反馈回路的计算机简单控制系统的设计。在很多实际控制系统中，根据实际工程对象的特性和要求，由于物质、能量或者信息的传输，计算机控制系统中往往存在着纯时延环节，以及计算单元、调节单元或其他控制单元。控制对象的这种复杂特性会对计算机控制系统产生不利的影响，简单的控制规律无法解决系统稳定性下降及控制器适应性降低等问题。在特定情况下，采用复杂规律的控制系统，对提高控制品质、扩大自动化应用范围起着关键性的作用。

本章将简要介绍几种常见的复杂规律计算机控制系统的基本原理与设计，包括时滞控制、串级控制、前馈控制、解耦控制及神经网络控制等。

5.1 纯滞后补偿控制系统

在工业生产中，大多数过程对象含有较强大的纯滞后特性，这是物理系统或者过程的固有特性。时延现象广泛存在于化工工程、电力系统、轧钢系统、气动系统的长传输线和通信网络等各种工程系统中。被控对象的纯滞后时间使系统的稳定性降低、动态特性变差，如容易引起超调和持续的振荡。对象的纯滞后特性也给控制器的设计带来了困难。

一般来说，这类对象对快速性要求是次要的，而对稳定性、不产生超调的要求是主要的。基于此，研究者们提出了多种设计方法，比较有代表性的方法有纯滞后补偿控制——大林(Dahlin)算法和史密斯(Smith)预估算法。

5.1.1 大林(Dahlin)控制算法

大林控制算法要求在选择闭环 z 传递函数时，采用相当于连续一阶惯性环节的 $\Phi(z)$ 来代替最少拍多项式。如果对象有纯滞后，则 $\Phi(z)$ 还应包含同样的纯滞后环节(即要求闭环控制系统的纯滞后时间等于被控对象的纯滞后时间)。

设计算机控制系统中的连续时间的被控对象 $G_0(s)$ 是带有纯滞后的一阶或二阶惯性环节，即

$$G_0(s)=\frac{K\mathrm{e}^{-\tau s}}{T_{\tau_1}s+1}$$

或

$$G_0(s)=\frac{K\mathrm{e}^{-\tau s}}{(T_{\tau_1}s+1)(T_{\tau_2}s+1)} \tag{5-1}$$

其中，τ 为纯滞后时间。为简单起见，假定被控对象的纯滞后时间为采样周期的整数倍，即 $\tau=NT$（N 为正整数）；T_{τ_1}、T_{τ_2} 为被控对象的惯性时间常数；K 为放大倍数。许多实际工程系统都可以用这两类传递函数近似表示。带有纯滞后的计算机控制系统如图 5-1 所示。

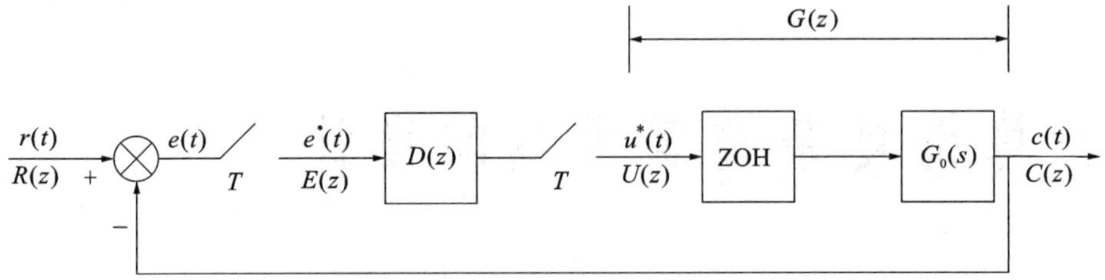

图 5-1　带有纯滞后的计算机控制系统

不论是对一阶惯性对象还是对二阶惯性对象，大林算法的设计目标是要设计一个合适的数字控制器，使闭环传递函数相当于一个纯滞后环节和一个惯性环节的串联。其中纯滞后环节的滞后时间与被控对象的纯滞后时间完全相同，这样就能保证使系统不产生超调，同时保证其稳定性。整个闭环系统的传递函数为

$$\Phi(s)=\frac{e^{-NTs}}{T_\tau s+1} \tag{5-2}$$

其中，T_τ 为整个闭环系统的惯性时间常数。

（1）数字控制器的基本形式

假定系统中采用的保持器为零阶保持器，采用零阶保持器的 z 变换，则与 $\Phi(s)$ 相对应的整个闭环系统的闭环 z 传递函数如式(5-3)所示，即

$$\Phi(z)=Z\left[\frac{1-e^{-Ts}}{s}\cdot\frac{e^{-NTs}}{T_\tau s+1}\right]=\frac{(1-e^{-T/T_\tau})z^{-(N+1)}}{(1-e^{-T/T_\tau})z^{-1}} \tag{5-3}$$

由此可得出大林算法所设计的控制器的脉冲传递函数 $D(z)$ 为

$$D(z)=\frac{\Phi(z)}{[1-\Phi(z)]G(z)}=\frac{(1-e^{-T/T_\tau})z^{-(N+1)}}{[1-e^{-T/T_\tau}z^{-1}-(1-e^{-T/T_\tau})z^{-(N+1)}]G(z)} \tag{5-4}$$

其中

$$G(z)=Z\left[\frac{1-e^{-Ts}}{s}\cdot G_0(s)\right]$$

综上所述，针对被控对象的不同形式，要想得到同样性能的系统，就应采用不同的数字控制器的脉冲传递函数 $D(z)$。

假设被控对象为含有纯滞后的一阶惯性环节，则有：

$$G_0(s)=\frac{Ke^{-NTs}}{T_{\tau_1}s+1}$$

则

$$G(z)=Z\left[\frac{1-e^{-Ts}}{s}\cdot G_0(s)\right]=Z\left[\frac{K(1-e^{-Ts})e^{-NTs}}{s(T_{\tau_1}s+1)}\right]=\frac{K(1-e^{-T/T_{\tau_1}})z^{-(N+1)}}{(1-e^{-T/T_{\tau_1}})z^{-1}} \tag{5-5}$$

于是得到数字控制器的脉冲传递函数 $D(z)$ 为

$$D(z)=\frac{\Phi(z)}{[1-\Phi(z)]G(z)}=\frac{(1-e^{-T/T_{\tau}})(1-e^{-T/T_{\tau_1}}z^{-1})}{K(1-e^{-T/T_{\tau_1}})[1-e^{-T/T_{\tau}}z^{-1}-(1-e^{-T/T_{\tau}})z^{-(N+1)}]} \tag{5-6}$$

这就是一阶纯时延系统的大林控制器的表达式，二阶及更高阶系统也可以用类似的方法求得。

例 5-1 电阻炉在化工、冶金等行业广泛应用，因此温度控制在工业生产和科学研究中具有重要意义。其控制系统属于一阶纯滞后环节，具有大惯性、纯滞后、非线性等特点，导致传统控制方式超调大、调节时间长、控制精度低。试设计大林控制算法来控制电阻炉温度。

假设温度控制系统的数学模型为

$$G_0(s)=\frac{e^{-s}}{s+1}$$

采样周期为 1 s，设期望闭环传递函数的惯性时间常数为 0.5 s。

解 根据已知条件可得 $K=1, T=1, T_{\tau_1}=1, T_{\tau}=0.5$。可求得：

$$D(z)=\frac{1.368-0.5033z^{-1}}{1-0.1353z^{-1}-0.8647z^{-2}}$$

(2)振铃现象及其消除方法

大林算法控制器设计简单，闭环特性整体上能够逼近期望的连续系统闭环特性，但它有一个严重的缺点，就是直接用上述控制算法构成闭环控制系统时，数字控制器输出 $U(z)$ 会以 1/2 采样频率大幅度上下摆动。这种现象被称为振铃(Ringing)现象。

振铃现象与被控对象的特性、闭环时间常数、采样周期、纯滞后时间的大小等有关。产生振铃现象的根源在于被控对象数学模型不可能完全精确，导致控制器的零极点无法完全抵消。

振铃现象中的振荡是衰减的，并且被控对象中惯性环节的低通特性，使得这种振荡对系统的输出几乎无任何影响，但是振铃现象却会加重执行机构的磨损。振铃现象还有可能影响到系统的稳定性，因此在系统设计中，应设法消除振铃现象。

振铃幅度 RA 的定义是：在单位阶跃信号的作用下，数字控制器的脉冲传递函数 $D(z)$ 的第 0 次输出值与第 1 次输出值之差。

设数字控制器的脉冲传递函数 $D(z)$ 可表示为

$$D(z)=Kz^{-N}\frac{1+b_1z^{-1}+b_2z^{-2}+\cdots}{1+a_1z^{-1}+a_2z^{-2}+\cdots}=Kz^{-N}Q(z)$$

其中，$Q(z)=\frac{1+b_1z^{-1}+b_2z^{-2}+\cdots}{1+a_1z^{-1}+a_2z^{-2}+\cdots}$。

那么，数字控制器的脉冲传递函数 $D(z)$ 输出幅度的变化完全取决于 $Q(z)$。$D(z)$ 在单位阶跃信号作用下的输出为

$$\frac{Q(z)}{1-z^{-1}}=1+(b_1-a_1+1)z^{-1}+(b_2-a_2+a_1)z^{-2}+\cdots \tag{5-7}$$

根据振铃的定义，可得 $RA=1-(b_1-a_1+1)=a_1-b_1$。

例 5-2 设数字控制器的脉冲传递函数 $D(z)=\frac{1}{1+z^{-1}}$，求振铃幅度 RA。

解 数字控制器在单位阶跃信号作用下的输出为

$$U(z)=\frac{1}{1+z^{-1}}\cdot\frac{1}{1-z^{-1}}=1+z^{-2}+z^{-4}+\cdots$$

则 $RA=U(0)-U(1)=1-0=1$。

例 5-3 设数字控制器的脉冲传递函数 $D(z)=\frac{1}{1+0.5z^{-1}}$，求振铃幅度 RA。

解 数字控制器在单位阶跃信号作用下的输出为

$$U(z)=\frac{1}{1+0.5z^{-1}}\cdot\frac{1}{1-z^{-1}}=1+0.5z^{-1}+0.75z^{-2}+0.625z^{-3}+\cdots$$

则 $RA=U(0)-U(1)=1-0.5=0.5$。

例 5-4 设数字控制器的脉冲传递函数 $D(z)=\frac{1}{(1+0.5z^{-1})(1-0.2z^{-1})}$，求振铃幅度 RA。

解 数字控制器在单位阶跃信号作用下的输出为

$$U(z)=\frac{1}{(1+0.5z^{-1})(1-0.2z^{-1})}\cdot\frac{1}{1-z^{-1}}=1+0.7z^{-1}+0.89z^{-2}+0.803z^{-3}+\cdots$$

则 $RA=U(0)-U(1)=1-0.7=0.3$。

例 5-5 设数字控制器的脉冲传递函数 $D(z)=\frac{1-0.5z^{-1}}{(1+0.5z^{-1})(1-0.2z^{-1})}$，求振铃幅度 RA。

解 数字控制器在单位阶跃信号作用下的输出为

$$U(z)=\frac{1-0.5z^{-1}}{(1+0.5z^{-1})(1-0.2z^{-1})}\cdot\frac{1}{1-z^{-1}}=1+0.2z^{-1}+0.5z^{-2}+0.37z^{-3}+\cdots$$

则 $RA=U(0)-U(1)=1-0.2=0.8$。

由以上几个例子可以看出，产生振铃现象的原因是数字控制器 $D(z)$ 在 z 平面上位于 $z=-1$ 附近有极点。当 $z=-1$ 时，振铃现象最严重。在单位圆内离 $z=-1$ 越远，振铃现象越弱。在单位圆内右半面的极点会减弱振铃现象，而在单位圆内右半面的零点会加剧振铃现象。

大林控制算法提出了一个消除振铃的简单可行的方法，就是先找出造成振铃现象的因子，然后令该因子中的 $z=1$，这样就相当于取消了该因子产生振铃的可能性。根据终值定理，这样处理后就不会影响输出的稳态值。

下面分析被控对象含纯滞后的一阶或二阶惯性环节振铃现象的消除方法。

①被控对象为含有纯滞后的一阶惯性环节

$$D(z)=\frac{(1-e^{-T/T_{\tau}})(1-e^{-T/T_{\tau_1}}z^{-1})}{K(1-e^{-T/T_{\tau_1}})[1-e^{-T/T_{\tau}}z^{-1}-(1-e^{-T/T_{\tau}})z^{-(N+1)}]} \tag{5-8}$$

其振铃幅度是 $RA=e^{-T/T_{\tau_1}}-e^{-T/T_{\tau}}$。

若 $T_{\tau}>T_{\tau_1}$，则 $RA\leqslant 0$，无振铃现象；若 $T_{\tau}<T_{\tau_1}$，则 $RA>0$，有振铃现象。

数字控制器 $D(z)$ 可表示为

$$D(z)=\frac{(1-e^{-T/T_{\tau}})(1-e^{-T/T_{\tau_1}}z^{-1})}{K(1-e^{-T/T_{\tau_1}})[1+(1-e^{-T/T_{\tau}})(z^{-1}+z^{-2}+\cdots+z^{-N})](1-z^{-1})} \tag{5-9}$$

可能引起振铃现象的因子是$[1+(1-e^{-T/T_\tau})(z^{-1}+z^{-2}+\cdots+z^{-N})]$。

显然，当 $N=0$ 时，该因子不会引起振铃现象。

当 $N=1$ 时，则有极点 $z=-(1-e^{-T/T_\tau})$，如果 $T_\tau \leqslant T$，则 $z \to -1$ 时，将有严重的振铃现象，令该因子中 $z=1$。

此时消除振铃现象后的数字控制器为

$$D(z)=\frac{(1-e^{-T/T_\tau})(1-e^{-T/T_{\tau_1}}z^{-1})}{K(1-e^{-T/T_{\tau_1}})(2-e^{-T/T_\tau})(1-z^{-1})} \tag{5-10}$$

当 $N=2$ 时，则有极点：

$$z=-\frac{1}{2}(1-e^{-T/T_\tau}) \pm j\,\frac{1}{2}\sqrt{4(1-e^{-T/T_\tau})-(1-e^{-T/T_\tau})^2}$$

$$|z|=\sqrt{1-e^{-T/T_\tau}}$$

因此，如果 $T_\tau \ll T$，将有严重的振铃现象，令该因子中 $z=1$。

此时，消除振铃现象后的数字控制器为

$$D(z)=\frac{(1-e^{-T/T_\tau})(1-e^{-T/T_{\tau_1}}z^{-1})}{K(1-e^{-T/T_{\tau_1}})(3-2e^{-T/T_\tau})(1-z^{-1})} \tag{5-11}$$

如果要消除全部可能引起振铃现象的因子，则消除振铃现象后的数字控制器为

$$D(z)=\frac{(1-e^{-T/T_\tau})(1-e^{-T/T_{\tau_1}}z^{-1})}{K(1-e^{-T/T_{\tau_1}})(N+1-Ne^{-T/T_\tau})(1-z^{-1})} \tag{5-12}$$

②被控对象为含有纯滞后的二阶惯性环节

被控对象为含有纯滞后的二阶惯性环节经大林算法求得的数字控制器为

$$D(z)=\frac{(1-e^{-T/T_\tau})(1-e^{-T/T_{\tau_1}}z^{-1})(1-e^{-T/T_{\tau_2}}z^{-1})}{K(c_1+c_2z^{-1})[1-e^{-T/T_\tau}z^{-1}-(1-e^{-T/T_\tau})z^{-(N+1)}]} \tag{5-13}$$

有极点 $z=-c_2/c_1$，当 $T \to 0$ 时，$z \to -1$，将有严重的振铃现象。振铃幅度为 $RA=\frac{c_2}{c_1}-e^{-T/T_\tau}+e^{-T/T_{\tau_1}}+e^{-T/T_{\tau_2}}$。当 $T \to 0$ 时，$RA \to 2$，令该因子中 $z=1$，此时消除振铃现象后的数字控制器为

$$D(z)=\frac{(1-e^{-T/T_\tau})(1-e^{-T/T_{\tau_1}}z^{-1})(1-e^{-T/T_{\tau_2}}z^{-1})}{K(1-e^{-T/T_{\tau_1}})(1-e^{-T/T_{\tau_2}})[1-e^{-T/T_\tau}z^{-1}-(1-e^{-T/T_\tau})z^{-(N+1)}]} \tag{5-14}$$

在某种条件下，仍然还可能存在振铃现象，这种可能性取决于因子 $1+(1-e^{-T/T_\tau})\cdot(z^{-1}+z^{-2}+\cdots+z^{-N})$。

如果要消除全部可能引起振铃现象的因子，则消除振铃现象后的数字控制器为

$$D(z)=\frac{(1-e^{-T/T_\tau})(1-e^{-T/T_{\tau_1}}z^{-1})(1-e^{-T/T_{\tau_2}}z^{-1})}{K(1-e^{-T/T_{\tau_1}})(1-e^{-T/T_{\tau_2}})(N+1-Ne^{-T/T_\tau})(1-z^{-1})} \tag{5-15}$$

(3)大林控制算法的模拟化设计

设模拟控制系统如图 5-2 所示，其中被控对象为含纯滞后的一阶惯性环节。

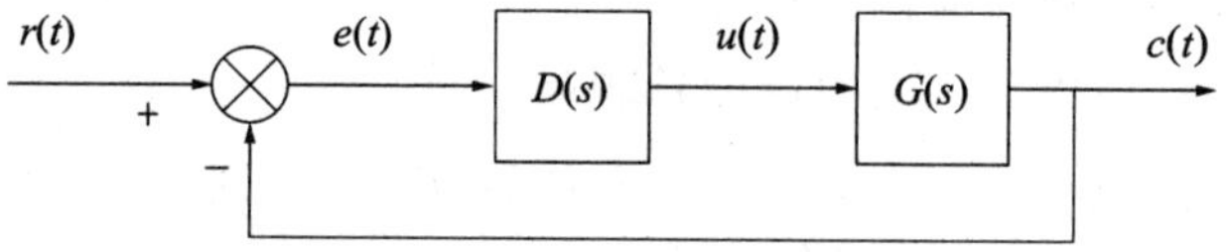

图 5-2 模拟闭环控制系统

设被控对象的传递函数为 $G_0(s)=\dfrac{K\mathrm{e}^{-\tau s}}{T_{\tau_1}s+1}$，其中 τ 为纯滞后时间。

则其闭环传递函数为 $\Phi(s)=\dfrac{D(s)G(s)}{1+D(s)G(s)}$。

其模拟控制器为 $D(s)=\dfrac{\Phi(s)}{[1-\Phi(s)]G(s)}$。

按大林算法的设计目标，希望闭环传递函数为 $\Phi(s)=\dfrac{\mathrm{e}^{-\tau s}}{T_\tau s+1}$。

当被控对象为含纯滞后的一阶惯性环节时，可得到模拟控制器为

$$D(s)=\frac{U(s)}{E(s)}=\frac{T_{\tau_1}s+1}{K(T_\tau s+1-\mathrm{e}^{-\tau s})} \tag{5-16}$$

则 $(T_\tau s+1-\mathrm{e}^{-\tau s})U(s)=\dfrac{1}{K}(T_{\tau_1}s+1)E(s)$。

于是，在零初始条件下，得到微分方程为

$$T_\tau\frac{\mathrm{d}u(t)}{\mathrm{d}t}+u(t)-u(t-\tau)=\frac{1}{K}\left[T_{\tau_1}\frac{\mathrm{d}e(t)}{\mathrm{d}t}+e(t)\right] \tag{5-17}$$

为简便起见，设纯滞后时间 τ 为采样周期 T 的整数倍，即 $\tau=NT$，N 为整数。如果用后向差分来近似微分且采样周期 T 足够小，则可得到差分方程为

$$\frac{T_\tau}{T}u(k)+\left(1-\frac{T_\tau}{T}\right)u(k-1)-u(k-N-1)=\frac{1}{K}\left[\frac{T_{\tau_1}}{T}e(k)+(1-\frac{T_{\tau_1}}{T})e(k-1)\right] \tag{5-18}$$

取 z 变换为

$$\frac{T_\tau}{T}U(z)+\left(1-\frac{T_\tau}{T}\right)z^{-1}U(z)-z^{-(N+1)}U(z)=\frac{1}{K}\left[\frac{T_{\tau_1}}{T}E(z)+(1-\frac{T_{\tau_1}}{T})z^{-1}E(z)\right] \tag{5-19}$$

得到：

$$D(z)=\frac{U(z)}{E(z)}=\frac{T_{\tau_1}\left[1-(1-\frac{T}{T_{\tau_1}})z^{-1}\right]}{KT_\tau\left[1-\left(1-\frac{T}{T_\tau}\right)z^{-1}-\frac{T}{T_\tau}z^{-(N+1)}\right]} \tag{5-20}$$

与前面设计的数字控制器 $D(z)$ 比较，可以看出当采样周期 T 相对于惯性时间足够短时，可以采用该控制算法。实践发现，当 $T\leqslant 0.2T_{\tau_1}$ 且 $T\leqslant 0.4T_\tau$ 时，控制算法就能很好地工作并得到令人满意的控制性能。

5.1.2 史密斯(Smith)控制算法

(1)史密斯补偿原理

设一个图 5-3 所示的控制系统。

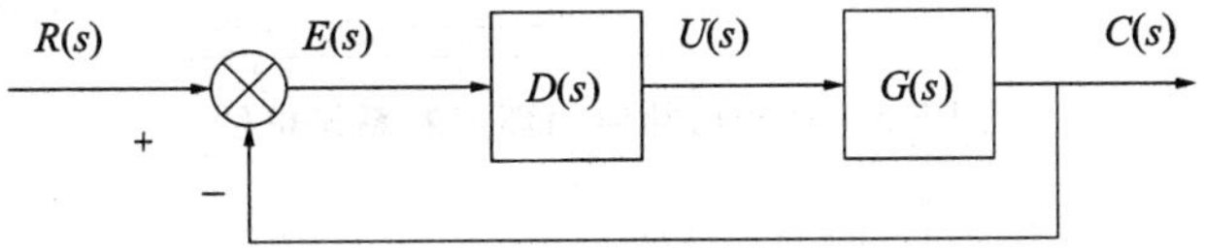

图 5-3 被控对象含纯滞后闭环控制系统

图中被控对象的传递函数为 $G(s)=G_0(s)e^{-\tau s}$。

其中 τ 为纯滞后时间，$G_0(s)$是被控对象传递函数中不包含纯滞后时间部分的传递函数，$D(s)$为串联控制器的传递函数。

系统的闭环传递函数为

$$\Phi(s)=\frac{C(s)}{R(s)}=\frac{D(s)G_0(s)e^{-\tau s}}{1+D(s)G_0(s)e^{-\tau s}} \tag{5-21}$$

由于在传递函数 $\Phi(s)$分母中包含纯滞后环节，它降低了系统的稳定性。如果 τ 足够大，系统是不稳定的。因此，这种串联控制器 $D(s)$很难使系统得到令人满意的控制性能，这就是含大纯滞后过程难以控制的本质。

为了改善这类含大纯滞后对象的控制质量，引入一个与被控对象并联的补偿器，该补偿器被称为史密斯预估器 $D_B(s)$，带有史密斯预估器的系统如图 5-4 所示。

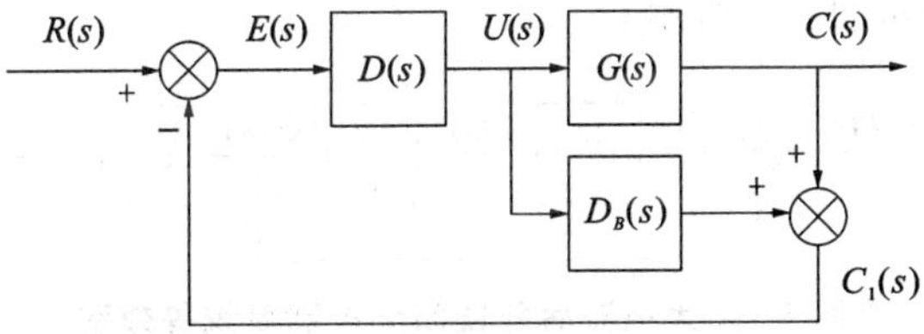

图 5-4 带有史密斯预估器的系统

由图 5-4 可知，经补偿后控制量 $U(s)$与反馈量 $C_1(s)$之间的传递函数为

$$\frac{C_1(s)}{U(s)}=G_0(s)e^{-\tau s}+D_B(s) \tag{5-22}$$

如果要用补偿器 $D_B(s)$完全补偿被控对象的纯滞后时间的影响，则应满足：

$$\frac{C_1(s)}{U(s)}=G_0(s)e^{-\tau s}+D_B(s)=G_0(s) \tag{5-23}$$

于是得到补偿器 $D_B(s)$为

$$D_B(s)=G_0(s)(1-e^{-\tau s}) \tag{5-24}$$

这样，引入补偿器后，系统中等效对象的传递函数就不含纯滞后环节，相应的闭环控制系统如图 5-5 所示。

实际上补偿器(或 Smith 预估器)并不是被并联在被控对象上的，而是反向并联在控制器 $D(s)$上的，因而实际的大纯滞后补偿闭环控制系统如图 5-6 所示。

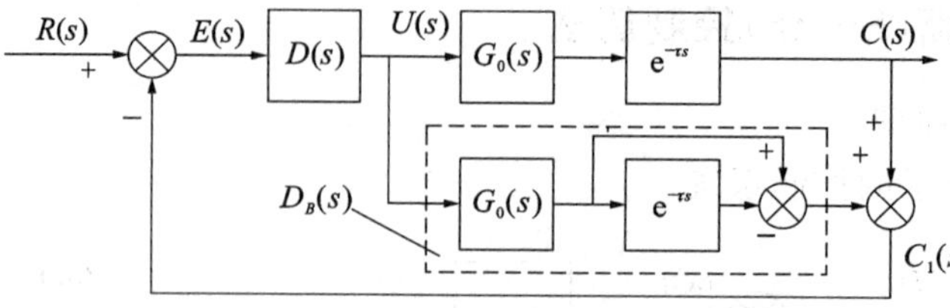

图 5-5　纯滞后补偿闭环控制系统框图

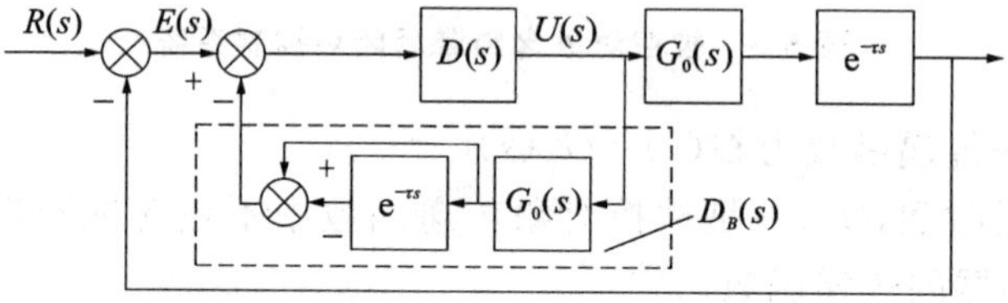

图 5-6　大纯滞后补偿闭环控制系统框图

图中虚线框为补偿器 $D_B(s)$，它与 $D(s)$ 共同构成带纯滞后补偿的控制器，则对应的传递函数 $D_C(s)$ 为

$$D_C(s)=\frac{U(s)}{E(s)}=\frac{D(s)}{1+D(s)G_0(s)(1-e^{-\tau s})} \tag{5-25}$$

于是大纯滞后补偿控制系统的闭环传递函数为

$$\Phi(s)=\frac{D(s)G_0(s)}{1+D(s)G_0(s)}e^{-\tau s} \tag{5-26}$$

相应的等效方框图如图 5-7 所示。

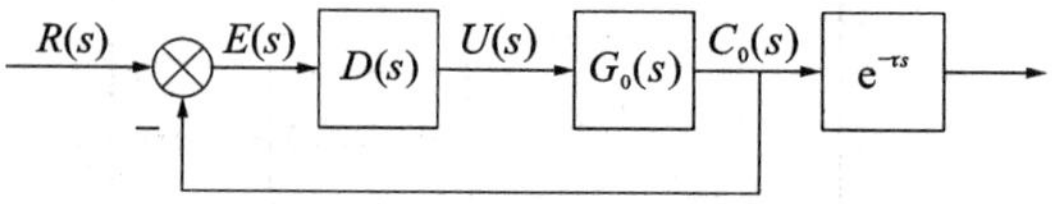

图 5-7　大纯滞后补偿闭环控制系统等效图

从图中可以看出，经过补偿后，已经消除了大纯滞后特性对系统性能的不利影响，因为大纯滞后环节已经在闭环控制回路之外，因而不会影响闭环系统的稳定性。由拉氏变换的位移定理可知，大纯滞后特性只是将 $c_0(t)$ 的时间坐标推移了一个时间 τ 后而得到 $c(t)$，其形状是完全相同的，如图 5-8 所示。

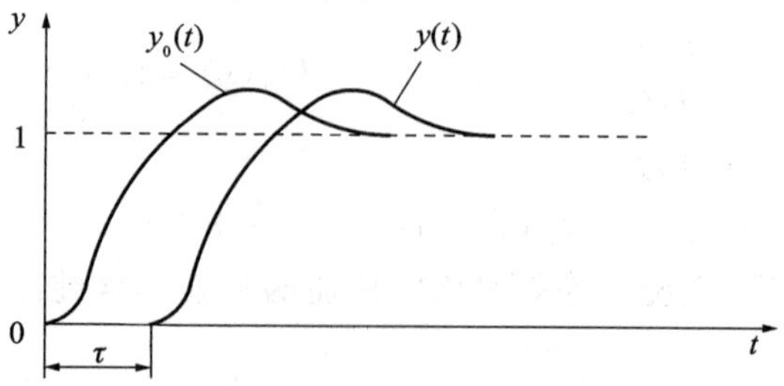

图 5-8　大纯滞后补偿闭环控制系统输出特性

(2)纯滞后补偿的计算机实现

对被控对象纯滞后比较显著的数字控制系统采用数字史密斯预估器进行补偿，是一种既简单又经济的方法。采用计算机实现的系统如图 5-9 所示。

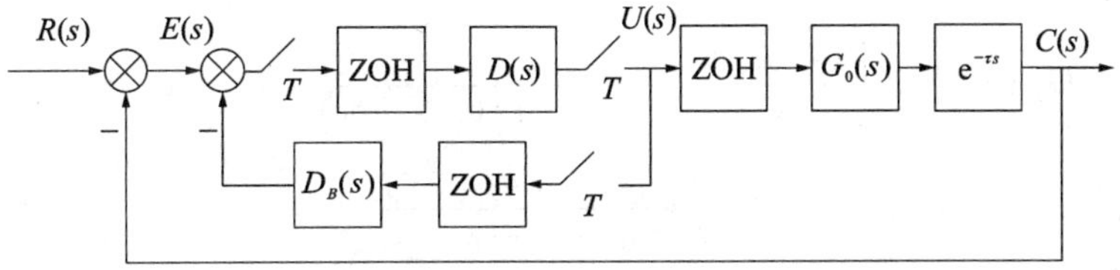

图 5-9 纯滞后补偿闭环计算机控制系统

对应的补偿器如图 5-10 所示。

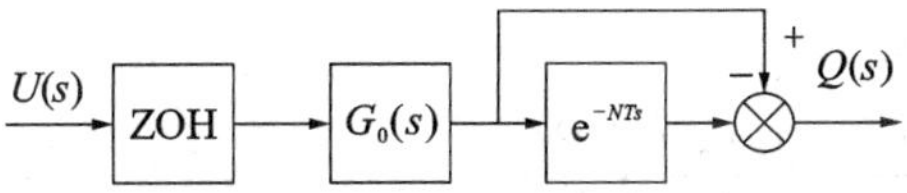

图 5-10 纯滞后补偿器

①被控对象为含纯滞后的一阶惯性环节

设被控对象的传递函数为

$$G(s)=\frac{k\mathrm{e}^{-NTs}}{\tau_1 s+1}$$

其中，k 为增益系数；τ_1 为惯性时间常数；NT 为纯滞后时间，N 为整数。

对应的纯滞后补偿器 $D_B(z)$ 为

$$D_B(z)=Z\left[\frac{1-\mathrm{e}^{-Ts}}{s}\cdot\frac{k}{\tau_1 s+1}\cdot(1-\mathrm{e}^{-NTs})\right]$$

$$=(1-z^{-N})\frac{b_1 z^{-1}}{1-a_1 z^{-1}} \tag{5-27}$$

式中，$a_1=\mathrm{e}^{-T/\tau_1}$，$b_1=k(1-\mathrm{e}^{-T/\tau_1})$。

式(5-27)可表示成：

$$D_B(z)=\frac{Q(z)}{U(z)}=\frac{Q(z)}{P(z)}\cdot\frac{P(z)}{U(z)}=(1-z^{-N})\frac{b_1 z^{-1}}{1-a_1 z^{-1}} \tag{5-28}$$

令

$$\begin{cases}\dfrac{Q(z)}{P(z)}=1-z^{-N}\\[2mm]\dfrac{P(z)}{U(z)}=\dfrac{b_1 z^{-1}}{1-a_1 z^{-1}}\end{cases}$$

则可得到纯滞后补偿器的控制算法为

$$\left.\begin{aligned}p(k)&=a_1 p(k-1)+b_1 u(k-1)\\q(k)&=p(k)-p(k-N)\end{aligned}\right\} \tag{5-29}$$

②被控对象为含纯滞后的二阶惯性环节

设被控对象的传递函数为

$$G(s)=\frac{k\mathrm{e}^{-NTs}}{(\tau_1 s+1)(\tau_2 s+1)}$$

其中，k 为增益系数；τ_1、τ_2 为惯性时间常数；NT 为纯滞后时间，N 为整数。则对应的纯滞后补偿器 $D_B(z)$ 为

$$\begin{aligned}D_B(z)&=Z\left[\frac{1-\mathrm{e}^{-Ts}}{s}\cdot\frac{k}{(\tau_1 s+1)(\tau_2 s+1)}\cdot(1-\mathrm{e}^{-NTs})\right]\\&=(1-z^{-N})\frac{b_1 z^{-1}+b_2 z^{-2}}{1-a_1 z^{-1}-a_2 z^{-2}}\end{aligned}\tag{5-30}$$

其中 $$a_1=\mathrm{e}^{-T/\tau_1}+\mathrm{e}^{-T/\tau_2},a_2=-\mathrm{e}^{-T(1/\tau_1+1/\tau_2)}$$

$$a_1=k\left(1+\frac{\tau_1\mathrm{e}^{-T/\tau_1}-\tau_2\mathrm{e}^{-T/\tau_2}}{\tau_2-\tau_1}\right),a_2=k\left(\mathrm{e}^{-T(1/\tau_1+1/\tau_2)}+\frac{\tau_1\mathrm{e}^{-T/\tau_1}-\tau_2\mathrm{e}^{-T/\tau_2}}{\tau_2-\tau_1}\right)$$

上式可表示成：

$$D_B(z)=\frac{Q(z)}{U(z)}=\frac{Q(z)}{P(z)}\cdot\frac{P(z)}{U(z)}=(1-z^{-N})\frac{b_1 z^{-1}+b_2 z^{-2}}{1-a_1 z^{-1}-a_2 z^{-2}}\tag{5-31}$$

令

$$\begin{cases}\dfrac{Q(z)}{P(z)}=1-z^{-N}\\[2mm]\dfrac{P(z)}{U(z)}=\dfrac{b_1 z^{-1}+b_2 z^{-2}}{1-a_1 z^{-1}-a_2 z^{-2}}\end{cases}$$

则可得到纯滞后补偿器的控制算法为

$$\left.\begin{aligned}&p(k)=a_1 p(k-1)+a_2 p(k-2)+b_1 u(k-1)+b_2 u(k-2)\\&q(k)=p(k)-p(k-N)\end{aligned}\right\}\tag{5-32}$$

③被控对象为含纯滞后的一阶惯性环节与积分环节

设被控对象的传递函数为

$$G(s)=\frac{k\mathrm{e}^{-NTs}}{s(\tau_1 s+1)}$$

其中，k 为增益系数；τ_1、τ_2 为惯性时间常数；NT 为纯滞后时间，N 为整数。则对应的纯滞后补偿器 $D_B(z)$ 为

$$\begin{aligned}D_B(z)&=Z\left[\frac{1-\mathrm{e}^{-Ts}}{s}\cdot\frac{k}{s(\tau_1 s+1)}\cdot(1-\mathrm{e}^{-NTs})\right]\\&=(1-z^{-N})\frac{b_1 z^{-1}+b_2 z^{-2}}{1-a_1 z^{-1}-a_2 z^{-2}}\end{aligned}\tag{5-33}$$

其中 $$a_1=1+\mathrm{e}^{-T/\tau_1},a_2=-\mathrm{e}^{-T/\tau_1}$$

$$b_1=k(T-\tau_1+\tau_1\mathrm{e}^{-T/\tau_1}),b_2=k(\tau_1-T\mathrm{e}^{-T/\tau_1}-\tau_1\mathrm{e}^{-T/\tau_1})$$

式(5-33)可表示成：

$$D_B(z)=\frac{Q(z)}{U(z)}=\frac{Q(z)}{P(z)}\cdot\frac{P(z)}{U(z)}=(1-z^{-N})\frac{b_1 z^{-1}+b_2 z^{-2}}{1-a_1 z^{-1}-a_2 z^{-2}}\tag{5-34}$$

令

$$\begin{cases}\dfrac{Q(z)}{P(z)}=1-z^{-N}\\[2mm]\dfrac{P(z)}{U(z)}=\dfrac{b_1z^{-1}+b_2z^{-2}}{1-a_1z^{-1}-a_2z^{-2}}\end{cases}$$

则可得到纯滞后补偿器的控制算法为

$$\left.\begin{aligned}&p(k)=a_1p(k-1)+a_2p(k-2)+b_1u(k-1)+b_2u(k-2)\\&q(k)=p(k)-p(k-N)\end{aligned}\right\}\tag{5-35}$$

5.2　串级控制系统

5.2.1　串级控制原理

对于某些复杂的控制对象，如果只用一个控制器则难以使系统的性能满足要求。在这种情况下，常采用两个或两个以上控制器，而且控制器之间相互串联，一个控制器的输出作为另一个控制器的设定值，这样的控制系统被称为串级控制系统。

串级控制是在单参数、单回路 PID 调节的基础上发展起来的一种控制方式，它可以较简易地解决几个因素影响同一个被控变量的相关问题。在串级控制系统中，有主回路、副回路之分。主回路一般仅一个，而副回路可以有一个或多个。主回路的输出作为副回路设定值修正的依据，副回路的输出作为真正的控制量作用于对象。

一个燃气加热炉的炉温自动控制系统就是典型的串级控制系统，如图 5-11 所示。把原料出口温度称为主控变量，使它保持平稳是控制的主要目标。原料由管道进入加热炉进行加热，出口原料的温度经过温度测量与温度给定值比较之后，送入温度控制器 TC，TC 被称为主控制器；流量控制器 FC 检测燃气的流量，燃气流量被称为副被控变量，FC 被称为副控制器。系统中流量控制器 FC 用来克服燃气波动对出口原料温度的扰动，温度控制器 TC 用来克服燃气热值，主调节器的输出被送到副控制器，副控制器的输出被送到控制阀，进而逐渐消除原料入口流量、温度、成分的影响，使控制质量得到显著的提高。

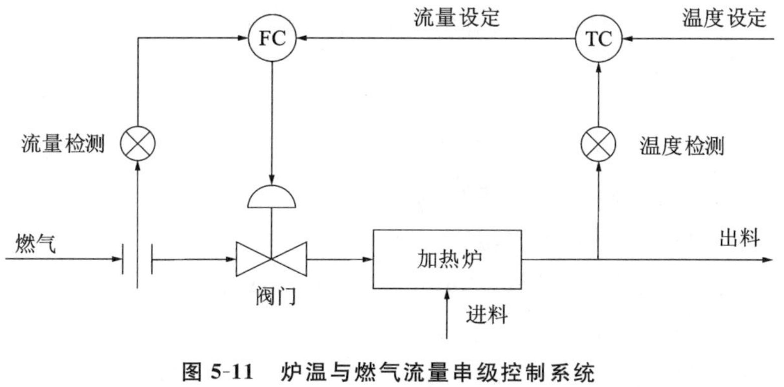

图 5-11　炉温与燃气流量串级控制系统

系统中流量控制器 FC 起“粗调”作用，温度控制器 TC 起“细调”作用。当燃气流量突然加大时，一段时间内加热炉温度不变，温度控制器 TC 输出不变，流量控制器设定值不变，但流量测量增大，流量控制器 FC 出现正偏差，流量控制器 FC 输出减小，流量控制阀开度减小。当燃气流量减小时，削弱了对加热炉温度的影响，进而使加热炉温度缓慢上升，温度控制器出现正偏差，温度控制器 TC 输出减小，输出到流量控制器的设定值减小，进而流量控制阀开度进一步减小；当进料量突然增大时，加热炉温度下降，温度控制器 TC 产生负偏差，温度控制器 TC 输出增大，流量控制器 FC 出现负偏差，流量控制器 FC 输出增大，流量控制阀开度增大，从而使燃气量增加，加热炉温度回升。

典型的串级控制系统框图如图 5-12 所示。

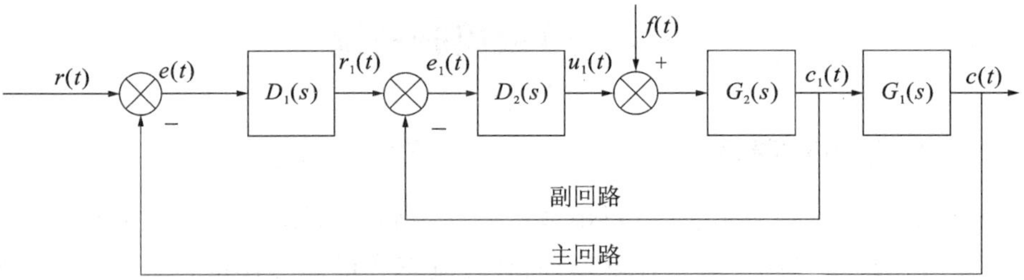

图 5-12　串级控制系统

主对象 $G_1(s)$ 与主控制器 $D_1(s)$ 组成系统的主回路（温度控制回路），副对象 $G_2(s)$ 与副控制器 $D_2(s)$ 组成副回路（流量控制回路）。对于主控制器，为了减小稳态误差，提高控制精度，应具有积分控制，为了使系统反应灵敏、动作迅速，应加入微分控制，通常控制器 $D_1(s)$ 采用 PID 控制；$D_2(s)$ 采用纯比例控制或 PI 控制，较少采用 PID 控制。对副回路还常采用微分先行 PID 控制。用计算机实现模拟主控制器 $D_1(s)$ 和副回路控制器 $D_2(s)$ 时，可以采用第 3 章介绍的离散化方法将 $D_1(s)$ 和 $D_2(s)$ 进行离散化。串级控制系统具有单回路控制系统的全部功能，控制质量优于单回路控制系统，在工业生产过程中应用得非常普遍。

5.2.2　串级控制算法

由图 5-12 可知，主回路控制器的输出是副回路的给定值，在一般情况下，串级控制系统的算法是从外面的回路向内依次进行计算，其计算步骤如下：

(1)计算主回路的偏差

$$e(k)=r(k)-c(k) \tag{5-36}$$

式中　$r(k)$——主回路的设定值；

$c(k)$——主回路的被控参数(例中为温度)。

(2)计算主回路控制算式的增量输出 $\Delta r_1(k)$

$$\Delta r_1(k)=K_P[\Delta e(k)]+K_I e(k)+K_D[\Delta e(k)-\Delta e(k-1)] \tag{5-37}$$

式中　K_P——主回路比例系数；

K_I——主回路积分系数；

K_D——主回路微分系数。

(3)计算主回路控制算式的位置输出 $r_1(k)$

$$r_1(k)=r_1(k-1)+\Delta r_1(k) \tag{5-38}$$

(4)计算副回路的偏差 $e_1(k)$

$$e_1(k)=r_1(k)-c_1(k) \tag{5-39}$$

(5)计算副回路控制算式的增量输出 $\Delta u_1(k)$

$$\Delta u_1(k)=K'_P[\Delta e_1(k)]+K'_I e_1(k)+K'_D[\Delta e_1(k)-\Delta e_1(k-1)] \tag{5-40}$$

式中 $\Delta u_1(k)$——作用于阀门的控制增量；

K'_P——副回路比例系数；

K'_I——副回路积分系数；

K'_D——副回路微分系数。

(6)计算副回路控制算式的位置输出 $u_1(k)$

$$u_1(k)=u_1(k-1)+\Delta u_1(k) \tag{5-41}$$

在上述步骤(3)，计算主控制器的位置输出(即副回路的设定)时，也可采用下列改进的算法，即

$$r_1(k)=r_1(k-1)+\begin{cases}\delta\cdot\Delta r_1(k), & |\Delta r_1(k)|>\varepsilon\\ \Delta r_1(k), & |\Delta r_1(k)|\leqslant\varepsilon\end{cases} \tag{5-42}$$

式中，δ 与 ε 都是根据具体对象确定的系数。δ 总是选择小于 1，它们在控制过程中可随时按要求加以更换。引入这两个系数的目的是使副回路设定值的变化不要过大，即当主回路输出过大时，引入 δ 以抑制系统的变化幅度，防止因激励过大而使系统工作不正常。

对于主、副对象惯性较大的系统，还可以在副回路中采用微分先行的算法，即在副被控参数采样输入之后，先进行不完全微分运算，然后再引至副回路的输入端。

副回路微分先行的串级控制系统结构框图见图 5-13。

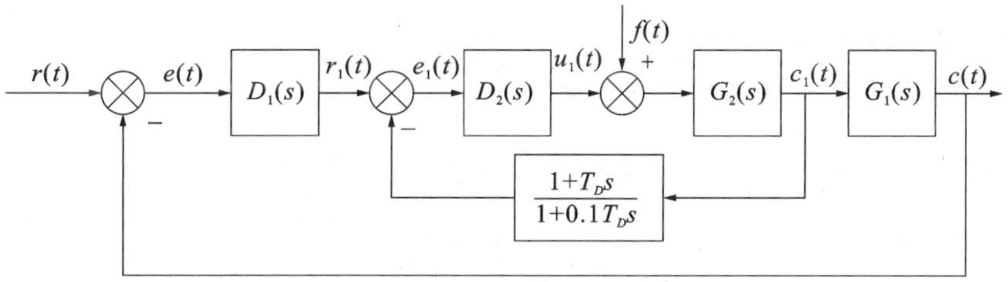

图 5-13 副回路微分先行的串级控制系统

目前，串级副控调节器也可按照希望的闭环 z 传递函数来设计，设副回路如图 5-14 所示。

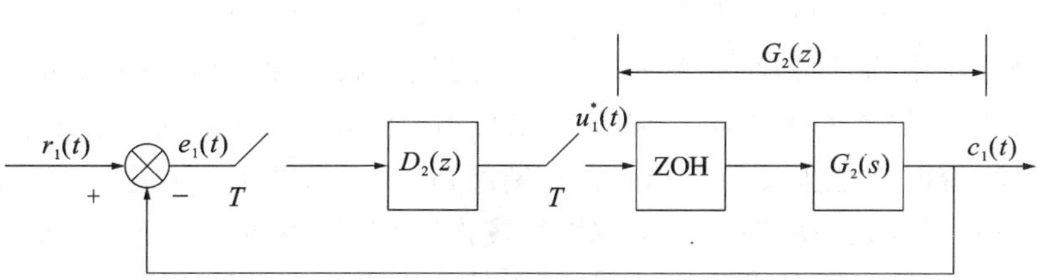

图 5-14 副回路控制系统

副回路中广义对象的 z 传递函数为

$$G'_2(z)=Z\left[\frac{1-e^{-Ts}}{s}\cdot G_2(s)\right] \tag{5-43}$$

则对应闭环 z 传递函数为

$$\Phi_1(z)=\frac{C_1(z)}{R_1(z)}=\frac{D_2(z)G'_2(z)}{1+D_2(z)G'_2(z)} \tag{5-44}$$

可得到副回路数字控制器为

$$D_2(z)=\frac{\Phi_1(z)}{G'_2(z)[1-\Phi_1(z)]} \tag{5-45}$$

若副回路系统的闭环 z 传递函数 $\Phi_1(z)$ 是根据系统的性能指标要求确定的，那么相应的副回路数字控制器 $D_2(z)$ 也就确定了。因此，必须根据被控对象的特性，合理地选择副回路系统的闭环 z 传递函数 $\Phi_1(z)$。

根据实践经验可选择：

$$\Phi_1(z)=\frac{C_1(z)}{R_1(z)}=z^{-n} \tag{5-46}$$

式中，n 为 $G'_2(z)$ 的分母最高阶数。因此，副回路是一个最少拍控制系统。

应当指出，通常主回路与副回路的采样周期是不同的，它们之间相差三倍以上，以免主、副回路之间相互干扰和共振。

如果 $G_2(s)$ 中含有纯滞后环节，则 n 中还应该考虑纯滞后时间。

例 5-6 对于图 5-14 所示副回路控制系统，设

$$G_2(s)=\frac{e^{-NTs}}{\tau s+1}$$

试确定副回路数字控制器 $D_2(z)$。

解 副回路中广义对象的传递函数 z 为

$$G'_2(z)=Z\left[\frac{1-e^{-Ts}}{s}\cdot G_2(s)\right]=\frac{1-e^{-T/\tau}}{z^N(z-e^{-T/\tau})}=\frac{(1-e^{-T/\tau})z^{-(N+1)}}{1-e^{-T/\tau}z^{-1}}$$

可选闭环 z 传递函数为

$$\Phi_1(z)=\frac{C_1(z)}{R_1(z)}=z^{-(N+1)}$$

则可得副回路数字控制器 $D_2(z)$ 为

$$D_2(z)=\frac{\Phi_1(z)}{G'_2(z)[1-\Phi_1(z)]}=\frac{1-e^{-T/\tau}z^{-1}}{(1-e^{-T/\tau})[1-z^{-(N+1)}]}$$

串级控制系统中，副回路给系统带来了一系列的优点：串级控制系统较单回路控制系统有更强的抑制扰动的能力，通常副回路抑制扰动的能力比单回路控制强十几倍甚至上百倍，因此设计此类系统时应把主要的扰动包含在副回路中；对象的纯滞后比较多时，若用单回路控制，则过渡过程时间长、超调量大、参数恢复较慢、控制质量较差，采用串级控制可以克服对象纯滞后的影响，改善系统的控制性能；对于具有非线性的对象，采用单回路控制，在负荷变化时，不相应地改变控制器参数，系统的性能很难满足要求，若采用串级控制，把非线性对象包含在副回路中，由于副控回路是随动系统，能够适应操作条件和负荷的变化，自动改变副控调节器的给定值，因而控制系统仍有良好的控制性能。

5.3 前馈控制系统

5.3.1 前馈控制原理

按偏差的反馈控制能够产生作用的前提条件是被控量必须偏离设定值。也就是说，在干扰作用下，生产过程的被控量必然是先偏离设定值，然后通过对偏差进行控制，以抵消干扰的影响。如果干扰不断增加，则系统总是跟在干扰作用之后波动，特别是系统滞后严重时波动就更为严重。前馈控制则是按扰动量进行控制的，当系统出现扰动时，前馈控制就按扰动量直接产生校正作用，以抵消扰动的影响。这是一种开环控制形式，控制作用总是落后于扰动的作用，在控制算法和参数选择合适的情况下可以达到很高的精度。工业生产过程中控制对象总是存在惯性和纯滞后，从扰动作用产生到使被控量恢复到给定的要求值需要相当长的时间。这样的控制无疑带来一定的被动性，特别是对于大的扰动以及长时滞过程，控制品质往往不能令人满意。

所谓前馈控制，实质上是一种直接按照扰动量而不是按偏差进行校正的控制方式，即影响被控参数的干扰一旦出现，控制器就直接根据所测得的扰动大小和方向按一定规律去控制，以抵消该扰动量对被控参数的影响。若控制算式及参数选择恰当，可以使被控参数不会因干扰作用而产生偏差，因此它比反馈控制要及时得多。

图 5-15 所示为一个热交换器，加热蒸汽通过热交换器与排管内的被加热液料进行热交换，要求使液料出口温度 T 维持某一定值。为了提高控制品质，加入了前馈控制器，测量出入口原料流量的变化，前馈回路一旦出现流量扰动，根据流量的大小和方向的改变，改变调节阀门开度，改变蒸汽流量，从而保证出口原料温度的稳定。前馈控制器在这个过程中，以一定的控制规律补偿流量扰动对被控量（温度）的影响。而且由于惯性和纯滞后性，扰动作用所导致的被控量尚未发生变化，前馈控制器就进行了补偿，如果补偿作用恰到好处，可以使被控量不会因扰动作用而产生偏差。

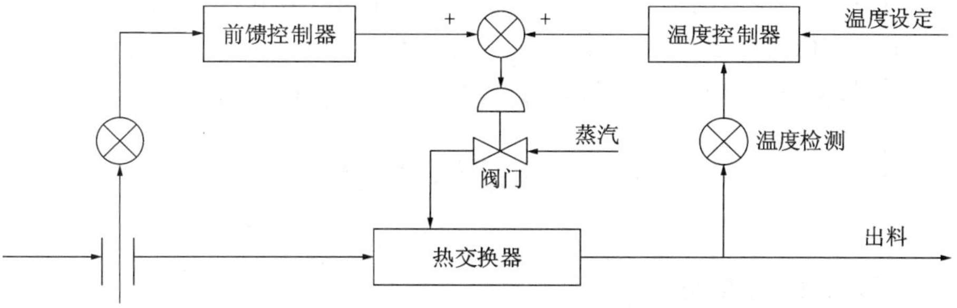

图 5-15 热交换器前馈控制示意图

在前馈控制系统中，为了便于分析，扰动 $n(t)$ 的作用通道可以看作两条，一条是扰动通道，扰动作用 $N(s)$ 通过对象的扰动通道 $G_n(s)$ 引起出料温度的变化 $C_1(s)$；另一条是控制通道，扰动作用 $F(s)$ 通过前馈控制器 $D_n(s)$ 和对象的控制通道 $G(s)$ 引起出料温度的变化 $C_2(s)$。前馈控制部分的方框图如图 5-16 所示。

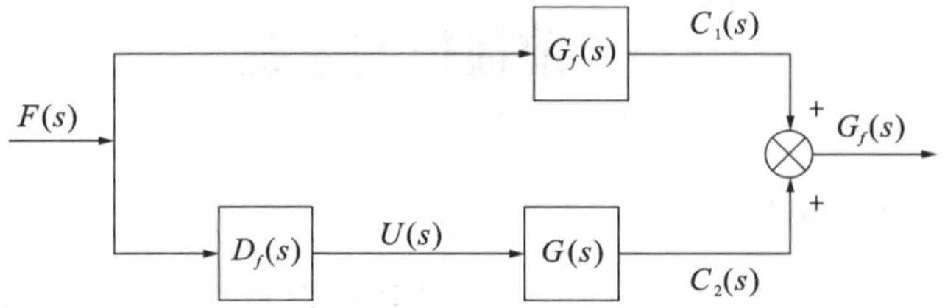

图 5-16　前馈控制部分方框图

5.3.2　前馈控制算法

例 5-7　对于图 5-15 所示的热交换器，假设扰动变量 $N(s)$ 及控制变量 $U(s)$ 对被控变量 $C(s)$ 的作用可以线性叠加（一般工业对象可以认为符合这一假设），获得系统对扰动 $N(s)$ 完全补偿的前馈算式 $D_n(s)$，可由下列方程求得：

$$\begin{aligned} C(s) &= C_1(s) + C_2(s) \\ &= G_n(s)N(s) + D_n(s)G(s)N(s) \\ &= [G_n(s) + D_n(s)G(s)]N(s) \end{aligned} \tag{5-47}$$

显然，完全补偿的条件是：当 $N(s) \neq 0$ 时，$C(s)=0$，即

$$G_n(s) + D_n(s)G(s) = 0$$

前馈控制补偿器的传递函数应为

$$D_n(s) = -\frac{G_n(s)}{G(s)} \tag{5-48}$$

这就是理想的前馈控制算式，它是扰动通道和控制通道的传递函数之比，式中负号表示控制作用方向与干扰作用方向相反。

在应用前馈控制时，关键是必须了解对象各个通道的动态特性。通常它们需要用高阶微分方程或差分方程来描述，处理起来较复杂。目前，工程上结合其他措施大都采用一个具有纯滞后的一阶或二阶惯性环节来近似描述被控对象各个通道的动态特性。同时，扰动往往不止特定的一种或数种，前馈控制器只对被前馈的量有补偿作用，而对未引入前馈控制器的其他扰动量没有任何补偿作用。因此，前馈控制系统经常是在对主要扰动设置前馈控制器的基础上，与其他控制（如负反馈控制、串级控制等）结合在一起，起到取长补短的作用。

5.4　解耦控制系统

5.4.1　解耦控制原理

在早期的过程控制中，着重于单回路、单变量的调节，变量间的相互关联问题考虑得少。随着炼油、化工、轧钢等生产工艺的迅速发展，对过程控制的要求越来越高，在一个生产设备中往往需要设置若干个控制回路来稳定各个被控变量。在不少情况下，几个控制回路之间可能存在着相互关联、相互耦合的作用关系，因而构成了多输入、多输出的相关控制系统，这种耦合会使得系统的性能很差。在实际装置中，系统间的耦合通常可以通过以下 3 个途径予以解决：

①在设计控制系统时，设法避免和减少系统间有害的耦合；

②选择合适的控制器参数，将各个控制系统的频率拉开，以减少耦合；

③设计解耦控制系统，使各个控制系统相互独立。

用图 5-17 所示的二元锅炉两端组分的耦合，说明解耦控制的原理。

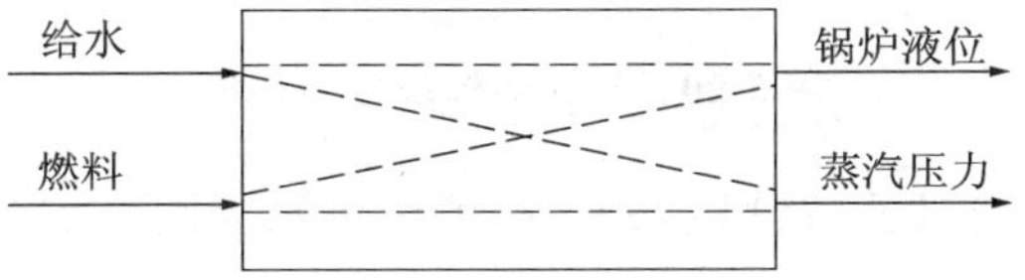

图 5-17　锅炉控制系统示意图

锅炉控制系统中，液位系统的液位是被控量，给水量是控制变量；蒸汽压力系统的蒸汽压力是被控量，燃料是控制变量。这两个系统之间存在着耦合关系，例如，当蒸汽负荷增加时，液位下降，压力下降，进而造成给水量增加，燃料量增加；而当蒸汽负荷减少时，液位升高，压力增加，进而造成燃料量减少，给水量减少。

图 5-18 所示为两输入两输出的相互耦合系统，从图中可以看出 $U_1(s)$ 不仅对 $C_1(s)$ 有影响，而且对 $C_2(s)$ 也有影响；同样，$U_2(s)$ 不仅对 $C_2(s)$ 有影响，而且对 $C_1(s)$ 也有影响。因此，必须消除这种耦合给系统带来的影响。

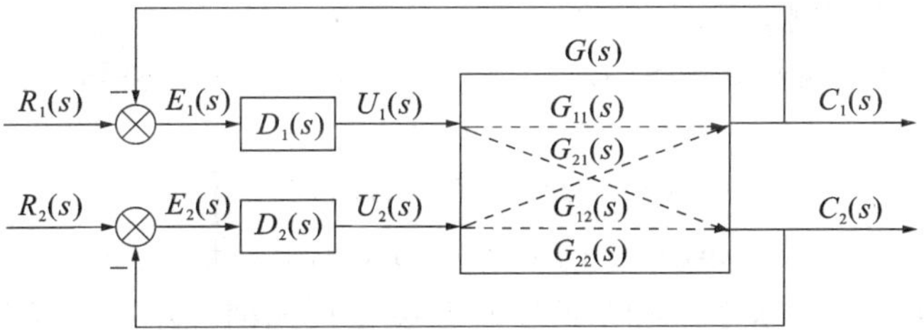

图 5-18　两输入两输出的相互耦合系统

由图 5-18 可知，耦合系统之间的相互影响，是控制对象 $G(s)$ 中的 $G_{12}(s)$ 和 $G_{21}(s)$ 不为零所产生的，为了消除耦合的影响，需要引入一个解耦控制器 $F(s)$，如图 5-19 所示。

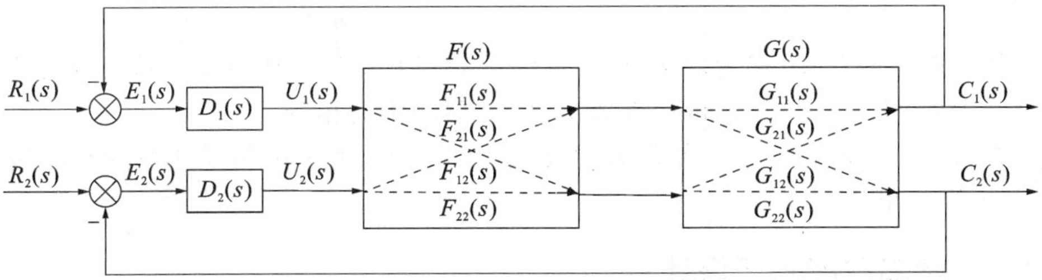

图 5-19　解耦控制系统

解耦控制器 $F(s)$ 由 $F_{11}(s)$、$F_{12}(s)$、$F_{21}(s)$ 和 $F_{22}(s)$ 组成。解耦控制器的作用，就是要通过 $F_{21}(s)$ 使得串联控制器 $D_1(s)$ 的输出 $U_1(s)$ 只控制 $C_1(s)$，而不影响 $C_2(s)$；同样，通过 $F_{12}(s)$ 使得串联控制器 $D_2(s)$ 的输出 $U_2(s)$ 只控制 $C_2(s)$，而不影响 $C_1(s)$。经过解耦以后，构成两个相互独立的无耦合影响的系统，解耦后的等效图如图 5-20 所示。

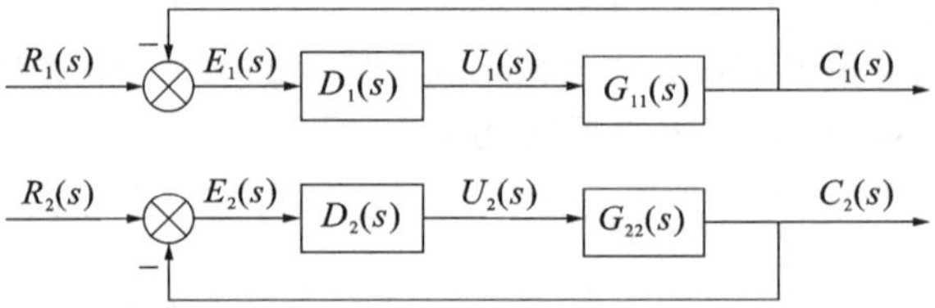

图 5-20　等效的解耦控制系统

一般情况下，对于多变量的解耦控制系统，可以表示为图 5-21 所示的系统。

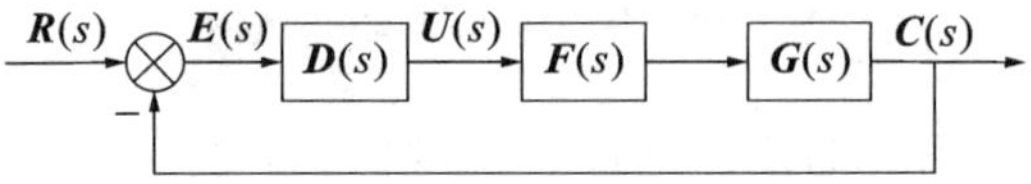

图 5-21　多变量解耦控制系统

图中　$\boldsymbol{R}(s)$——n 维输入向量；

$\boldsymbol{C}(s)$——n 维输出向量；

$\boldsymbol{E}(s)$——n 维误差向量，$\boldsymbol{E}(s)=\boldsymbol{R}(s)-\boldsymbol{C}(s)$；

$\boldsymbol{D}(s)$——$n\times n$ 维串联控制器传递函数矩阵；

$\boldsymbol{G}(s)$——被控对象的 $n\times n$ 维传递函数矩阵；

$\boldsymbol{F}(s)$——解耦控制器的 $n\times n$ 维传递函数矩阵。

设系统的开环传递函数矩阵为 $\boldsymbol{G}_C(s)(n\times n$ 维），闭环传递函数矩阵为 $\boldsymbol{\Phi}(s)(n\times n$ 维），则有：

$$\left.\begin{aligned}\boldsymbol{G}_C(s)&=\boldsymbol{D}(s)\boldsymbol{F}(s)\boldsymbol{G}(s)\\ \boldsymbol{\Phi}(s)&=[I+\boldsymbol{G}_C(s)]^{-1}\boldsymbol{G}_C(s)\end{aligned}\right\}\tag{5-49}$$

对于多输入多输出系统，要求各个控制回路相互独立且无耦合作用，则系统闭环传递函数为对角阵，即

$$\boldsymbol{\Phi}(s)=\begin{bmatrix}\Phi_{11}(s) & 0 & \cdots & 0\\ 0 & \Phi_{22}(s) & \cdots & 0\\ \vdots & \vdots & & \vdots\\ 0 & 0 & \cdots & \Phi_{nn}(s)\end{bmatrix}\tag{5-50}$$

由于闭环传递函数 $\boldsymbol{\Phi}(s)$为对角阵，因此要求系统开环传递函数 $\boldsymbol{G}_C(s)$也为对角阵。又因为控制器 $\boldsymbol{D}(s)$也为对角阵，所以，需要求 $\boldsymbol{F}(s)\boldsymbol{G}(s)$为对角阵。

设计要求是根据被控制对象的传递函数 $\boldsymbol{G}(s)$设计一个解耦控制器 $\boldsymbol{F}(s)$，使得 $\boldsymbol{F}(s)\boldsymbol{G}(s)$也为对角阵。

5.4.2　解耦控制系统设计

现在以两个输入两个输出耦合系统为例，来说明解耦控制器的设计方法。

(1)对角阵法

根据解耦要求，即 $\boldsymbol{F}(s)\boldsymbol{G}(s)$为对角阵，则有：

$$\begin{bmatrix}G_{11}(s) & G_{12}(s)\\ G_{21}(s) & G_{22}(s)\end{bmatrix}\begin{bmatrix}F_{11}(s) & F_{12}(s)\\ F_{21}(s) & F_{22}(s)\end{bmatrix}=\begin{bmatrix}G_{11}(s) & 0\\ 0 & G_{22}(s)\end{bmatrix}\tag{5-51}$$

则有：

$$\boldsymbol{F}(s)=\begin{bmatrix}F_{11}(s) & F_{12}(s)\\ F_{21}(s) & F_{22}(s)\end{bmatrix}$$

$$=\begin{bmatrix}G_{11}(s) & G_{12}(s)\\ G_{21}(s) & G_{22}(s)\end{bmatrix}^{-1}\begin{bmatrix}G_{11}(s) & 0\\ 0 & G_{22}(s)\end{bmatrix}$$

$$=\begin{bmatrix}\dfrac{G_{11}(s)G_{22}(s)}{G_{11}(s)G_{22}(s)-G_{21}(s)G_{12}(s)} & \dfrac{-G_{22}(s)G_{12}(s)}{G_{11}(s)G_{22}(s)-G_{21}(s)G_{12}(s)}\\ \dfrac{-G_{11}(s)G_{21}(s)}{G_{11}(s)G_{22}(s)-G_{21}(s)G_{12}(s)} & \dfrac{G_{11}(s)G_{22}(s)}{G_{11}(s)G_{22}(s)-G_{21}(s)G_{12}(s)}\end{bmatrix} \tag{5-52}$$

(2)单位阵法

设 $\boldsymbol{F}(s)\boldsymbol{G}(s)=I$，则有：

$$\boldsymbol{F}(s)=\boldsymbol{G}^{-1}(s)=\begin{bmatrix}\dfrac{G_{22}(s)}{G_{11}(s)G_{22}(s)-G_{21}(s)G_{12}(s)} & \dfrac{-G_{12}(s)}{G_{11}(s)G_{22}(s)-G_{21}(s)G_{12}(s)}\\ \dfrac{-G_{21}(s)}{G_{11}(s)G_{22}(s)-G_{21}(s)G_{12}(s)} & \dfrac{G_{11}(s)}{G_{11}(s)G_{22}(s)-G_{21}(s)G_{12}(s)}\end{bmatrix} \tag{5-53}$$

(3)补偿法

应用补偿原理，引入解耦补偿器 $F_1(s)$、$F_2(s)$以消除 $U_1(s)$对 $C_2(s)$以及 $U_2(s)$对 $C_1(s)$的相互影响，如图 5-22 所示。

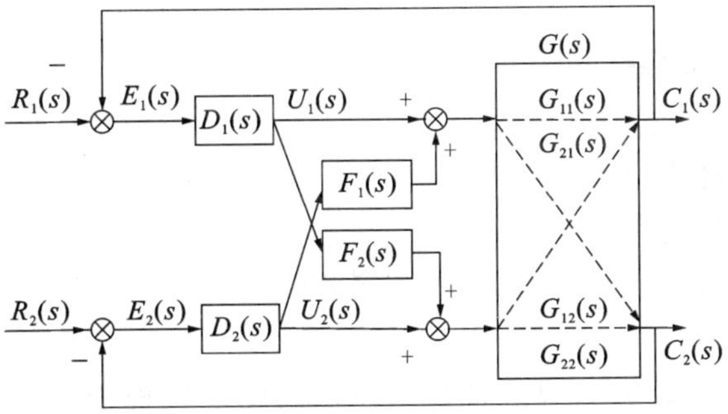

图 5-22　补偿解耦控制系统

$$\left.\begin{aligned}C_1(s)&=G_{11}(s)U_1(s)+G_{11}(s)F_1(s)U_2(s)+G_{12}(s)F_2(s)U_1(s)+G_{12}(s)U_2(s)\\&=[G_{11}(s)+G_{12}(s)F_2(s)]U_1(s)+[G_{12}(s)+G_{11}(s)F_1(s)]U_2(s)\\C_2(s)&=G_{22}(s)U_2(s)+G_{22}(s)F_2(s)U_1(s)+G_{21}(s)F_1(s)U_2(s)+G_{21}(s)U_1(s)\\&=[G_{21}(s)+G_{22}(s)F_2(s)]U_1(s)+[G_{22}(s)+G_{21}(s)F_1(s)]U_2(s)\end{aligned}\right\} \tag{5-54}$$

由式(5-54)可见，要消除 $U_1(s)$对 $C_2(s)$以及 $U_2(s)$对 $C_1(s)$的相互影响，则要求：

$$\left.\begin{aligned}G_{12}(s)+G_{11}(s)F_1(s)=0\\G_{21}(s)+G_{22}(s)F_2(s)=0\end{aligned}\right\} \tag{5-55}$$

于是得到解耦补偿器为

$$\left.\begin{aligned} F_1(s) &= -\frac{G_{12}(s)}{G_{11}(s)} \\ F_2(s) &= -\frac{G_{21}(s)}{G_{22}(s)} \end{aligned}\right\} \tag{5-56}$$

以上三种方法所求得的解耦控制器是模拟控制器，利用计算机实现时，用离散化方法将其离散化即可。

5.5 神经网络控制系统

5.5.1 神经网络结构及功能

(1)神经网络定义

神经网络就是由许多神经元互联在一起所组成的神经结构。把神经元之间相互作用的关系进行数学模型化就可以得到神经网络模型。神经元和神经网络的关系是元素与整体的关系。神经元的结构很简单，工作机理也不深奥，但是用神经元组成的神经网络结构就非常复杂，其功能十分神秘。神经元通过不同方式的连接和信息传递，就能产生丰富多彩的神经网络结构，创造出令人赞叹的功能。

(2)神经网络的基本属性

①非线性

人脑的思维是非线性的，故人工神经网络模拟人的思维也应是非线性的。

②平行分布处理

神经网络具有高度平行的结构及分布式存储信息。

③硬件实现

④自学习和自适应性

(3)神经网络的互联结构

一般而言，神经网络有前向网络、层内连接的前向网络、反馈网络、互联网络等 4 种互连结构。

前向网络：神经元分层排列；每层神经元只接受前一层神经元的输入；不存在反馈。如图 5-23 所示。

层内连接的前向网络：在前向网络的同一层内有互联。如图 5-24 所示。

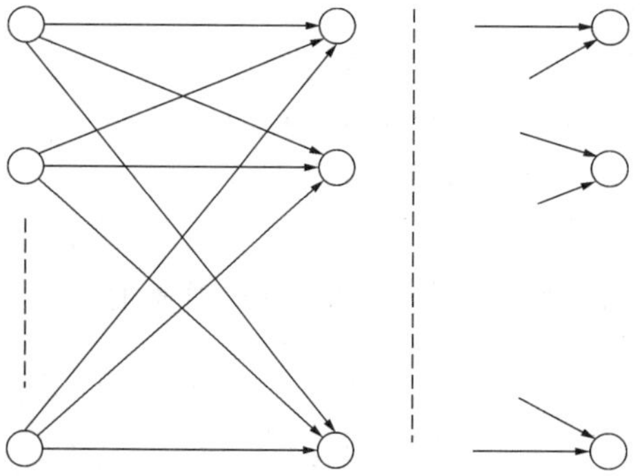

图 5-23 前向网络

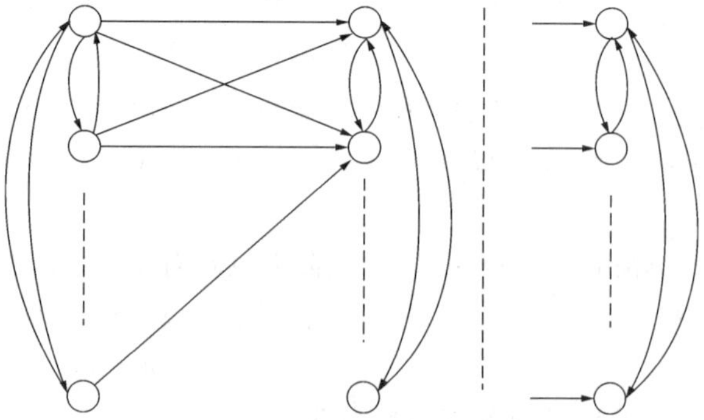

图 5-24 层内连接的前向网络

反馈网络:在输出层和输入层之间存在反馈。如图 5-25 所示。

互联网络:任意两个神经元之间都可连接。如图 5-26 所示。

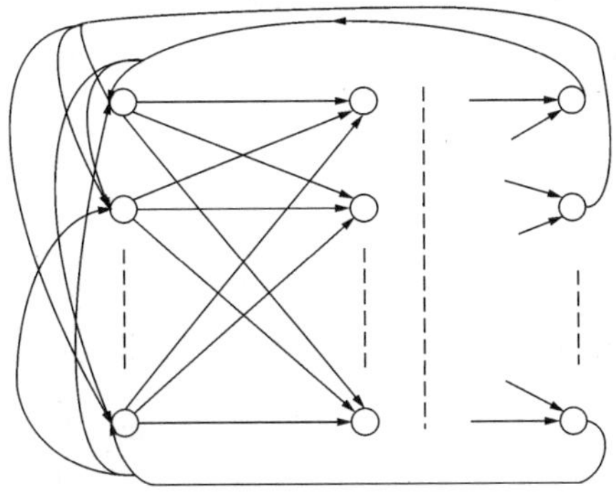

图 5-25　反馈网络

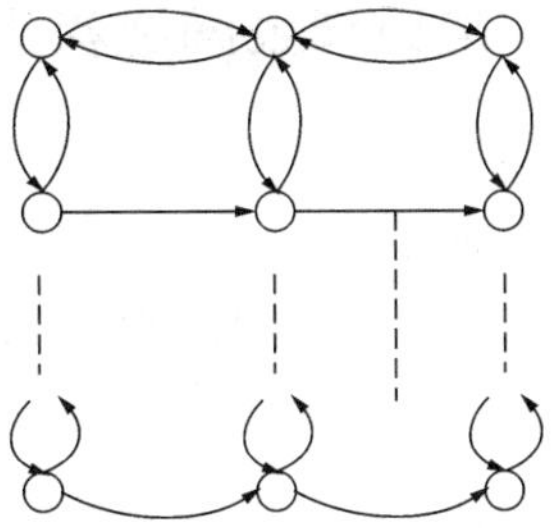

图 5-26　互联网络

(4)神经网络信息处理的数学过程

神经网络信息处理可以用数学过程来说明,这个过程可分为两个阶段:执行阶段和学习阶段。

下面以前向网络情况说明这两个阶段。

①执行阶段

执行阶段是指神经网络对输入信息进行处理,并产生对应的输出过程。在执行阶段,网络的连接结构和权系数是已经确定且不会变化的。这时有:

$$\left.\begin{aligned} U_i(t+1) &= \sum_{j=1}^{n} w_{ij}(t+1)x_j(t) - \theta_i(t+1) \\ y_i(t+1) &= f_i[U_i(t+1)] \end{aligned}\right\} \tag{5-57}$$

式中　x_j——前级神经元的输出;

w_{ij}——第 i 个神经元和前级 j 个神经元突触的权系数;

θ_i——第 i 个神经元的阈值;

f_i——第 i 个神经元的非线性激活函数;

y_i——第 i 个神经元的输出。

②学习阶段

学习阶段是指神经网络自完善的阶段。这时网络按一定的学习规则修改突触的权系数 w_{ij},使得给定的测度函数 E 达到最小。

$$w_{ij}(t)^{(n)} = \Psi\left[w_{ij}(t)^{(n-1)}, \eta_{ij}(t), \frac{\partial E(t)}{\partial w_{ij}(t)}\right] \tag{5-58}$$

式中　Ψ——非线性函数;

η_{ij}——权重变化率;

n ——学习时的迭代次数。

执行和学习是神经网络不可缺少的两个功能。神经网络的各种有效的行为和作用,都是通过这两个关键的过程来实现的。

通过学习阶段,可以把神经网络训练成对某种信息模式特别敏感,或具有某种特征的动力学系统。通过执行阶段，可以用神经网络识别有关信息模式或特征。

在智能控制中，将神经网络作为控制器，则在学习时就是以神经网络去学习被控对象的特征，从而使神经网络能适应被控对象的输入输出关系。这样在执行时，神经网络就能以学习到的知识对被控对象进行恰如其分的控制。

5.5.2 常见神经网络模型

(1)感知器

①感知器原理

感知器(Perception)模型由美国心理学家 Rosenblatt 于 1958 年提出，其简化模型如图 5-27 所示。

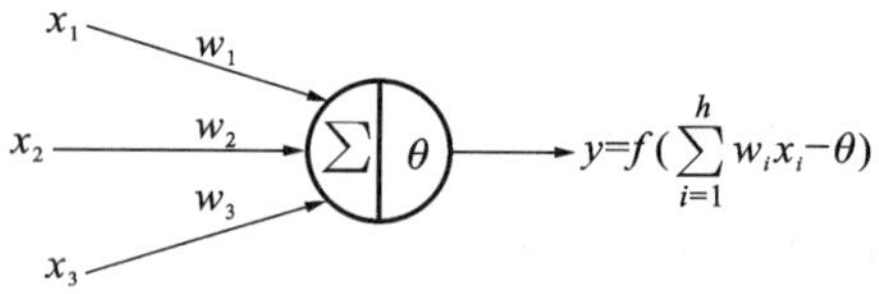

图 5-27 感知器简化模型

②感知器的数学模型

$$y=f(\sum_{i=1}^{n} w_i x_i-\theta) \tag{5-59}$$

感知器的最大作用就是可以对输入的样本分类，故它可作分类器。感知器对输入信号的分类如下：

$$y=\begin{cases}1, \text{A 类} \\ 0, \text{B 类}\end{cases}$$

即当感知器的输出为 1 时，输入样本称为 A 类；输出为 0 时，输入样本称为 B 类。

感知器的分类边界如下：

$$\sum_{i=1}^{n} w_i x_i-\theta=0$$

当输入样本只有两个分量 x_1, x_2 时，则有分类边界条件：

$$w_1 x_1+w_2 x_2-\theta=0$$

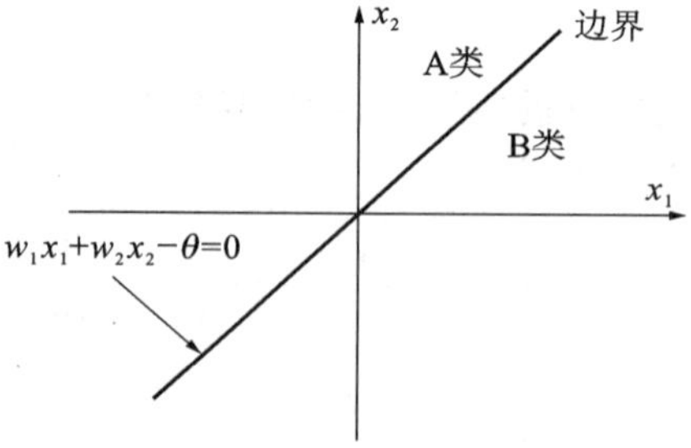

图 5-28 分类边界

③感知器的学习算法

感知器的学习算法的目的在于找寻恰当的权系数 $w=(w_1, w_2, \cdots, w_n)$，使系统对一个特定的样本 $x=(x_1, x_2, \cdots, x_n)$ 能产生期望输出 y。当 x 为 A 类时，期望值 $y=1$；x 为 B

类时，$y=0$。

a)初始化：置权系数 w 为最小的随机数。

b)训练：输入样本 $x=(x_1,x_2,\cdots,x_n)$以及它的期望输出 y^*。

c)计算实际输出：$y=f(\sum_{i=1}^{n}w_ix_i-\theta)$。

d)计算误差：$e=y^*-y$。

e)修改权系数和阈值：$w_i(t+1)=w_i(t)+\eta\cdot e\cdot x_i$。

f)转 b)，直到误差满足要求为止。

从感知器的学习算法可知，学习的目的在于修改网络中的权系数，使网络对所输入的模式样本能正确分类。当学习结束时，也即神经网络能正确分类时，权系数就反映了同类输入模式样本的共同特征。换句话讲，权系数就是存储了的输入模式。

由于权系数是分散存在的，故神经网络自然而然就有分布存储的特点。

感知器实质是一个分类器，可以用于实现逻辑函数。其分类条件为样本是线性可分的。

例 5-8　用感知器实现逻辑函数 $x_1\cup x_2$ 的真值：

x_1	0 0 1 1
x_2	0 1 0 1
$x_1\cup x_2$	0 1 1 1

解　以 $x_1\cup x_2=1$ 为 A 类，以 $x_1\cup x_2=0$ 为 B 类，则有方程组如下：

$$\begin{aligned}
&w_1\cdot 0+w_2\cdot 0-\theta<0 & &\theta>0\\
&w_1\cdot 0+w_2\cdot 0-\theta\geqslant 0 & \Longrightarrow\quad &w_2\geqslant\theta\\
&w_1\cdot 1+w_2\cdot 0-\theta\geqslant 0 & &w_1\geqslant\theta\\
&w_1\cdot 1+w_2\cdot 1-\theta\geqslant 0 & &w_1+w_2\geqslant\theta
\end{aligned}$$

令 $w_1=1,w_2=2$，则有 $\theta\leqslant1$。取 $\theta=0.5$，则有 $x_1+x_2-0.5=0$(图 5-29)。

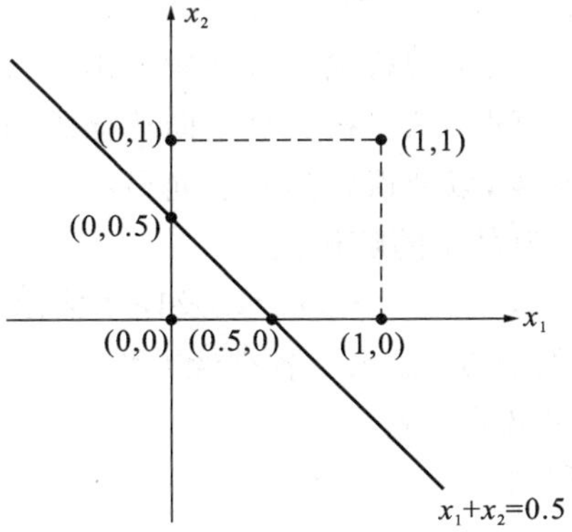

图 5-29　例 5-9 图

(2)BP 网络

①BP 网络原理

1986 年，Rumelhart 提出了一种利用误差反向传播(Back Propagation)训练算法的神经网络，简称 BP 网络(图 5-30)，是一种多层前向网络，其特征为下：

a)由输入层、隐含层、输出层组成；

b)同层节点之间没有互联；

c)每层节点的输出只影响下层节点；

d)激励函数多为 S 型。

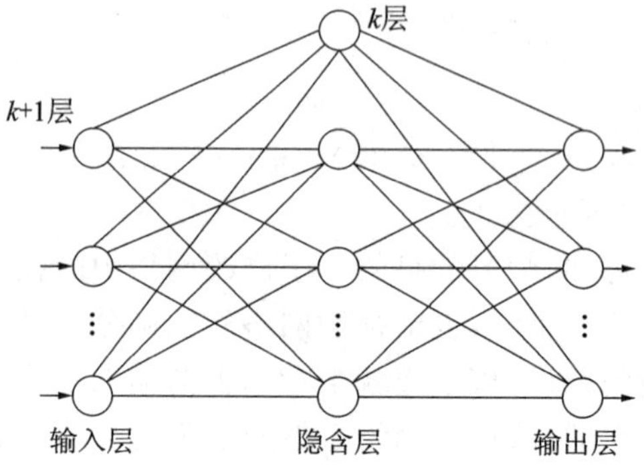

图 5-30 BP **网络**

②BP 网络的数学模型

设有一个 m 层的神经网络，并在输入层加有样本 x；第 k 层的 i 个神经元的输入总和表示为 U_i^k，输出 X_i^k；从第 $k-1$ 层的第 j 个神经元到第 k 层的第 i 个神经元的权系数为 W_{ij}，各神经元的激励函数为 f，则各个变量的关系可用下面有关数学式表示：

$$\left.\begin{aligned} X_i^k &= f(U_i^k) \\ U_i^k &= \sum_j W_{ij} X_j^{k-1} \end{aligned}\right\} \tag{5-60}$$

③BP 网络的学习算法

反向传播算法分两步进行，即输入信号正向传播和误差信号反向传播。

输入信号正向传播：输入的样本从输入层经过隐含层单元一层一层地进行处理，通过所有的隐含层之后，则传向输出层，每一层神经元的状态只对下一层神经元的状态产生影响。

误差信号反向传播：在输出层把现行输出和期望输出进行比较，如果现行输出不等于期望输出，则进入反向传播过程。误差信号按原来正向传播的通路反向传回，并对每个隐含层的各个神经元的权系数进行修改，以便误差信号趋向最小。

a)初始化：设置权系数 w 为最小的随机数。

b)训练：给出输入样本 $x=(x_1, x_2, \cdots, x_n)$以及期望输出 $y=(y_1, y_2, \cdots, y_n)$。

c)计算输出：按顺序计算隐含层、输出层各神经元输出。

d)计算期望输出与实际输出的误差。

e)修改输出层的权系数和阈值。

f)修改隐含层的权系数和阈值。

g)转 c)，直到误差满足要求为止。

例 5-9 利用 BP 网络进行车牌数字识别。车牌原始图像如图 5-31 所示。

神经网络对图形的旋转、平移敏感，车牌照数字的获取过程中不可避免地存在这一类问题，所以要首先对图形进行处理。

BP 神经网络采用三层结构，输入层、隐含层、输出层神经元个数分别为 16、24、10。取 0～9 十个数字作为待识别数字，每个数字取 6 个样本进行训练，共有 60 个训练样本，另取

10个样本作为识别样本。取最大输出端对应的数字作为识别结果，如果所有输出端的结果都小于0.5，则认为系统无法识别。

该网络采用BP算法，分割后的数字图像如图5-32所示，能正确识别车牌数字73051。

图5-31　原始图像

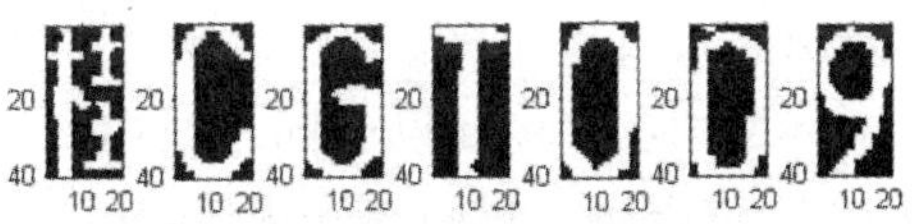

图5-32　分割后的数字图像

(3) Hopfield网络

①Hopfield网络的基本思想

Hopfield网络作为一种全连接型神经网络，曾经在人工神经网络研究发展历程中起到唤起希望、开辟研究新途径的作用。它使用与阶层神经网络不同的结构特征和学习方法，模拟生物神经网络的记忆机理，获得了令人满意的结果。这一网络及学习算法最初是由美国物理学家J. J. Hopfield于1982年首先提出来的，故称为Hopfield网络。1985年，D. W. Tank用这种网络模型成功地求解了优化组合问题中的具有典型意义的旅行商(TSP)问题，在所有随机选择的路径中找到了其中十万分之一的最优路径，这在当时是神经网络研究工作中所取得的突破性进展。

Hopfield是从物理学磁场理论中受到启发，结合生物神经网络的思维机理而提出网络模型的。众所周知，磁场也是一种具有记忆功能的物质，人们很早就利用磁场的记忆功能创造出许多很有价值的产品，如目前广泛使用的计算机磁盘。由物理学知识可知，在磁性材料中游动着大量的磁旋，这些带有方向的磁旋相互作用产生了磁场本身所具有的各种性质。在永久磁铁中，由于所有的磁旋都朝向一个方向，构成了磁铁的N极和S极的两极特性。网络的基本思想，就是用人工神经元模拟磁旋，用神经元之间的连接权模拟磁场中磁旋的相互作用；用各神经元的“激活”和“抑制”两种状态模拟磁场中磁旋的上下两个方向，构成一个具有记忆功能的神经网络系统，并且引用物理学中有关能量的概念，用“计算能量函数”来评价和指导整个网络的记忆功能。

②Hopfield网络的结构与算法

设网络有n个神经元，其中每个神经元只能取“1”或“0”两种状态，各个神经元的状态可用向量$\boldsymbol{U}$表示，即

$$\boldsymbol{U}=(u_1,u_2,\cdots,u_n) \tag{5-61}$$

式中，$u_i=1$或$0(i=1,2,\cdots,n)$。

Hopfield网络的各个神经元都是相互连接的，即每一个神经元都有自己的输出，通过连接权传递给所有其他神经元，同时每个神经元又都接收所有其他神经元传递过来的信息。特别值得注意的是，由于Hopfield网络的这种结构特征，对于每一个神经元来说，自己输出的信号经过其他神经元又反馈回自己，所以也可以认为Hopfield网络是一种反馈型神经网络。

对于Hopfield网络已有定理证明，当网络满足以下两个条件时，Hopfield学习算法总是收敛的。

a)网络的连接权矩阵无连接且具有对称性,即

$$w_{ii}=0 \quad (i=1,2,\cdots,n)$$

$$w_{ij}=w_{ji} \quad (i=1,2,\cdots,n)$$

这一假设条件虽然不符合生物神经网络的实际情况(生物神经网络之间连接强度通常是不对称的),但是却与磁场中各磁旋的相互作用情况一致。

b)网络中各神经元以非同步或串行方式,依据运行规则改变其状态,即各神经元随机选取方式,依据运行规则改变状态,且当某个神经元改变状态时,其他所有神经元保持原状态不变,这一点符合生物神经网络的情况。

③网络计算能量函数与网络收敛

从 Hopfield 网络工作运行规则可以看出,网络中某个神经元/时刻的输出状态,通过其他神经元间接地与自己的前一时刻的输出状态发生联系。这一特性从数学的观点看,网络的状态变化可用差分方程表征;从系统动力学的观点看,此时的网络已不像误差逆传播那样只是非线性映射的网络,而是一个反馈动力学系统。准确地说,它是一个多输入、多输出、带阈值的二态非线性动力学系统。众所周知,一个抽象的动力学系统,与一个具有实际物理量意义的动力学系统相比,其动态过程必定是使某个与实际系统形式上一致的“能量函数”减少的过程。Hopfield 网络也同样如此。在满足一定的参数条件下,某种“能量函数”的能量在网络运行过程中不断地降低,最后趋于稳定的平衡状态。设某时刻网络的状态用 n 个神经元的输出向量 $\boldsymbol{U}(t)$ 表示为

$$\boldsymbol{U}(t)=[u_1(t),u_2(t),\cdots,u_n(t)] \tag{5-62}$$

而每个神经元只有“1”或“0”两种状态,所以 n 个神经元共有 2^n 种状态。从几何学的角度看,这 2^n 种状态正好对应一个二维超立方体的各个顶点。以 $n=3$ 为例,一个立方体的 8 个顶点正好对应网络的 8 种状态。网络的能量函数可定义为网络状态的二次函数,即

$$E=-\frac{1}{2}\sum_{i=1}^{n}\sum_{j=1}^{n}w_{ij}u_iu_j+\sum_{i=1}^{n}\theta_iu_i \tag{5-63}$$

注意,这里能量函数已不是物理学意义上的能量函数,而是在表达形式上与物理学意义上的能量概念一致,表征网络状态的变化趋势,并可依据 Hopfield 工作运行规则不断进行状态变化,最终能够达到某个极小值的目标函数。所谓网络的收敛,就是指能量函数达到极小值。

可以证明,按照 Hopfield 工作运行规则改变网络状态,能量函数将单调减小。图 5-33 所示是 Hopfield 网络能量函数的示意图。

为简单起见,假设网络的状态是一维的,横轴为网络状态,纵轴为网络能量函数,当网络的状态随时间发生变化时,网络能量沿其减小的方向变化,最后落入能量的极小点。一旦能量落入某个极小点后,按 Hopfield 工作运行规则,网络能量函数将会“冻结”在那里。也就是说,网络不一定收敛到全局的最小点,这是 Hopfield 网络的一个很大缺陷。尽管如此,由以上分析可知,Hopfield 网络已具有寻找能量函数极小点的功能,这就为网络的模式记忆打下了基础。

④联想记忆

记忆是生物神经网络一个最基本也是最重要的功能。人具有很强的模式识别能力,其主要原因之一就是人具有联想记忆的能力。具体来说,人不仅能识别记忆中一个完整的模

式，而且能根据记忆中模式的部分登记进行正确的识别和分类。例如，人能根据背影认出人群中的一位老朋友，也能辨认出有某种程度缺损或模糊的字符等。这种特征使人的识别能力具有很强的容错性。正因为如此，许多研究人员对人的联想记忆特征进行了长期不懈的研究，并提出了一些模拟人脑联想记忆功能的神经网络模型。其中最重要的并对未来神经网络的发展产生重大影响的是 Hopfield 提出的反馈形式的神经网络模型(HNN)。在该模型中，Hopfield 引入了网络能量函数来描述网络系统的稳定性；记忆样本模式以向量形式分布存储于神经元之间的连接权上，并使其对应网络能量函数的局部极小值；每个神经元的输入输出特性为一有界的非线性函数(S 形函数)；各个神经元以随机等概率异步方式进行计算。这种网络由初始状态(初始输出模式矢量)向稳定状态演化的过程就是寻找记忆的过程，即一个不完整的模式向完整的模式演化的过程。这种记忆方式称为内容寻址记忆，与实际神经系统的记忆方式十分相似。对于人工神经网络，记忆功能的强弱同样是衡量其综合性能的一个重要指标。而联想记忆又是人工神经网络模拟生物神经网络记忆的一个主要方法。

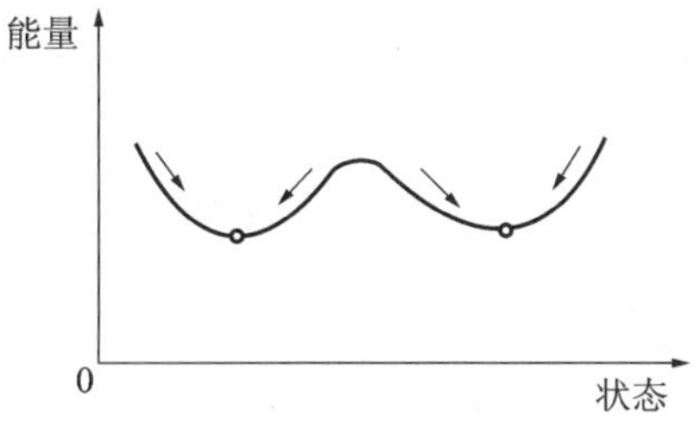

图 5-33 Hopfield **网络能量函数示意图**

Hopfield 网络是如何实现联想记忆的呢？前面曾经指出，Hopfield 网络是一个非线性动力学系统，网络的“能量函数”存在着一个或多个极小点(或称为平衡点、平衡状态)。当某一时刻各神经元的状态确定之后，即网络的初始状态确定之后，网络的状态将按动力学方程，即 Hopfield 工作运行规则向能量递减的方向变化，最后接近或达到网络的平衡状态。这种实际上可观测的平衡状态又称为吸引子。实际上，吸引子可以是稳定的，也可以是不稳定的；可以是平衡点，也可以是极限环或混沌吸引子(奇异吸引子)。不随时间变化的吸引子被称为稳定平衡点。Hopfield 网络的这一特性提示，如果设法把所需记忆的模式设计成某个确定网络状态的一个稳定平衡点(极小值)，则当网络从与记忆模式较靠近的某个初始状态(即发生某些变形或含有某些噪声的记忆模式)出发后，网络按 Hopfield 工作运行规则进行状态更新，最后网络的状态将稳定在能量函数的极小点，即记忆模式所对应的状态。这样就完成了由部分信息(含有噪声的记忆模式)到全部信息(记忆模式)的联想过程。

5.5.3 神经网络控制系统类型

(1)神经网络内模控制

内模控制(Internal Model Control，IMC)最早是由控制工程学者弗朗西斯(B. A. Francis)及翁汉(W. M. Wonham)提出的，它是一种基于过程数学模型进行控制器设计的新型控制策略，由于它具有设计简单、控制性能好和在系统分析方面的优越性，因此它在工业过程控制中具有重要的研究意义。

目前应用最为广泛的是1982年Garcia和Morari提出的具有模型、控制、反馈环节的内模控制结构，它的基本结构如图5-34所示。从图5-34可以发现，除控制器以外，还有一个内在模型，这也是内模控制的名称由来。它表示的是系统已知的模型，实际模型G与已知的模型是存在偏差的。$D(s)$表示系统的外部扰动。

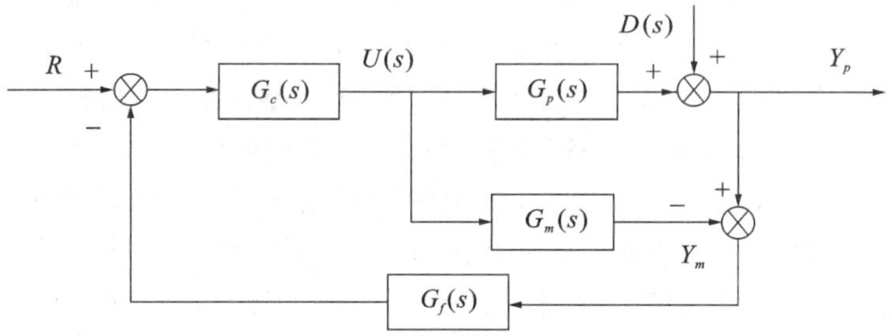

图5-34　神经网络内模控制结构框图

图5-34中，$U(s)$为输入变量，R为设定值，$D(s)$为外部干扰项，Y_p、Y_m分别为对象输出和内部模型输出；$G_p(s)$为被控对象；$G_m(s)$为内部模型；$G_c(s)$为内模控制器；$G_f(s)$为反馈滤波器。

根据图5-34所示，可以表示出内模控制器的闭环输出为

$$Y_p(s)=\frac{G_cG_fG_p}{1+G_cG_f(G_p-G_m)}R(s)+\frac{1-G_cG_fG_m}{1+G_cG_f(G_p-G_m)}D(s)$$

当$G_f=1$时，该系统为1自由度系统，可以通过调节控制器G_c来改善系统的动态伺服特性、抗干扰性和鲁棒性；当$G_f\neq 1$时，该系统变为2自由度系统，反馈滤波器G_f的存在可以帮助调节系统动态响应特性和稳态特性间的平衡，综合提高被控系统的控制品质。

内模控制的两步设计法能够完美解决内模控制不可实现的问题。两步设计法的基本思想是：首先，按照理想控制原则，设计出稳定的内模控制器（即可实现系统的闭环稳定）；然后，在控制器中加入滤波器结构；最后，根据对象特性和期望的控制效果综合设定控制器的结构和相关参数。具体如下：

第一步，理想控制原则设计控制器：先对分解过程模型G_m进行如下分解

$$G_m(s)=G_{m+}(s)G_{m-}(s)$$

其中，$G_{m+}(s)$是模型的Non-Minimum Phase(NMP)部分，且满足$|G_{m+}(jw)|=1$；$G_{m-}(s)$是对象模型中最小相位部分，稳定且不包含任何预测项。

第二步，加入滤波器结构：为了达到期望的鲁棒性和稳定性，在设计出的理想控制器中要加入滤波器结构，则内模控制器最终表达为

$$G_c(s)=G_{m-}^{-1}(s)f(s)$$

其中，$f(s)$是引入的n阶滤波器，表示为

$$f(s)=\frac{1}{(1+\alpha s)^n}$$

n值的选取是要保证内模控制器$G_c(s)$有理；α为滤波器参数，也是IMC结构中唯一的可用于在线调节的参数，其值的选取是否得当会直接影响闭环系统的控制特性的优劣。

(2)神经网络预测控制

人脑是一个高度复杂的、非线性的并行信息处理系统,模仿人脑的工作机理建立起来的人工神经网络具备较强的非线性输入输出映射能力。如果将人工神经网络应用于预测控制,即形成神经网络预测控制(Neural Network Predictive Control),简称 NNPC。

神经网络在处理非线性问题方面有着别的方法无法比拟的优势,而预测控制对于具有约束的卡边操作问题具有非常好的针对性,因此将神经网络与预测控制相结合,发挥各自的优势,对非线性、时变、强约束、大滞后工业过程的控制提供了一个很好的解决方法。

预测控制,即模型预测控制,是以各种不同的预测模型为基础,采用在线滚动优化指标和反馈自校正策略,力求有效地克服受控对象的不确定性、迟滞和时变等因素的动态影响,从而达到预期的控制目标——参考轨迹输入,并使系统具有良好的鲁棒性和稳定性。因此,预测控制的系统组成大致包括①参考轨迹;②预测模型;③滚动优化;④在线校正等四个部分,其结构如图 5-35 所示。

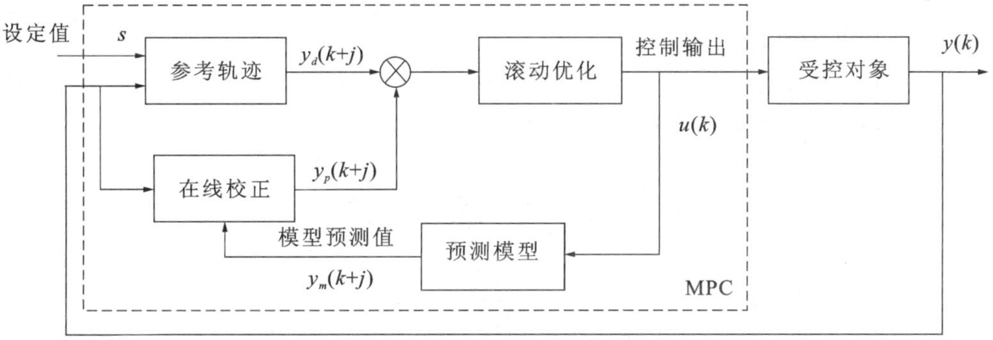

图 5-35 神经网络预测控制结构框图

神经网络具有函数逼近能力、自学习能力、复杂分类功能、联想记忆功能、快速优化计算能力,以及高度并行分布信息存贮方式带来的强鲁棒性和容错性等优点。将神经网络与模型预测控制相结合,为解决复杂工业过程的控制提供了强有力的工具。工业现场大多数实际动态系统本质上都是非线性系统,而非线性系统要比线性系统复杂得多,因为其不具有线性和叠加性。因此,基于线性系统建模和优化的预测控制算法难以应用。另外,用来描述一般非线性系统的数学模型和基于各种核函数描述的模型都存在结构特定、辨识困难、处理复杂等问题,实际中应用得很少。而神经网络能够充分逼近复杂的非线性映射,具有学习与适应不确定系统的动态特性和较强的鲁棒性及容错性等特点,因此神经网络一出现便成为对非线性系统建立预测模型和优化控制的关键技术之一,并形成了各种基于神经网络的预测控制算法。

从本质上讲,神经网络预测控制属于智能型预测控制的范畴,它将神经网络技术与预测控制相结合,弥补了传统预测控制算法精度不高、仅适用于线性系统、缺乏自学习和自组织功能、鲁棒性不强等缺陷。它可以处理非线性、多目标、约束条件等异常情况。利用神经网络能对任意的复杂非线性函数充分逼近,能够学习和适应不确定系统的动态特性,并能采用并行分布处理算法快速进行实时运算,建立神经网络辨识模型作为预测模型。在此基础上求取控制律。

由神经网络预测控制系统结构可知,图 5-35 中 s 为设定值,神经网络的二次性能指标

函数为

$$J=\min\left\{\sum_{j=1}^{p}e^{2}(k+j)+\sum_{j=1}^{L}r_{j}\Delta u^{2}(k+j-1)\right\}$$

其中，r_j 为控制权系数。

$$\Delta u(k+j-1)=u(k+j-1)-u(k+j-2)$$

由 $\frac{\partial J}{\partial \Delta u}=0$ 求得：

$$\Delta u(k+j-1)=-\frac{e(k+j)}{r_j}\frac{\partial y(k+j)}{\partial \Delta u(k+j-1)}$$

$$e(k+j)=y_d(k+j)-y_p(k+j)$$

由上可知，神经网络预测控制算法步骤可归纳如下（$j=1,2,\cdots,P$）：

(1)计算期望输入参考轨迹 $y_d(k+j)$；

(2)由神经网络预测模型输出 $y^{*}(k)$，经滤波器生成预测输出 $y_p(k+j)$；

(3)计算预测误差 $e(k+j)$；

(4)求二次型性能函数 $\min J(P,L,r)$，获得最优控制律 $u(k+j-1)$，采用 $u(k)$ 作为第一个控制信号，作为被控对象的输入，然后转至第(2)步。

5.6 本章总结

在计算机控制系统中，除单回路控制系统外，还存在一些复杂控制规律的计算机控制系统。为了方便读者顺利理解并深刻掌握这些复杂控制规律，本章对每种控制规律都进行了原理讲解和实例介绍，如利用大林控制算法来控制电阻炉温度、利用串级控制系统来实现燃气加热炉的炉温自动控制、利用前馈控制实现热交换、利用解耦控制来解耦锅炉液位和蒸汽压力两个系统、利用神经网络来自动识别车牌等。掌握复杂控制规律的计算机控制系统的设计方法是解决实际工程问题的前提，也为读者之后的学习打下了坚实基础。

习　题

1. 被称为复杂控制规律的控制系统主要有哪些？各有什么特点？

2. 针对系统纯滞后提出史密斯预估的主要思路是什么？

3. 试述串级控制系统的工作原理，并根据串级控制系统的特点来分析串级控制系统的应用场合。

4. 前馈和反馈控制各有什么特点？为什么采用前馈-反馈控制器，复杂系统能较大程度地改善系统的控制品质？

5. 大林控制算法的主要特点是什么？什么是振铃现象？振铃现象是被如何引起的？如何消除振铃现象？

6. 如果系统中主、副回路的工作周期十分接近，亦即正好运行在共振区内，应采取什么措施来避免系统的共振？这种措施对控制系统的性能有什么影响？

7. 已知串级控制系统中，副控对象为

$$G_2(s)=\frac{1}{5s+1}$$

采用零阶保持器，采样周期 $T=1$ s，试按预期的闭环特性设计副控制器。

8. 已知被控对象为

$$G_0(s)=\frac{5}{(s+1)(10s+1)}e^{-0.1s}$$

希望闭环传递函数为

$$\Phi(s)=\frac{1}{s+1}e^{-0.1s}$$

试用大林算法设计数字控制器，并画出闭环系统框图。

9. 若被控对象为

$$G_0(s)=\frac{K}{(as+1)(bs+1)}e^{-\tau s}$$

试分析计算机纯滞后补偿控制的算法步骤。

10. 试述解耦控制的原理和控制器的设计方法。

11. 简述前向(多层)神经网络的结构并画出其结构图。

12. 简述误差反向传播学习算法的主要思想。

6　计算机控制系统的硬件组成

计算机控制系统硬件，即在计算机控制系统中的硬件元件或设备。在小型控制系统中，计算机控制系统硬件主要是指控制芯片、外围电路、小型电机、传感器等；在中大型工业控制系统中，计算机控制系统硬件主要指检测仪表、控制仪表、执行机构等。其中，微型计算机是整个控制系统硬件上的核心控制部分。常见的工业控制计算机、个人计算机、嵌入式计算机、工作站与服务器等都属于微型计算机。微型计算机因体积小、灵活性大、价格便宜等优点，广泛应用于工业控制过程中。

本章以 Intel 8086 CPU 为核心，系统介绍了微型计算机基本组成和工作原理、计算机运算基础、微处理器的基本结构、Intel 8086 微处理器、8086 中的标志寄存器和堆栈、8086 系统的组成和 8086 存储器扩展等。

6.1　微型计算机的基本组成

6.1.1　微型计算机的基本硬件构成

微型计算机是由大规模集成电路组成的、体积较小的电子计算机。它是以微处理器为基础，配以内存储器及输入输出接口电路和相应的辅助电路而构成的裸机。微型计算机系统从全局到局部存在三个层次：微型计算机系统、微型计算机、微处理器。单纯的微处理器和单纯的微型计算机都不能独立工作，只有微型计算机系统才是完整的信息处理系统。

一个完整的微型计算机系统包括硬件和软件两大部分。硬件指的是各种设备，而软件则是指使用设备的手段。就硬件的结构而言，微型计算机由运算器、存储器、控制单元、输入设备、输出设备和总线组成，如图 6-1 所示。

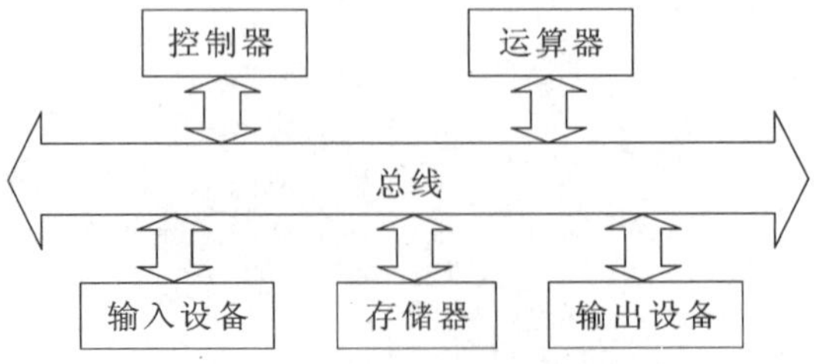

图 6-1　计算机的硬件组成

(1)运算器

运算器又称为算术逻辑运算单元(Arithmetical Logical Unit,ALU),完成数据的算术运算和逻辑运算以及移位等操作,因此,它是一个信息加工部件。由于微型计算机中以二进制数表示数据,所以运算器采用二进制运算,如二进制的加、减、乘、除、与、或、非等运算。

运算器包括一定数目的二进制位[即比特(bit)],该数目称为运算器的字长,一般为8位、16位、32位或64位。一个8位运算器每次可完成8位二进制数的运算,更多位数的运算可以分解成多次8位运算。字长是计算机的一个基本性能指标,字长越长,硬件电路也就越复杂,其运算速度也就越快。

(2)存储器

存储器(Memory)是计算机的记忆部件。它既存储控制计算机操作的命令信息(指令)和被处理(加工)的信息(数据),也存储加工中间结果和最终结果。这样,存储器内的信息可被分成两类:一类是命令信息,这类信息被计算机理解为命令(也称为指令),并能被计算机所执行,用它指挥计算机系统工作,以完成所要求的任务,这类信息被存放在存储器的代码区或程序区;另一类是数据,是被处理的对象或者结果,这类信息被放在数据区。所有的数据和指令均以二进制数的形式存放在存储器中。一般将存储器分为两级:内存和外存。平时将程序保存在外存,执行时将其调到内存中执行。目前使用的内存均是半导体存储器。

存储器的一个基本指标是存储器的容量,即存储器能保存的二进制信息的数量。通常将若干个二进制位组成一个存储单元。在微型计算机中,8 bits的二进制位构成一个存储单元,称为一个字节(Byte,通常用大写字母B表示)。存储器由多个存储单元构成,每个单元有一个编号,称为存储器的地址。向存储器输送一个地址,可以将该地址对应的存储单元存储的所有二进制位数据读出,也可以向该存储单元写入数据。

存储器的容量一般表示为存储单元数×位数/单元,如1 K×8比特表示1024个存储元,每个单元8比特($1\ KB=2^{10}\ B=1024\ B$,$1\ MB=1024\ KB$,$1\ GB=1024\ MB$)。

(3)控制单元

控制单元(Control Unit)是整个微型计算机系统的指挥部件,它的任务是从内存中取出指令加以分析,然后发出控制信号以执行某种操作。

每条指令可以完成一次算术或逻辑运算,或是存取数据的操作。能完成某种功能的一串指令的序列就称为程序。控制单元根据程序指挥系统工作,以完成程序所规定的功能。

(4)输入设备和输出设备

输入/输出设备(Input/Output Equipment),也称为外围设备,其作用是进行信息形式的转换,也就是把外界的语言文字、声音、机械动作等信息形式转换成计算机能识别的电信号表示的二进制数形式,或是进行相反方向的转换。

输入设备和输出设备是计算机与计算机外部交换信息的手段。通过输入设备,可以把给计算机的命令信息(程序)和被处理信息(数据)输入计算机的存储器;通过输出设备,则可得到处理的结果,或者检查程序的问题。

为使计算机对人们有用,它至少应有一台输入/输出设备。比如,计算器的键盘和显示屏、钟表的调节按钮和表盘,键盘和调节按钮是输入设备,其他是输出设备。

(5)总线

微型计算机系统广泛采用总线(Bus)结构。总线是计算机各部件间传送信息的公共通路。各部件分时复用总线，以保证数据、地址、指令和控制信息在各部件之间传送。

基本总线分为数据总线(Data Bus,DB)、地址总线(Address Bus,AB)和控制(命令)总线(Command/Control Bus,CB)。地址线和控制线的信息由总线控制器发出，表明程序(指令)所要访问的部件(存储器或外设)的地址和对该设备的操作性质(读出或写入)，而数据总线则传送写入该设备的信息，或从该设备读出的信息。

6.1.2 中央处理器、微处理器和微控制器

在计算机中，通常把运算器和控制单元以及数量不等的寄存器做成一个独立部件，用一片超大规模集成电路(Very Large Scale Integration,VLSI)实现，称为中央处理器，缩写为CPU(Central Processing Unit)，如图 6-2 所示。

图 6-2 CPU/MPU 的构成

微型计算机的中央处理器也称为微处理器 MPU(Micro-Processing Unit)。当把 MPU 和存储器，以及输入输出接口和总线在一个芯片中实现时，就成为微控制器(Micro-Controller Unit,MCU)，其构成如图 6-3 所示。MCU 加上适当外部设备和相应软件即可构成一个微控制器系统。由于价格便宜、软件控制灵活，它在自动控制、仪器仪表、通信设备、前端处理和家用电器、儿童玩具等嵌入式应用领域中获得了广泛应用。

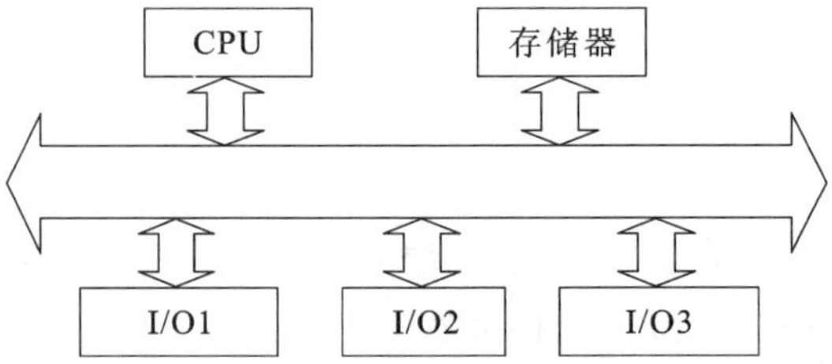

图 6-3 MCU 的构成

6.1.3 嵌入式 STM32

STM32 是意法半导体公司设计推出的以 ARM Cortex-M 为内核的 32 位控制器。STM32 系列是为要求高性能、低成本、低功耗的嵌入式应用专门设计的。目前，Arduino 和树莓派发展迅速，但都没有成为主流，而 STM32 凭借其产品线的多样化、极高的性价比、简单易用的库开发方式，迅速在众多 Cortex-M3 MCU 中脱颖而出，成为嵌入式计算机的代表。

STM32 属于一个微控制器，自带各种常用通信接口，比如 USART、I^2C、SPI 等，可连接非常多的传感器，可以控制很多设备。现实生活中，人们所接触到的很多电器产品都有 STM32 的身影，比如智能手环、微型四轴飞行器、平衡车、智能电饭锅、3D 打印机，等等。图 6-4 介绍了 STM32 的发展历程。

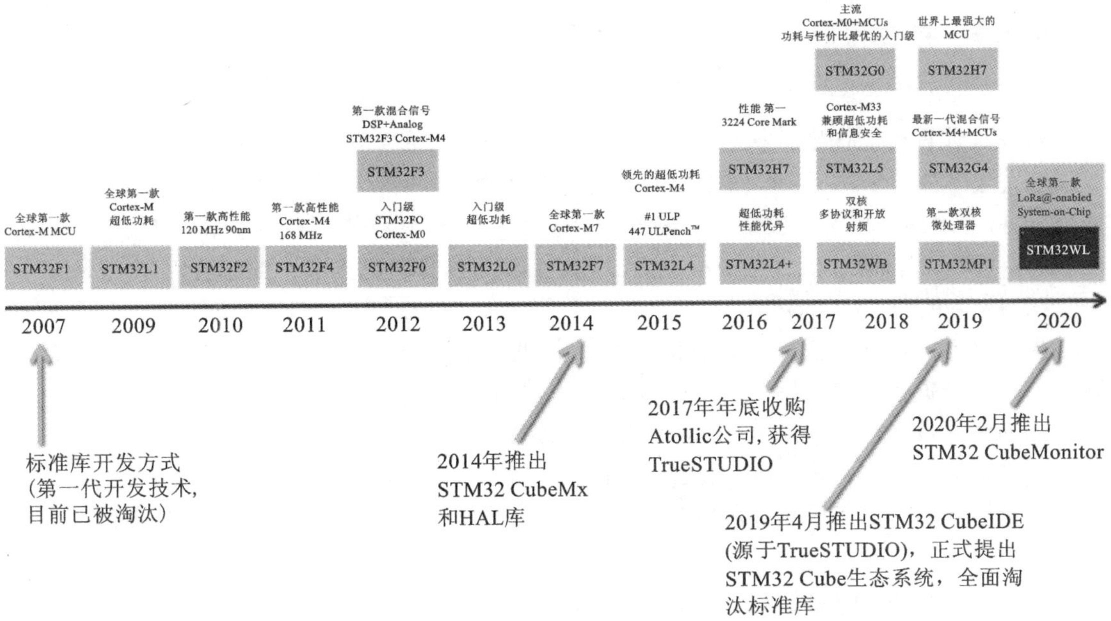

图 6-4　STM32 的发展历程

6.2　微型计算机的工作原理

如图 6-5 所示,微型计算机的工作原理如下所述:

(1)先将程序和原始数据由输入设备通过输入接口输入存储器中保存;

(2)启动程序,将指令从存储器某个地址单元中取出并送到 CPU 内部的指令寄存器暂存;

(3)将控制器中的译码部件进行指令译码,并根据指令功能向各个部件发出相应的命令,完成取操作数、运算、输出结果等规定的操作;

(4)运算结果可以直接通过输出接口传送给输出设备(如显示器或打印机),也可以先将结果存入存储器中,然后再输出。

微型计算机的工作过程,实质上就是执行程序的过程,是不断地从内存取出指令并执行指令的过程。

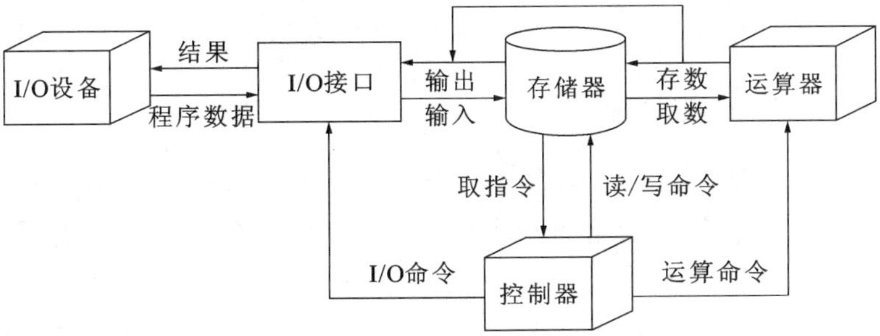

图 6-5　微型计算机的工作原理

6.2.1 指令和控制单元的指令部件

(1)指令格式

指令是计算机能识别并执行的指示和命令,它采用二进制编码表示。每条指令应能表示该指令完成哪种操作以及该操作需要的数据保存在内存的哪个位置。因此,一条指令可分为两部分:操作码部分和操作数部分。操作码部分表示该指令所要完成的操作类型,如数据传送、加、减、乘、除等;操作数部分则给出操作数本身或者操作数在内存中的存放位置(地址)。

(2)控制单元的指令部件

控制单元的最基本任务就是取出一条指令(取指令)、分析指令(指令译码)和执行指令,再取下条指令重复上述过程。为完成这种功能,它包含一个指令(执行)部件。该部件包括:

①程序计数器(Program Counter,PC),它总是指向下条指令的首地址;

②指令寄存器(Instruction Register,IR),保存当前正在执行的指令;

③指令译码器(Instruction Decoder,ID),它对指令的操作码部分进行译码,分析该指令的功能;

④操作控制器,它生成该指令操作所需的内部和外部微操作控制信号,指挥系统完成该指令的功能;

⑤时序发生器,对各种操作进行时间上的控制。

指令部件的构成如图 6-6 所示。

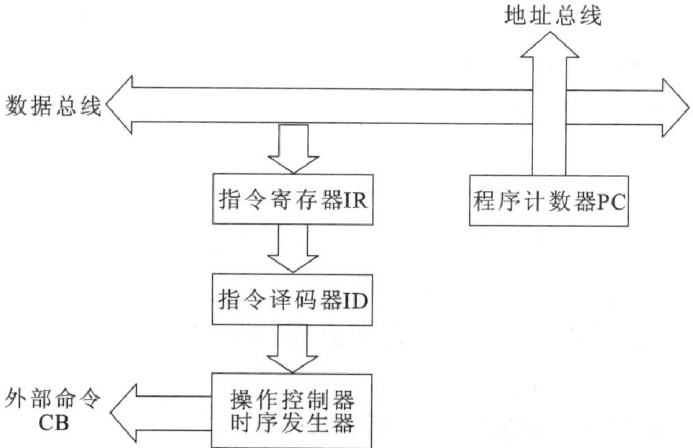

图 6-6 指令部件构成

6.2.2 MPU 内的寄存器

各种 MPU 内都包含数量不等的寄存器,如程序状态字寄存器(Program Status Word,PSW),简称状态寄存器(SR)或标志寄存器(FR)等。由于 MPU 内部寄存器的存取速度远比存储器快,因此,寄存器用于暂时存储程序重复使用的数据、变量和中间结果,可以大大提高程序的运行速度。而寄存器数量的多少也是衡量 MPU 功能强弱的重要指标之一。

通常,寄存器分为数据寄存器、地址寄存器和状态寄存器。

数据寄存器用于存放反复操作的数据、变量或中间结果。

地址寄存器存放存储器或 I/O 口地址指针，以缩短指令长度，加快指令运行速度。地址寄存器作为地址指针的另一个好处是能灵活修改，以便用循环程序处理大量数据的重复操作。

状态寄存器用来存放两类信息：一类是体现当前指令执行结果的各种状态信息（条件码），如有无进位（CF 位）、有无溢出（OV 位）、结果正负（SF 位）、结果是否为零（ZF 位）、奇偶标志位（P 位）等；另一类是存放控制信息（程序状态字寄存器），如允许中断（IF 位）、跟踪标志（TF 位）等。

6.3 计算机运算基础

计算机内的信息都是用二进制数表示的，无论是指令（程序）或数据，无论是数字或文字信息、数值信息或逻辑信息，都是用二进制来处理和存储的。因此，本节将介绍各种数据的二进制表示和运算。

6.3.1 进位计数制

目前，人们普遍使用的计数制除极少数是非进位计数制（如罗马计数制、阿拉伯计数制和“结绳记事”等）外，剩下的都是进位计数制。罗马计数制是现存的极少数非进位计数制中最常见的一种，用在钟表面盘上的数字和书籍扉页的编号上。它用以下几种数字：Ⅰ表示 1，Ⅴ表示 5，X 表示 10，C 表示 100，L 表示 50，M 表示 1000。人们日常使用的自然计数制是十进计数制。

（1）进位计数制的一般表示

若数字 N 用 R 进制表示，它表示的值是：

$$N = \sum_{i=-m}^{i=k} d_i R^i \tag{6-1}$$

式中，数字 N 有 m 位小数，$k+1$ 位整数，d_i 是每位数字的取值，R 是该数的基数（Radix），是大于或等于 2 的整数；R^i 称为 d_i 位的权，或者位值。

（2）十进计数制

因为十进制的基数 $R=10$，所以，任何十进制数 N 可表示为

$$N = \sum d_i 10^i \tag{6-2}$$

把这些人们习惯的计算方法推广到其他进位计数制，很容易导出其他进位计数制的运算规则。

（3）二进计数制

若用十进制公式来表示二进制数，则有：

$$N = \sum d_i 2^i \tag{6-3}$$

二进制数的“位”称为二进位或比特。比如数字

$$\begin{aligned}(10010.11)_2 &= \sum_{i=-2}^{i=4} d_i 2^i = 1\times 2^4 + 0\times 2^3 + 0\times 2^2 + 1\times 2^1 + 0\times 2^0 + 1\times 2^{-1} + 1\times 2^{-2} \\ &= 18.75\end{aligned}$$

其中，最左边的 1 称为最高有效位，最右边的 1 称为最低有效位。

计算机中广泛应用二进计数制，因为计算机内的任何信息都是用二进制编码表示和运算的。二进制编码是计算机信息表示的基本方式。

(4)八进制数和十六进制数

- 八进制数(octal)的基数 $R=8$，可取 0,1,2,3,4,5,6,7 八个值之一。
- 十六进制数(hexadecimal/sexadecimal)的基数 $R=16$，每位有十六个可能值，除用十个数字(0～9)外，还借用了 A,B,C,D,E,F 分别表示 10～15 六个值。

由于二进制数数位太多，不易记忆，而 $4=2^2$、$8=2^3$、$16=2^4$ 都是 2 的整数幂，相互转换非常方便，所以四进制数、八进制数和十六进制数常作为二进制数的简化表示法：2 位二进制数可用 1 位四进制数表示，3 位二进制数可表示为 1 位八进制数，4 位二进制数可用 1 位十六进制数表示。

为了区分数字的进制，可用如下方法：

(1)数字后缀下标。如：

$$(124)_8=(54)_{16}=(1010100)_2$$

(2)后缀 B 或 b 表示二进制数，O 或 o 表示八进制数(因它常与数字 0 相混，所以八进制数常用 Q 作后缀)，H 或 h 表示十六进制数，十进制数则不加后缀，或用后缀 D 或 d 表示。如：

$$18.75 = 10010.11B=22.3Q=12.CH$$

在不同计算机中，这两种用法都可以见到。本书采用第二种方法。

同理可知其他基数的进位计数制的运算规则，如三进制、五进制、六进制、十二进制等。

6.3.2 进位计数制间的转换

计算机内用的是二进制，而人们通常习惯用十进制，这就需要在数制间进行转换。比如将二进制变十进制，将十进制变二进制等。

不同进制数之间相互转换的方法很多，最基本的就是将 P 进制数用十进制展开，再用 R 进制数的运算规则进行加权求和运算。而更常见的转换规则是将整数部分和小数部分分开进行转换。

①整数转换：除 R 取余法。

②小数部分转换：乘 R 取整法。

下面以一个实例来详细介绍不同进制之间的转换。

(1)二进制数(10010110)转八进制数

首先需要 3 个二进制数各划分一个区域，不足时则补零。可以看出该二进制数为八位，需要补充一位，即 010010110。从左到右依次是：

010	010	110
$0\times2^2+1\times2^1+0\times2^0=2$	$0\times2^2+1\times2^1+0\times2^0=2$	$1\times2^2+1\times2^1+0\times2^0=6$

然后合并得到 226，就是转换后的八进制数。

(2)二进制数(100101100)转十六进制数

二进制转十六进制和二进制转八进制类似,不过转十六进制划分区域为4个,因此需要补充三位,即000100101100。从左到右依次是:

0001	0010	1100
$0\times2^3+0\times2^2+0\times2^1+1\times2^0=1$	$0\times2^3+0\times2^2+1\times2^1+0\times2^0=2$	$1\times2^3+1\times2^2+0\times2^1+0\times2^0=C$

然后合并得到12C,就是转换后的十六进制数。

(3)八进制数(226)转二进制数

八进制转二进制是二进制转换成八进制的逆过程。不足时也是补零,需要取余数,采用倒叙过程。从左到右依次是:

2	2	6
2÷2=1(余数为0) 1÷2=0(余数为1)	2÷2=1(余数为0) 1÷2=0(余数为1)	6÷2=3(余数为0) 3÷2=1(余数为1) 1÷2=0(余数为1)
010	010	110

然后合并得到010010110,就是转换后的二进制数。

(4)八进制数(226)转十六进制数

八进制不能直接转换为十六进制,但可以采用间接转换法来进行。

①先把八进制转换为二进制,然后再转换为十六进制。

②先把八进制转换为十进制,然后再转换为十六进制。

在这里演示第一种方法。以八进制数226为例,从上面可以看出,转换为二进制数为10010110,然后再把它转换为16进制数。从左到右依次是:

1001	0110
$1\times2^3+0\times2^2+0\times2^1+1\times2^0=9$	$0\times2^3+1\times2^2+1\times2^1+0\times2^0=6$

合并得到96,就是转换后的十六进制数。

(5)十六进制数(12C)转二进制数

十六进制转二进制和二进制转十六进制是互逆的,同样是不足时补零,需要取余数,采用倒叙过程。从左到右依次是:

1	2	C(转换为12)
1÷2=0(余数为1)	2÷2=1(余数为0) 1÷2=0(余数为1)	12÷2=6(余数为0) 6÷2=3(余数为0) 3÷2=1(余数为1) 1÷2=0(余数为1)
0001	0010	1100

然后合并得到000100101100,就是转换后的二进制数。

(6)十六进制数(12C)转八进制数

十六进制也不能直接转换为八进制,可以采用间接转换法来进行。

①先把十六进制转换为二进制,然后再转换为八进制。

②先把十六进制转换为十进制,然后再转换为八进制。

在这里演示第一种方法。以十六进制数 12C 为例,从上面可以看出,转换为二进制为 000100101100,然后再把它转换为八进制。从左到右依次是:

100	101	100
$1\times2^2+0\times2^1+0\times2^0=4$	$1\times2^2+0\times2^1+1\times2^0=5$	$1\times2^2+0\times2^1+0\times2^0=4$

合并为 454,就是转换后的八进制数。

6.4 微处理器的基本结构

目前市场上有各种各样的微处理器。一般来说,其内部基本结构大都由算术逻辑单元、控制单元、寄存器阵列、总线和总线缓冲器四个部分组成。高性能微处理器内部还有指令预取部件、地址形成部件、指令译码部件和存储器管理部件等。

6.4.1 算术逻辑单元 ALU

在 MPU 中,算术逻辑单元(Arithmetic Logic Unit,ALU)是对二进制进行算术运算和逻辑运算的部件。

因为一般数学问题的求解经过计算方法的处理总可以化成两种运算,一种是算术运算,另一种是逻辑运算。

在算术运算中由于带符号数采用补码表示,减法可以化为加法,乘除法可以通过多次重复的加减和移位来实现,而只要具备“或”“非”或者“与”“非”“异或”等功能的部件就能实现各种复杂的逻辑运算。因而从原理上讲,在不涉及数据信息如何表示的情况下,计算机只要具备加法和“与”“非”“或”等运算功能,再加上移位操作功能,就能实现各种算术运算和逻辑运算。这样既简化了算术逻辑单元结构,使用时也更灵活。

微型计算机中的一些基本运算功能都是通过相应的硬件电路实现的。使用时程序员只需用相应的一条指令就可完成某一基本运算功能。

目前大多数的微处理器算术逻辑运算的实现途径大致可归纳如下:

(1)硬件实现的基本运算功能

加、减、求补、逻辑非、逻辑与、逻辑或、逻辑异或、移位、BCD 码运算的十进制调整等。

(2)乘除运算

在 8 位 CPU 中,乘除运算一般由软件编程实现,即利用加、减、移位功能组合完成。在 16 位以上的 CPU 中专门设有乘除指令,即乘除也是由硬件完成的。

(3)浮点运算

在 8 位或 16 位 CPU 中,通常数都采用定点数表示。浮点数可以看成由两个定点数组成,所以浮点运算是用软件实现的。如果浮点运算量很大,可以另行配备硬件浮点运算部件和浮点微处理器,而高性能 CPU 的浮点处理器就与微处理器放在一个芯片中,并设置有相应的浮点运算指令,可执行32位和64位浮点加、减、乘和除运算,这就使得浮点运算也由硬件来完成,大大提高了浮点运算的速度。

随着大规模集成电路技术和微处理器的发展,增加一些电路以扩展ALU的功能,不仅能完成一般的运算,甚至传统的用软件实现的算法也可由硬件完成,以得到“快速”的效果,这将使ALU的功能不断扩展。ALU原理框图如图6-7所示。

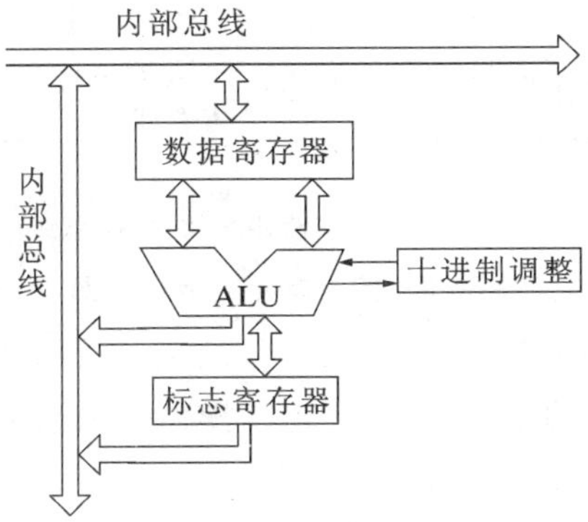

图6-7 ALU原理框图

ALU实际上是一个以加法器为核心的算术逻辑部件,这一加法器能按照二进制法则进行加法运算,又能通过二进制补码方法把减法变为加法进行运算,还能用移位操作实现乘除运算。与ALU直接有关的部件还包括数据寄存器、标志寄存器(FR)与十进制调整等部件。执行运算时,数据通过内部总线进入数据寄存器,由数据寄存器将参加运算的数据及标志寄存器的CF输入ALU,运算结果被送往数据总线或数据寄存器,同时,数据寄存器将运算结果的状态送往标志寄存器(FR)保存,以作为条件转移指令的转移条件。

6.4.2 控制与定时部件——控制单元

控制单元是发布操作命令的机构,是微计算机的指挥中心。计算机程序和原始数据的输入、MPU内部的信息处理、处理结果的输出、外设与主机之间的信息交换等,都是在控制单元的控制下实现的。计算机是按照存储程序和程序控制的原理工作的,程序本身由一系列指令所组成,每条指令又由操作码和地址码(或操作数)所组成,当计算机执行程序时,控制单元的任务就是逐条地取出指令、分析指令、执行指令。

为了完成上述功能,控制单元至少必须具有指令部件、时序部件和微操作控制部件。控制单元的一般组成如图6-8所示。

(1)指令部件

指令部件一般包括程序计数器、指令寄存器和指令译码器。

①程序计数器(Program Counter,PC)

程序是指令的有序集合。计算机运行时,通常按顺序执行存放在存储器中的程序。先由PC指出要执行指令的首地址,每当该指令被取出后,PC的内容就自动增加,指向按顺序排列的下一条指令的首地址。在正常情况下,CPU总是按顺序逐条执行指令。若遇到转移指令(JMP)、调用子程序指令(CALL)或返回指令(RET),或者是响应中断转去执行中断服务程序时,就会把下一指令的首地址直接置入PC中。

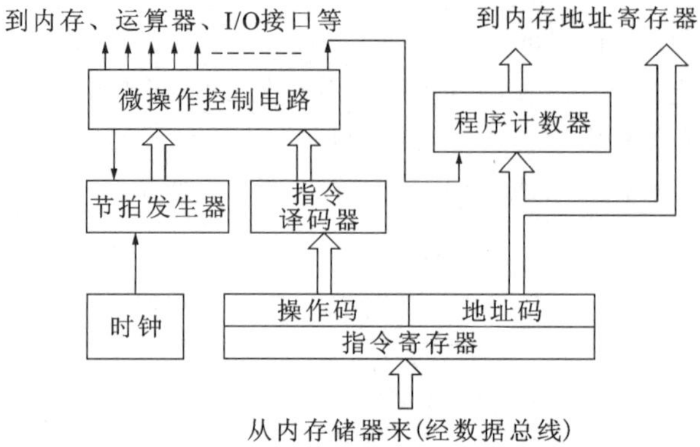

图 6-8　控制单元的组成框图

②指令寄存器(Instruction Register,IR)

IR 用来存放当前要执行的指令内容,它包括操作码和地址码两部分。操作码将指令内容送往指令译码器,地址码则送至操作数地址形成电路。

③指令译码器(Instruction Decoder,ID)

指令译码器是分析指令的部件。操作码经过译码后产生相应操作的控制电位。例如,8 位操作码经指令译码器译码后可以译出 256($=2^8$)种操作控制电位,其中每一种控制电位对应一种特定的操作。相应的 16 位操作码经指令译码器译码后,可译出 65536($=2^{16}$)种操作控制电位。

(2)时序部件

计算机的工作,如取指令、分析指令、执行指令、再取指令等操作,是周期性的,这一系列操作的顺序都需要精确地定时。

时序部件就是用来产生计算机各部件所需的定时信号的部件。它由时钟系统(包括脉冲源、启停逻辑)、时钟脉冲分配器等部件组成。

(3)微操作控制部件

微操作控制部件的主要功能是根据指令产生计算机各部件所需要的控制信号。这些控制信号是由指令译码器的输出电位、节拍发生器产生的节拍电位、节拍脉冲以及外部的状态信号等进行组合而产生的。它按一定的时间顺序,发出一系列微操作控制信号来完成指令所规定的全部操作。

微操作控制部件,可采用组合逻辑控制、微程序控制及可编程序逻辑阵列控制的方式来实现。

6.4.3　寄存器阵列

在微处理器内部,都有一个临时存放数据和地址的寄存器阵列,这个寄存器阵列因 MPU 的不同而不同,有的 MPU 内部寄存器多一些,有的少一些,不管数量多少,其功能相似。

微处理器内部的各寄存器大致可分为以下 4 类:

(1)存放待处理数据的寄存器

①累加器(Accumulator)

一般 MPU 中至少要有一个累加器,数据运算加工处理大部分要使用累加器。为了提高数据的处理效率,有些 MPU 设置了两个以上的累加器,除一个主累加器外,其他几个通用寄存器也可作累加器使用。

②通用寄存器组

通用寄存器是在数据处理过程中可以被指定为各种不同用途的一组寄存器。

为了快速处理数据,在 MPU 内通常设置通用寄存器组,用来临时存放数据和地址。由于 MPU 可以直接处理这些数据和地址,因此减少了访问存储器的次数,从而提高了运算速度。

(2)存放地址码的寄存器

①程序计数器(Program Counter,PC)

程序计数器用来存放现行指令的地址,是一个专用寄存器。每当取出现行指令后,PC 就自动加 1(除转移指令外),以指向下一指令的地址。如果指令是多字节的,则每取一个字节,PC 就增加 1,取出一条指令的所有字节之后,PC 仍指向下一条指令的地址。一般指令是按顺序执行的,故 PC 可用来控制程序执行的顺序。仅当遇到转移或调用指令时,PC 内容才被所指定的地址取代,从而改变指令执行的顺序,实现程序的转移。PC 计数器不能供程序员编程使用。

②堆栈指针(Stack Pointer,SP)

堆栈指针是一个专用寄存器,它用来指示内存(RAM)中堆栈栈顶的地址,每次压入或弹出一个数据时,它能自动修改 SP 的值,以便保证 SP 始终指向栈顶。关于堆栈的概念及有关操作将在 6.5 节加以介绍。

(3)存放控制信息的寄存器

①指令寄存器(Instruction Register,IR)

在 CPU 中,指令寄存器专用于存放指令的代码,一直保存到指令译码器译码完成为止。

②标志寄存器(Flag Register,FR)

标志寄存器用来保存 ALU 操作结果的条件标志,它可以用专门的指令来测试,判断程序是否转移。标志寄存器的内容除可由专门指令来检测外,还可由程序员通过指令来设置。

(4)起数据缓冲作用的寄存器

①数据总线缓冲寄存器(Data Bus Buffer,DBUF)

数据总线缓冲器是在 CPU 内部数据总线和外部数据总线之间起缓冲作用的三态双向缓冲器。CPU 送出的数据,先保存在 DBUF 中,待外部数据总线允许传送时,再把数据送至外部数据总线上;或者从外部数据总线向 CPU 送入数据时,先把数据送入 DBUF 中,待 CPU 内部接收该数据的寄存器准备好之后,或内部数据总线允许传送时,再把数据送至相应的寄存器,这是为了避免总线冲突而采取的措施。

②地址总线缓冲器(Address Bus Buffer,ABUF)

地址总线缓冲器 ABUF 是具有三态控制的单向缓冲器,在 CPU 内部地址总线与外部地址总线之间起缓冲作用。

6.5 Intel 8086 微处理器

6.4 节介绍了一般微处理器的结构。本节将介绍一种具体的 16 位微处理器 Intel 8086 MPU 的结构。

6.5.1 8086 的寄存器结构

8086 MPU 内有 4 组寄存器。第一组是通用寄存器组，用来存放数据和运算的中间结果；第二组是指针和变址寄存器组，用来在存储器的规定段中给出地址偏移量；第三组是段寄存器，提供现行可寻址存储器的段基地址；第四组是控制寄存器。8086MPU 的寄存器结构如图 6-9 所示。

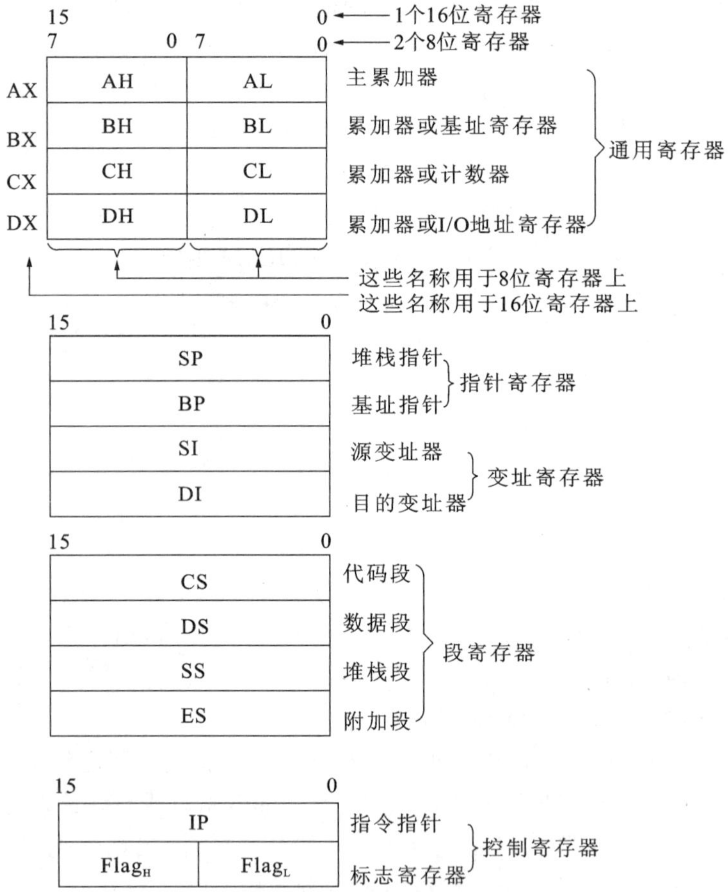

图 6-9 8086 MPU 寄存器结构

(1)通用寄存器

为了提高 8086 MPU 的运算速度，其内部设置了 4 个 16 位的通用寄存器。

4 个 16 位通用寄存器是 AX、BX、CX、DX。每个寄存器既可以作为一个 16 位寄存器使用，也可以分别作为两个 8 位寄存器使用。因此，每个 16 位寄存器的高 8 位和低 8 位部分都有它自己的名称，低 8 位寄存器名分别为 AL、BL、CL 和 DL，高 8 位寄存器名分别为

AH、BH、CH 和 DH。这些寄存器的双重性使得 8086 很容易处理字节和字数据。

通常，这 4 个 16 位通用寄存器都可以作累加器使用，它们的内容既可以用作算术逻辑运算的源操作数，也可用作目的操作数。

AX 寄存器为主累加器，I/O 操作要通过这个寄存器。另外，一些字符串操作和算术指令也需要使用这个寄存器。

BX 寄存器在计算数据存储器地址时常作为基址寄存器，并使用 DS 作为未指明的段寄存器。

CX 寄存器称为计数寄存器。在字符串和循环操作时，用它来控制重复循环操作的次数。它也用在多位移位和循环移位操作中。

DX 寄存器也称为数据寄存器，它为某些 I/O 指令提供 I/O 地址。

表 6-1 中列出了 8086 通用寄存器的专门用法。

表 6-1 8086 通用寄存器专门用法

寄存器	操作	寄存器	操作
AX	字乘法、字除法、字 I/O	CX	串操作、循环操作的计数器
AL	字节乘法、字节除法、字节 I/O、十进制运算	CL	移位或循环次数
AH	字节乘法、字节除法	DX	字乘法、字除法、间接寻址 I/O
BX	转换（表格的开始地址）		

(2)指针和变址寄存器

8086 的指针和变址寄存器由 4 个 16 位的寄存器 SP、BP、SI 和 DI 组成。这些寄存器通常存放的内容是在某一个段内的偏移量。

两个指针寄存器 SP 与 BP 用于访问堆栈段中的数据。在所有的 16 位算术逻辑运算中，它们也可作为操作数使用。

SP(Stack Pointer)称为堆栈指针，它指示当前堆栈栈顶的地址偏移量，在存储器寻址中，凡涉及 SP 寄存器的，则使用寄存器 SS 作为段寄存器。关于堆栈的概念及其操作以后还会专门详细介绍。

BP(Base Pointer)称为基址指针，它用来指示现行堆栈段的一个数据区的“基址”偏移量，这个寄存器主要用来访问堆栈段中的数据。

两个变址寄存器 SI 与 DI 用于访问数据存储器中的数据。这些寄存器广泛地用于字符串操作。串操作指令经常要求一个源操作数和一个目的操作数，源操作数的地址偏移量放在 SI 中，目的操作数的地址偏移量放在 DI 中，所以 SI 与 DI 分别称作源变址寄存器和目的变址寄存器。SI 和 DI 对应的段地址寄存器分别为 DS 与 ES，在使用串操作指令时不能混淆。SI 与 DI 也可以在所有 16 位算术逻辑运算中作为操作数使用。

(3)段寄存器

8086 中有 4 个 16 位段寄存器，它们分别是 CS、DS、SS 和 ES。这些寄存器指明了一个特定的现行段，并且彼此不能互换使用。每个段寄存器在 8086 存储器寻址空间中规定了 64 KB 的存储器块。该 64 KB 存储器块为段寄存器的当前段。

CS(Code Segment)寄存器称作代码段寄存器。在每条指令的取指期间，指令指针 IP

的内容加上 CS 寄存器(左移 4 位)的内容作为被取的指令所在的存储器地址。例如,如果 CS=11DA0H,而 IP=0100H,则将要取出的指令在内存 11EA0H 单元,即

11DA0H	代码段地址左移 4 位
+ 0100H	偏移量
11EA0H	将要取指令的存储器地址

为了指定操作数所在的段,通常可以在指令前面加上一个段超越前缀字节,即 SEG (SEGreg),用来规定由哪个段寄存器提供数的段基地址。

DS(Data Segment)寄存器也称作数据段寄存器。对数据存储器的访问都是相对于数据段寄存器的。但有三个例外:①利用 SP 计算堆栈地址;②使用 BP 计算数据存储器地址,均是相对于堆栈段;③字符串操作(使用 DI 计算地址)相对于附加段。

SS(Stack Segment)寄存器也叫作堆栈段寄存器。在地址计算中使用 SP 或 BP 访问所有的数据存储器均是相对于 SS 段寄存器。因此,所有面向堆栈的指令(例如 PUSH,POP,CALL,RET,INT)均利用 SS 作为段寄存器。

ES(Extra Segment)寄存器也叫作附加段寄存器。在字符串操作中,利用 DI 计算存储器地址,均是相对于 ES 段寄存器。

(4)指令指针 IP 与标志寄存器 FR

16 位的指令指针(Instruction Pointer,IP),其功能和一般的 CPU 中的程序计数器(PC)类似,由 8086 的总线接口部件 BIU 修改,以至于它总是包含下一条要取的指令在现行码段中的偏移量,即 IP 总是指向下一条待取的指令。IP 与 PC 略有差别,8086 中 IP 要与 CS 配合才能形成真正的物理地址。在程序顺序执行期间,IP 包含由 BIU 将要取的指令代码的偏移量;但每当遇到 CALL 和 INT 等指令时,8086 首先自动调整 IP 的内容,使压入堆栈的 IP 值是下一条将要执行的指令地址的偏移量。程序不能直接访问 IP,但指令能够引起它内容的改变,并把它压入堆栈或使它从栈中恢复。

6.5.2 8086 MPU 的功能结构

8086 MPU 从功能上可分成两大部分:总线接口单元(Bus Interface Unit,BIU)和执行单元(Execution Unit,EU),如图 6-10 所示。BIU 负责取指令、读操作数和写结果,EU 负责执行指令。这两个部件独立地进行操作,在大多数情况下,取指令与执行指令的操作是并行的。BIU 与 EU 的并行操作大大减少了等待取指所需的时间,提高了 MPU 的效率。

在早期的 8 位微处理器中,程序的执行是由取指令和执行指令的循环来完成的,即执行的顺序为取第一条指令,执行第一条指令;取第二条指令,执行第二条指令……直至取最后一条指令,执行最后一条指令。这样,待每一条指令执行完以后,MPU 必须等待,到下一条指令取出来以后才能执行。其工作顺序如图 6-11 所示。

但在 8086 中,由于 BIU 与 EU 是分开的,所以取指和执行指令可以重叠。它一方面可以提高整个系统的执行速度,另一方面又降低了对存储器的速度要求。这种重叠的操作利用了计算机的流水技术。图 6-12 示出了重叠执行指令的过程。

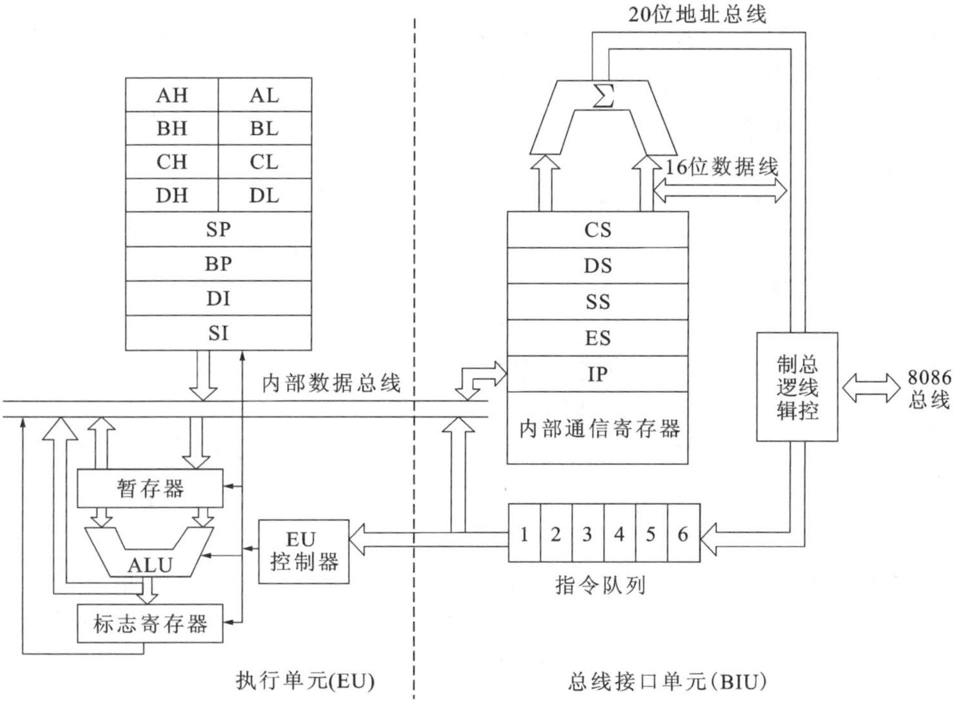

图 6-10 8086 的功能结构

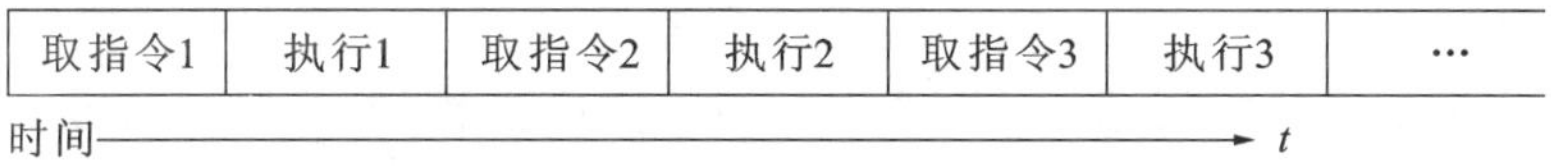

图 6-11 一般 8 位微处理器顺序执行方式

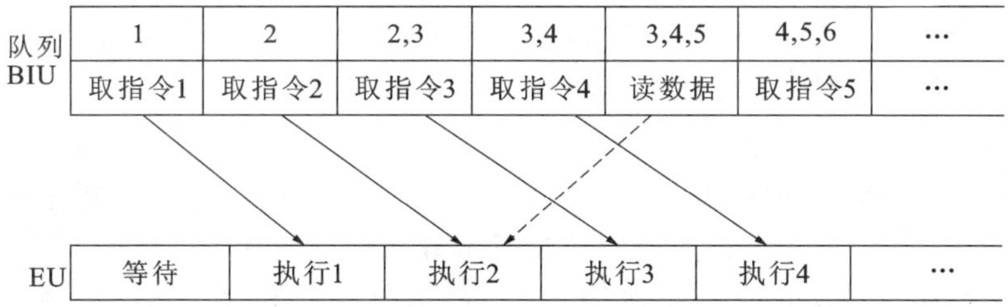

图 6-12 重叠执行指令的过程

(1)总线接口单元(BIU)

总线接口单元是 8086 MPU 同外部的接口部件,它提供了 16 位双向数据总线和 20 位地址总线。BIU 负责完成所有的外部总线操作,具体地说,它完成取指令、指令排队、读和写操作数、地址转换和总线控制。为了实现这些功能,BIU 由段寄存器、指令指针、内部通信寄存器、目的码指令队列、地址加法器和总线控制逻辑部件等组成。

BIU 使用指令队列电路来实现流水线操作。该指令队列允许预取 6 个字节的指令代码,每当 BIU 的指令队列有 2 个或 2 个以上的字节空间,且 EU 未向 BIU 申请读写存储器操作数时,BIU 就按顺序预取后续指令的代码,并填入指令队列。该指令队列又被称为先进先出队列(FIFO)。8086 的外部数据总线的宽度是 16 位,BIU 总是利用一个存储器读写周期读取2个字节的指令代码,并将其存入指令队列中。待一个字节的代码装入队列输入端后,自动调整队列输入端指针,以指向下一个字节单元。EU总是从队列输出端取指令,且在EU取走一个字节的代码后,自动调整队列输出端指针,使其指向队列中下一个可用字节。由此可见,指令队列有两个指针,一个是队列输入指针,另一个是队列输出指针,在队列中每装入或取出一个字节后,队列输入与输出指针都要进行调整。BIU的指令队列与一般的先进先出队列的操作没有什么不同。

如果指令队列已满,且EU未申请访问存储器操作数,则BIU不执行任何总线周期。这种发生在两个总线周期之间、BIU不工作的时间间隔称为空闲状态(idle states)。此外,在EU向BIU申请从存储器或I/O口读写操作数时,如果BIU已准备好取指令,则BIU先完成取指令的总线周期,然后再进行操作数的读/写总线周期。

BIU有一个专用的地址加法器,用来产生20位物理地址,它的输出直接送往地址总线。20位物理地址由16位段基地址(最低位补4个0)加上16位的偏移量产生。

BIU还负责产生总线控制信号,例如,存储器读/写、I/O口读/写的控制信号。这些信号是存储器和I/O口的控制电路所需要的。

16位的指令指针IP由BIU修改,正常执行时,它包含下一条要取的指令在现行码 内的偏移量。然而,每当遇到CALL或INT等指令,需将IP压入堆栈时,8086首先自动调整IP到下一条要执行的指令地址,然后把IP压栈保护。

在多数情况下,指令队列中至少必须保持1个字节的指令代码,EU才无须等待取指令。队列中的指令就是存放在同现行执行指令相邻接,而地址又比它高的那些存储单元中的指令。换句话说,只要是按顺序执行,队列中的指令一定是紧接在现行执行指令后面的逻辑上的指令。如果EU执行转移指令,则BIU清除队列机构,从新地址取得指令,并立即送给EU去执行,然后从后续的指令序列中取指令填满队列。通常一个总线周期读取1个字节的指令代码,如果程序转移到奇地址的指令并执行该指令时,BIU自动地从奇地址单元读1个字节代码,并立即送给EU去执行,然后从下一个相邻接的偶地址开始取2个字节的指令代码并装入指令队列中。

(2)执行单元(EU)

执行单元EU完成指令译码与执行指令工作。它由ALU、状态与标志寄存器、8个通用寄存器、暂存器、队列控制逻辑与时序控制逻辑等部件组成。

EU从BIU的指令队列输出端取得指令,对指令的代码进行译码,产生操作数地址(若需要),并将其传送给BIU,向BIU申请完成存储器或I/O的读/写总线周期,对操作数进行指令规定的操作。在指令执行期间,EU测试标志位,根据指令执行的结果修改标志位。如果指令队列是空的,EU等待下一次取的指令字节,且修改指令队列的输出指针。

EU中的16位ALU用来对操作数进行算术逻辑运算。为了实现数据的快速传送,EU中的所有寄存器和内部数据总线都是16位的。

EU没有连接到系统总线上,所以,对于系统总线来说,它是“外界的”。

6.6 8086中的标志寄存器和堆栈

6.6.1 标志寄存器

8086 MPU 中有一个 16 位的标志寄存器(FR),共设有 9 个标志位,用以反映算术逻辑运算结果的某些特征。不同的指令对标志的影响是不同的;反之,不同的标志也影响着指令执行的结果。标志寄存器各标志位如图 6-13 所示。其中,CF、PF、AF、ZF、SF 和 OF 是状态标志,IF、DF、TF 是控制标志,其他 7 位为无用位。9 个标志的含义和作用分别说明如下:

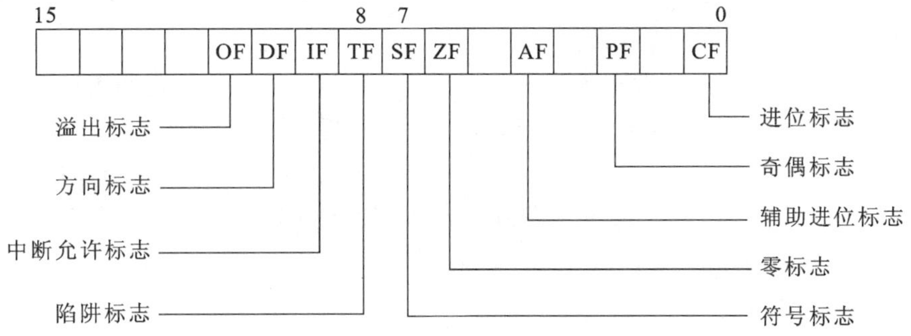

图 6-13 8086/8088 中的标志寄存器

(1)CF(Carry Flag):进位标志。当指令执行的结果(8 位或 16 位)在最高位上产生了一个进位或借位时,CF=1;反之,CF=0。

(2)AF(Auxiliary Carry Flag):辅助进位标志。当一个 8 位数(或 16 位数)的低 4 位向高 4 位(即 b3 位向 b4 位)有进位或借位时,AF=1;反之,AF = 0。这个标志常用于十进制算术运算指令。

(3)OF(Overflow Flag):溢出标志。在算术运算中,带符号数的运算结果超出了 8 位或 16 位符号数所能表示的范围,即在字节运算时,结果大于+127 或小于-128,在字运算时结果大于+32767 或小于-32768,OF=1;反之,OF=0。一个任选的溢出中断指令,在溢出情况下能产生中断。

(4)ZF(Zero Flag):零标志。当运算结果为全零时,ZF=1;反之,ZF=0。

(5)SF(Sign Flag):符号标志。当运算结果为正数,即结果的最高位为 0 时,SF=0;反之,即结果的最高位为 1 时,SF=1。

(6)PF(Parity Flag):奇偶标志。当算术逻辑运算的结果中低 8 位“1”的个数为偶数时,PF=1;为奇数时,PF = 0。该标志可用于检查在数据传送过程中是否发生错误。

(7)DF(Direction Flag):方向标志。用于控制数据串操作指令的步进方向,当 DF= 1 时,表示从高地址向低地址以递减的顺序对数据串中的数据进行处理;当 DF = 0 时,则是从低地址向高地址以递增的顺序对数据串中的数据进行处理。该标志可用指令置为 0 或 1。

(8)IF(Interrupt-enable Flag):中断允许标志。当 IF=1 时,CPU 可以响应外部可屏蔽中断请求;当 IF = 0 时,CPU 不响应外部可屏蔽中断请求;但 IF 对不可屏蔽中断或内部产生的中断没有影响。该标志可用指令置为 1 或 0。

(9)TF(Trap Flag):陷阱标志。当 TF=1 时,CPU 进入单步工作方式,每执行完一条指令就自动产生一个内部中断,以便进行程序调试;当 TF=0 时,正常执行程序。

6.6.2 堆栈

所谓堆栈,就是一个按照后进先出(Last In First Out,LIFO)的原则存取数据的部件。

早期的微处理器是利用一组内部寄存器作为堆栈,这种堆栈称为硬件堆栈。硬件堆栈工作速度较快,但由于寄存器数目有限,堆栈的深度就受到一定的限制。目前,微型机一般都把内存的一个区域作为堆栈,这种堆栈称为软件堆栈。软件堆栈容量可以很大,所以,堆栈实质上就是一个按照后进先出的原则组织的一段内存区域。这样也就需要有一个指针(相当于地址)SP 来指示堆栈的位置。8086/8088 规定:SP 始终指向堆栈的顶部,即始终指向最后推入堆栈的数据所在的单元。

在一个实际的程序中,常常有主程序与子程序,在主程序中往往要调用子程序或执行中断服务程序(关于中断,将在以后详细介绍),这时就要暂停主程序的执行,转去执行子程序或中断服务程序,则计算机必须把主程序调用子程序指令的下一条指令的地址(或中断时的断点),即 PC 值保留下来,才能保证子程序(或中断服务程序)执行完之后正确返回主程序继续执行,如图 6-14 所示。

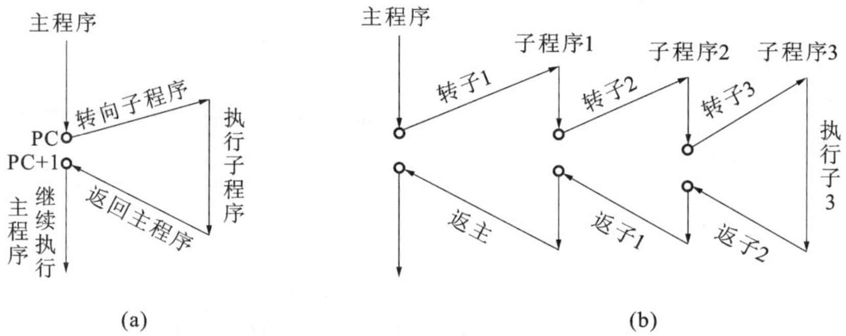

图 6-14　主程序调用子程序与子程序嵌套示意图

(a)主程序转子程序及返回示意图;(b)子程序嵌套示意图

另外,执行子程序时,通常都要用到 CPU 内部寄存器,且执行的结果会影响标志位,所以也必须把调用子程序前的主程序使用的寄存器中的数据和标志位的状态保存下来,这就需要有一个保留这些内容的地方。而且,在一个程序中,往往在子程序中还会调用另外的子程序,这称为子程序嵌套或子程序递归(自己调用自己),如图 6-14(b)所示。

为了在调用子程序(或转向中断服务程序)时,能把断点及有关的寄存器、标志位及时地、正确地保留下来,并能保证逐次正确返回,就需要一个堆栈完成这一任务。堆栈正好是把后保留的值先取出来,而且堆栈指针 SP 可以实现对栈区的自动管理。

8086/8088 中有两个与堆栈有关的寄存器,一个是 SS(堆栈段寄存器),它标识现行堆栈段的基地址;另一个是 SP(堆栈指针),它标识现行堆栈段内的偏移量,8086/8088 中的堆栈是"向下生成"的堆栈,即随着推入堆栈的内容的增加,SP 值减小。也就是说,SP 所指的存储单元的地址随着栈中数据增加而变小。SP 的初值,可由指令 MOV SP,DATA 来设定。当栈中没有压入数据时,栈顶与栈底是重合的,随着推入栈中内容的增加,堆栈就扩展,

SP 值减小，但每次操作完后，SP 总是指向栈顶——堆栈的最大容量，即 SP 的初值。

堆栈操作有专门的入栈指令 PUSH 与出栈指令 POP，这些指令将在后面指令系统中详细介绍，入栈与出栈指令的操作数是一个字，而不是一个字节。例如：

若 SS = 1000H，SP = 2000H，要把 AX 寄存器中的内容压入堆栈，用入栈指令 PUSH AX。

第一步，SP－1→SP，然后把 AH(高位字节)送入 SP 所指单元(即 SP＝1FFFH)；

第二步，SP－1→SP，把 AL(低位字节)送至 SP 所指单元(此时 SP＝1FFEH)。堆栈变化如图 6-15 所示。

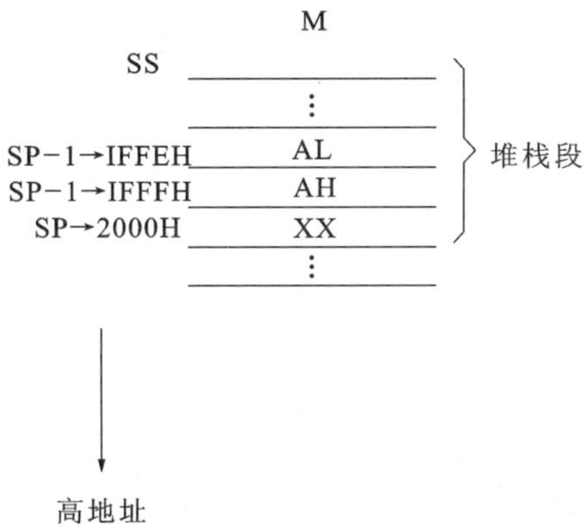

图 6-15　堆栈操作示意图

数据出栈操作与入栈过程正好相反。弹出时，先把 AL 内容弹出，然后修改 SP＋1→SP；再把 AH 内容弹出，再修改 SP＋1→SP。

在子程序调用和中断时，断点地址的入栈保护与上述 PUSH 指令的操作相同，但它们是由子程序调用指令(CALL)或中断响应自动完成的。恢复断点地址是由返回指令(RET 或 IRET)完成的。

6.7　8086 系统的组成

8086 系列器件是 Intel 公司生产的微处理器和系统元件系列，它向设计者提供了先进的设计结构，能满足不同应用领域的要求。根据外部设备的数量和系统的要求，8086 MPU 可以组成最小模式系统和最大模式系统。

6.7.1　存储器组织与存储器分段

(1)存储器组织

8086 有 20 条地址线，它的直接寻址能力为 1 M(＝2^{20})字节。所以，在一个 8086 组成的系统中，可以有多达 1 M 字节的存储器。这 1 M 字节逻辑上可组织成一个线性矩阵，地址从 00000H 到 FFFFFH，如图 6-16 所示。在存储器中，每个存储单元都有一个地址，每个单元中都可存储一个字节。

任何两个相邻的字节单元可以存放一个 16 位的字(word)，在一个字中的每个字节有一个字节地址，这两个地址中数值较小的那个地址作为该字的地址。如果在存储器中存放一个字符串(字节序列)，那么字符串的第一个字节存放在地址较低的单元中，以后依次存放。存储器中字与字节的存放见图 6-17。例如，从 1000H 单元取出一个字，则这个字是 3412H，若从 1005H 单元取出一个字，则这个字是 CDABH。无论是从偶地址单元取字，还是从奇地址单元取字，都是把该单元与下一个单元两个相邻地址单元的 16 位数取出来，且下一字节单元为高 8 位数。

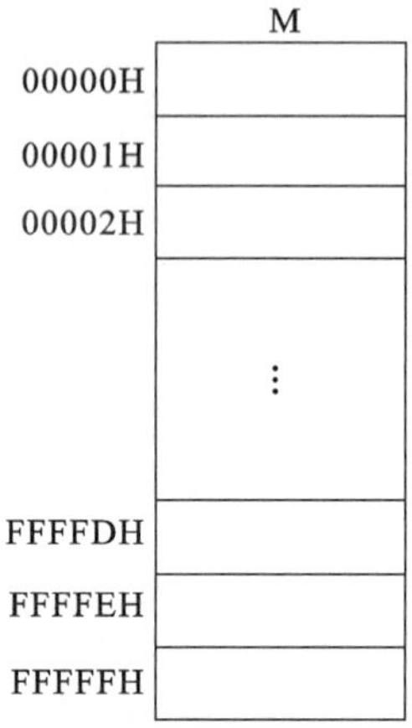

图 6-16　存储器地址

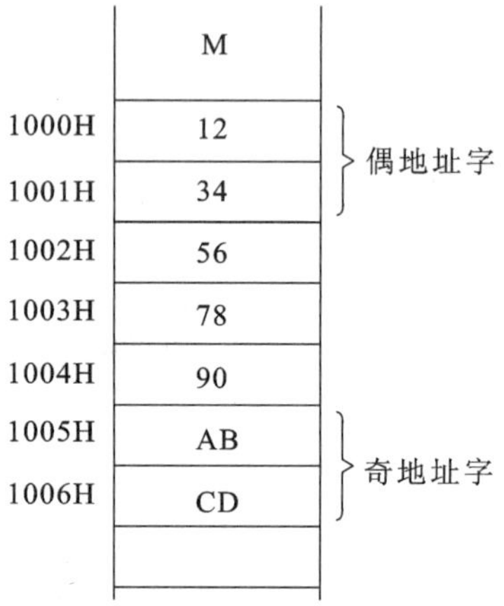

图 6-17　存储器中字与字节的存放

存储器对于指针一般是按双字进行存放的，主要用来对位于非现行可寻址段中的数据和代码进行寻址。指针的低位字代表在某段中的偏移量，而高位字则代表该段的段基址。图 6-18 所示是指针存放的一个例子，其中 1234H 是某一段的段基地址，而 01ABH 是在该段中的偏移量。

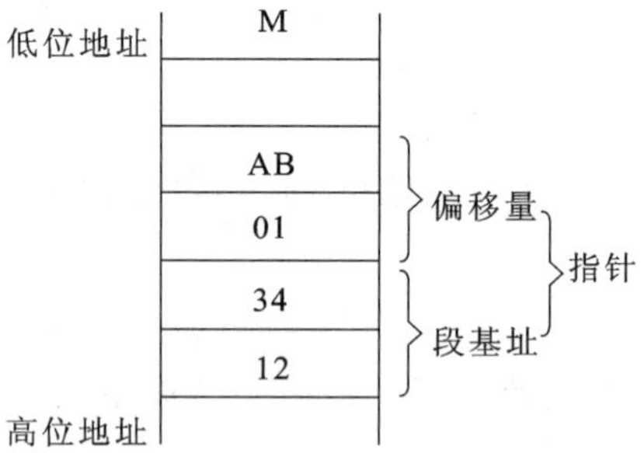

图 6-18　存储器中指针的存放

8086 中既有访问字节的指令也有访问字的指令，不论是读存储器还是写存储器，每次总是 16 位。执行访问字节指令时，只用了 8 位，另外 8 位则被忽略了。这 16 位总是存储器内两个连续字节单元的内容，其中第一个字节的地址是偶地址时，可以通过一次访问来实现其功能。然而，对于奇地址的字的读写指令，MPU 必须读写两个连续的偶地址的字，两次访问存储器，每次都忽略掉不需要的半个字，并对剩下的两个字节进行某种形式的字节调整。

于是，读写偶地址的字的指令对操作数的读写操作只需访问一次存储器；而读写奇地址的字的指令则必须两次访问存储器，分别取它所需要的那半个字，并进行某种形式的字节调整，以形成指令所需要的字。在 8086 程序中，指令只需指出操作数的字节或字的类型，实现上述访问所需的一切操作都是由 8086 CPU 自动完成的。各种字节或字的存储器读出，如图 6-19 所示。

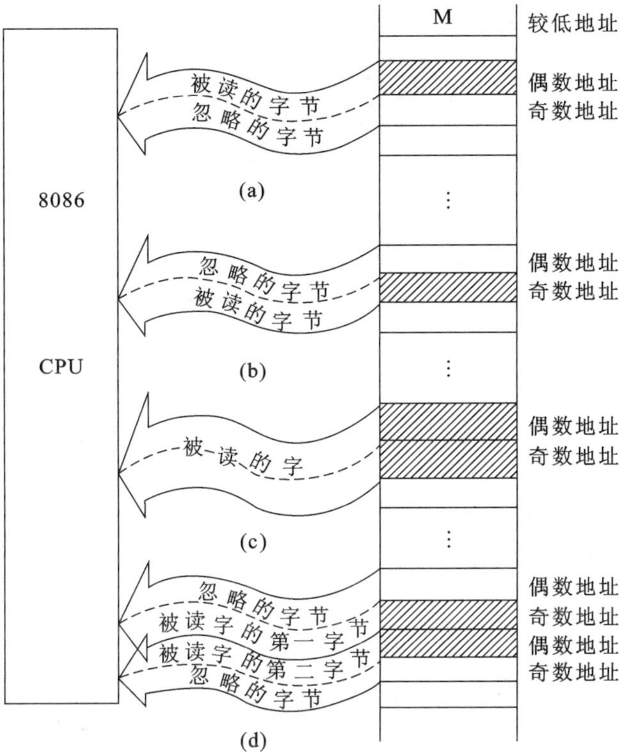

图 6-19 8086 **从存储器中读字节和字示意图**

(a)读偶地址中的字节；(b)读奇地址中的字节；(c)读偶地址中的字；

(d)读奇地址中的字，需访问存储器两次

和 8086 不同，8088 的外部数据总线是 8 位的，所以 8088 总是以字节为单位访问内存，取指令也是一个总线周期读取一个字节的指令代码。在 8088 编程时，若把字操作数存放在偶地址开始的存储单元，在运行程序时与字操作数存放在奇地址开始的存储单元一样，但这样的程序移植到 8086 的系统中时，将会获得最大的吞吐量。所以，字操作数存放在偶地址一开始是值得推荐的。

(2)存储器分段

在 8086/8088 中，MPU 的 ALU 进行的运算是 16 位的，有关的地址寄存器如 SP、IP 以及 BP、SL、DI 等都是 16 位的，因而对地址的运算也只能是 16 位的，也就是说，对于 8086/8088 来说，各种寻址方式，寻找操作数的范围限制在 64 K 字节。而 8086/8088 有 20 条地址线，它的直接寻址能力为 1 M 字节。这样就产生了一个矛盾，即 16 位的地址寄存器如何去寻址 20 位的存储器的物理地址。解决这个问题是靠存储器分段实现的，整个 1 M 字节的内存储器以 64 K 字节为单位分为若干段。在寻址一个具体物理地址时，必须由一个段地址(基地址)左移 4 位再加上 SP(或 IP 或 BP 或 SI 或 DI 等)，可由 MPU 处理的 16 位偏移量来形成实际的20位物理地址。这个段地址(或基地址)就是由8086/8088中的段寄存器形成的。这4个段寄存器分别是代码段寄存器CS、堆栈段寄存器SS、数据段寄存器DS和附加段寄存器ES。在形成20位物理地址时,段寄存器中的16位数会自动地左移4位,然后与16位偏移量相加,如图6-20所示,20位物理地址形成公式为

20位物理地址=(段寄存器)×24+ 16位偏移量

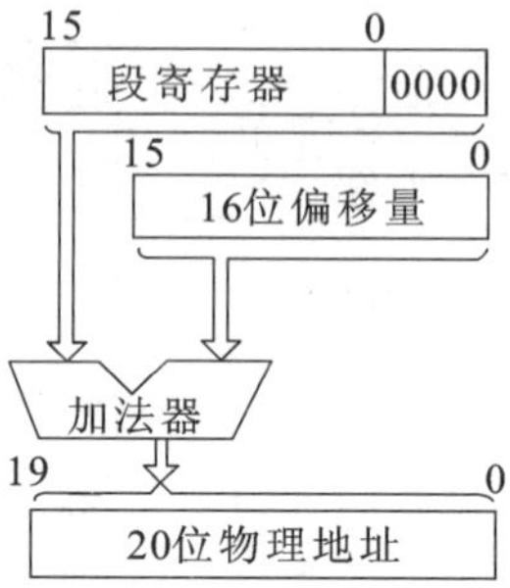

图6-20 8086/8088 **物理地址的形成**

每当需要产生一个20位地址时,一个段寄存器会自动被选择,且能自动地左移4位,再与一个16位的地址偏移量相加,以产生所需要的20位物理地址。

在取指令时,MPU会自动地选择代码段寄存器CS,再加上由IP所决定的16位偏移量,计算出要取的指令的物理地址。

在执行堆栈操作时,MPU会自动选择堆栈段寄存器SS,再加上由SP所决定的16位偏移量,计算出堆栈操作所需的20位物理地址。

在不改变段寄存器值的情况下,寻址的最大范围是64 K字节。若某一任务所需的存储器长度(包括程序长度、堆栈区长度和数据区长度等)不超过64 K字节,则可在程序开始时使CS、SS、DS相等,程序即能正常工作。若某一任务其程序长度、堆栈长度以及数据区长度分别都不超过64 K字节,则可在程序开始时分别给CS、DS、SS赋初值,然后在程序中可不再考虑这些段寄存器。若一个程序中要用的数据区长度超过64 K字节,或要求从两个(或多个)不同区域中去取操作数,只要在取操作数前用指令给数据段寄存器重新赋值就可以了。

每一个存储单元可以看成具有两种类型的地址:物理地址和逻辑地址。物理地址也就是实际地址,它具有20位的地址值,唯一标识1 M字节存储空间的某字节存储单元。MPU和存储器之间的信息交换都是使用这个物理地址。

逻辑地址是由段基地址和16位偏移量组成。程序以逻辑地址编址而不是用物理地址编址,这不仅允许程序员在不知道代码存放位置的情况下开发软件,也为存储器的动态管理创造了条件。

对任何给定的存储单元而言,段基地址设定了该分段的起始字节单元的地址,偏移量是从段的起始字节到目标单元的字节距离。

存储空间的分段并不是唯一的,它们可以互相重叠,对于一个具体的存储单元来说,可以属于一个逻辑段,也可以同时属于几个逻辑段。图6-21所示就是存储器分段的一个例子。

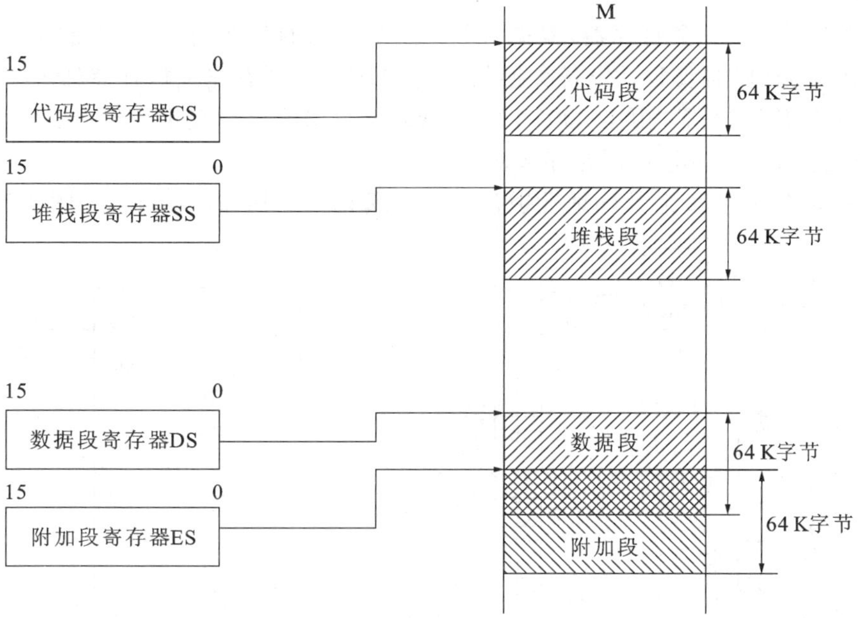

图 6-21 存储器分段示意图

6.7.2 输入/输出结构

8086 系统与其他设备连接的电路叫端口。通过这些端口，8086 既可以接收外部信息，也可以把信息送往外设，并可发出命令来控制外部设备。

8086 MPU 具有读端口信息和写端口信息的专用 I/O 指令。

8086 系统可以访问 8 位端口或 16 位端口地址。若 CPU 用直接寻址方式寻外设端口，端口地址用 8 位，可寻址 256（$=2^8$）个端口；若用 DX 间接寻址外设的端口，端口地址用 16 位时，可寻址 64 K（$=2^{16}$）个端口。各个端口的寻址方式都与存储器的字节或字的寻址相同，不同之处在于没有端口段寄存器，可以认为全部端口在一个分段内。

当 8086 采用最小模式时，8086 提供总线保持（HOLD）和总线响应（HLDA）信号，它们同 8257 和 8237 等 DMA 控制器是相容的。DMA 器件通过发出 HOLD 信号，请求使用总线，以便在 I/O 设备与内存之间直接进行数据传送。

当 8086 采用最大模式时，可以用 8086 和 8089 I/O 处理器组成一个 8086 最大模式系统，大大改善了系统的 I/O 性能。8089 在原理上可看成两个 DMA 通道的处理器，其指令系统是专门为 I/O 操作而设计的。8089 与简单的 DMA 控制器不同，它可以直接为 I/O 设备服务，而 8086 不再承担此任务。此外，它能在本身的总线或系统总线上传送数据，使 8 位或 16 位的外设与 8 位或 16 位的总线相匹配，并承担从存储器到存储器或存储器与 I/O 设备之间的信息传输的各项任务。

6.7.3 总线接口部件

如前所述，8086 MPU 由于引脚数目的限制，数据地址信号等引线是分时复用的，在组成系统时，必须有一些总线接口芯片将复用信号加以分开。

(1)地址锁存器

地址锁存器就是一个暂存器,根据 MPU 控制信息的状态,将总线上的地址码暂存起来。当 MPU 与存储器或 I/O 设备交换信息时,MPU 必须首先发送存储器或 I/O 端口的地址,然后才能传送数据。由于 8086 MPU 地址与数据线分时复用,所以在数据占有总线之前,必须先将总线上的地址码暂存起来。

8086 系统常用 8282 芯片作地址锁存器。8282 内部结构和逻辑符号如图 6-22 所示。

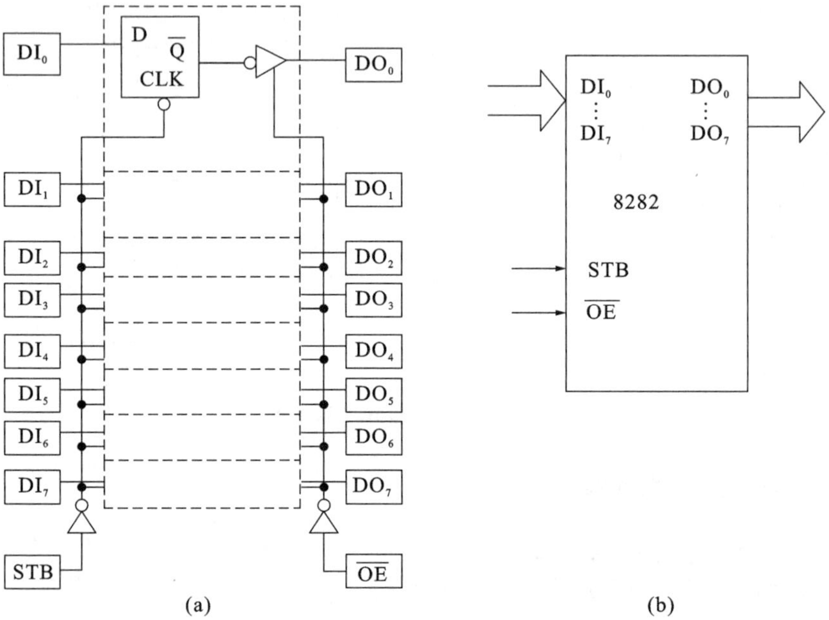

图 6-22 8282 **内部结构与逻辑符号图**

(a)内部结构;(b)逻辑符号

8282 是带有三态输出缓冲器的 8 位双向锁存器,共 20 条引脚。选通信号 STB 由高变低时,满足建立时间要求的输入数据被锁入锁存器中。保持 STB 为高电平,就使锁存器变得透明。驱动 $\overline{\text{OE}}$ 输入端,数据就出现在输出端上。当 $\overline{\text{OE}}$ 为高电平时,输出缓冲器处于高阻态。

利用 8282 锁存器可以产生独立的地址总线和数据总线输出,图 6-23 所示是 8086 最小模式时与 8282 的连接图。

8086 CPU 引脚 MN/$\overline{\text{MX}}$ 接到+5V 电源上,系统在最小模式下工作,即用来组成单处理器系统。MPU 在 T_1 状态下把 20 位地址信号与 $\overline{\text{BHE}}$ 信号送到总线上,由 ALE 信号把它们装入 8282 锁存器中。由于 8282 引脚 $\overline{\text{OE}}$ 接地(总允许输出),于是 8282 锁存的地址和 $\overline{\text{BHE}}$ 信号被立即送到总线上,保证地址信息不被丢失。

(2)双向总线驱动器

在 8086 组成的系统中,由于地址/数据线是分时复用的,所以地址锁存是必不可少的,而 MPU 进行读写数据操作时,它不可能再发送地址,所以数据锁存不是必需的,见图 6-25。因此,它只有地址锁存,而没有数据锁存,存储器与 I/O 接口电路的数据直接与 MPU 的数据总线相连。但在较大的系统中,由于使用的存储器和 I/O 接口数目较多,而 MPU 数据总线带负载的能力是有限的,当挂在数据总线上的部件都想发送与接收数据时,就有可能超过 8086 的功率极限,这时就需要使用总线驱动器以增加处理器带负载的能力。此外,当 MPU

总线通过电缆与外设相连时，由于电缆是电容性负载，为了减小分布电容对信息传送造成的影响，也需要加设驱动器。

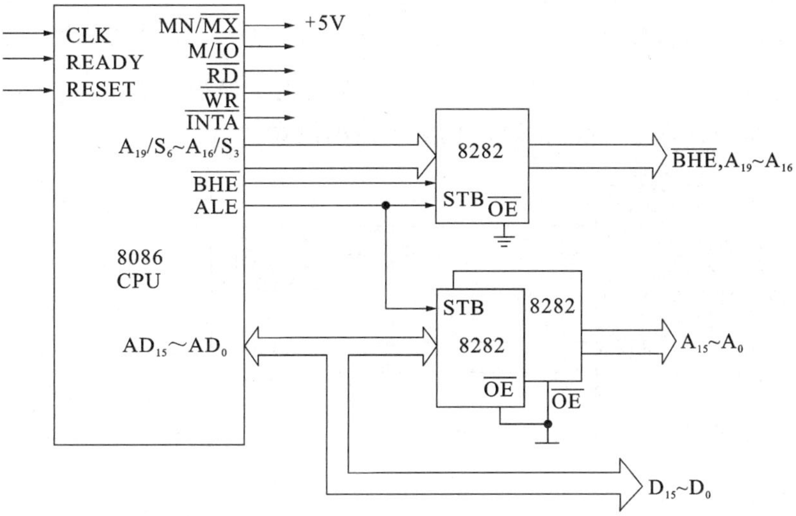

图 6-23　最小模式时 8086 CPU 与 8282 的连接

由于数据在 MPU 与存储器或 I/O 接口之间的传送是双向的，所以要求总线驱动器是双向的，能在两个方向上进行发送和接收的驱动器又称总线收发器。

双向总线驱动器的芯片有很多种，常用的如 8216/8226，是 4 位双向总线驱动器，而 8286/8287 是 8 位双向总线驱动器。

下面以 8286 双向总线驱动器为例，说明它与 8086 MPU 的连接。

8286 是 8 位收发器，其逻辑符号与内部结构如图 6-24 所示。其中 T 是控制收发方向的输入控制引脚，若 T 为高电平，则 $A_0 \sim A_7$ 引脚上数据传送至 $B_0 \sim B_7$ 引脚。若 T 为低电平，则 $B_0 \sim B_7$ 引脚上数据传送至 $A_0 \sim A_7$ 引脚。$\overline{OE}$ 是一个用于开启相应的输出驱动器(由 T 选择)，将数据送入相应的总线上的输入控制信号。只有当 $\overline{OE}$ 为低电平时，才允许 8286 传送数据。当 $\overline{OE}$= 1 时，8286 呈高阻输出。

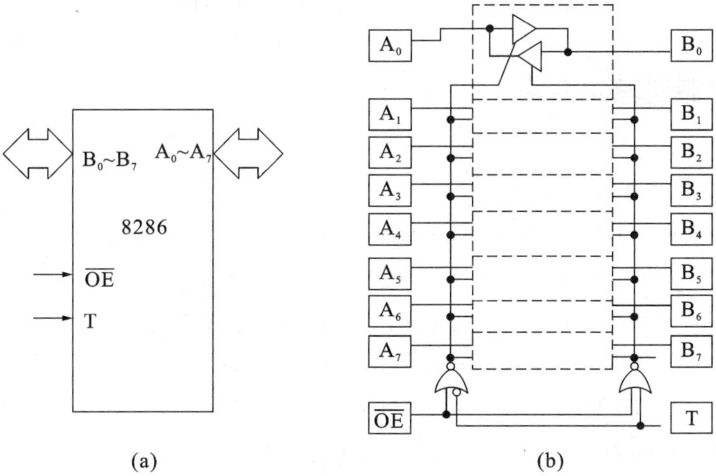

图 6-24　8286 收发器逻辑符号与内部结构

(a)逻辑符号；(b)内部结构

图 6-25 给出了带地址锁存与数据缓冲的系统总线。用 8282 锁存器产生地址总线，用 8286 收发器产生缓冲的数据总线。8086 的 $\overline{\text{DEN}}$ 信号作为 8286 的输出允许信号 $\overline{\text{OE}}$，仅当 $\overline{\text{DEN}}$ 为低电平时，允许数据经 8286 进行传送。8086 的 DT/$\overline{\text{R}}$ 信号用来控制数据传送的方向，接至 8286 的引脚 T。当 DT/$\overline{\text{R}}$=1 时，MPU 向数据总线发送数据；当 DT/$\overline{\text{R}}$=0 时，则 CPU 接收来自系统总线上的数据，8086 仍处于最小模式。

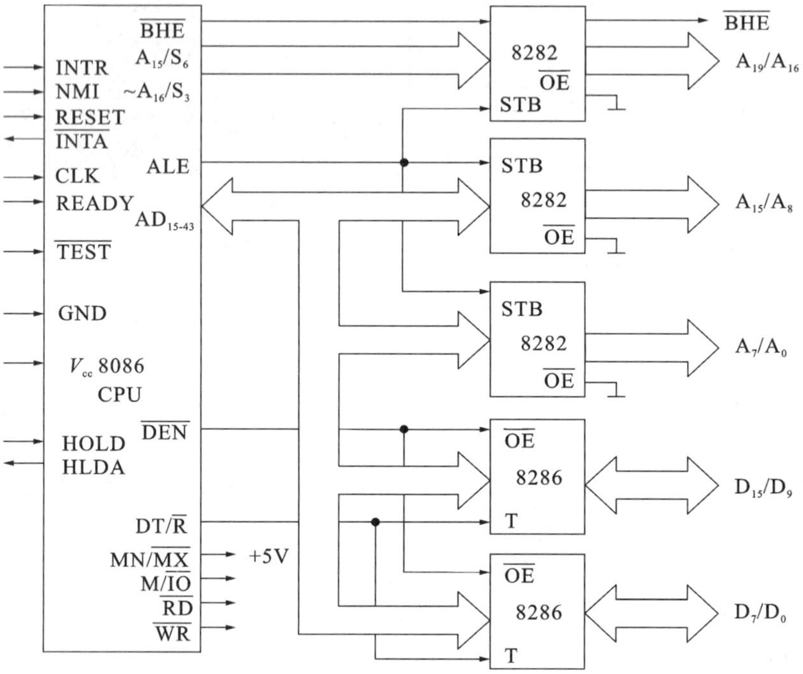

图 6-25　带地址锁存与数据缓冲的系统总线

6.8　8086 存储器扩展

6.8.1　存储器基本介绍

1. 存储器概念

存储器是计算机中用来存储信息的部件，它能把计算机要执行的程序、数据处理的中间结果和最终结果存储在计算机中，使计算机能自动、连续地工作。因此，存储器是微机系统不可缺少的组成部分，是计算机中各种信息的存储和交流中心。

能够存储一位二进制信息的最小物理基体叫作存储基元(Cell)。若干个存储基元(一般为 8 个)可组成一个存储单元，许多存储单元可构成一个存储体(或称存储矩阵)，存储体与存储器控制电路互相配合就可构成存储器。

在运行程序时，CPU 自动、连续地从存储器中取出指令并执行指令规定的操作，计算机每完成一条指令，至少要执行一次访问存储器的操作，并把处理结果存储在存储器中。

2. 存储器的分类

(1)按存储介质分类

存储介质是指存储二进制信息的物理载体，这种载体具有表现两种相反物理状态的能力。目前使用的存储介质主要有半导体器件、磁性材料和光学材料。

①用半导体器件做成的存储器称为半导体存储器。从制造工艺的角度又把半导体存储器分为双极型和MOS型等。

②用磁性材料做成的存储器称为磁表面存储器，如磁盘存储器和磁带存储器。

③用光学材料做成的存储器称为光表面存储器，如光盘存储器。

(2)按读/写功能分类

存储器按读/写功能分为只读存储器和随机存取存储器。

①只读存储器(Read Only Memory, ROM)：ROM所存储的内容是固定不变的，即只能读出不能写入，一般用来存放微机的系统程序，如微机的系统管理程序、监控程序等。

②随机存取存储器(Random Access Memory, RAM)：RAM是既能读出又能写入的存储器，主要用来存放各种输入、输出数据及中间结果，并可与外存储器交换信息和作堆栈用。

(3)按在微机系统中的作用分类

根据存储器在微机系统中所起的作用，可分为主存储器(又称内存储器，简称内存)、辅助存储器(又称外存储器，简称外存)和高速缓冲存储器(Cache)等。

①主存储器在主机内部，用来存放当前正在运行的程序和数据。主存储器与CPU及各种接口电路一起构成微机主机，CPU通过指令可以直接访问主存储器。其特点是速度较快，但容量较小，价格也较高。

②辅助存储器属于计算机的外部设备，通常用来存储CPU当前操作暂时用不到的程序或数据。其特点是存储容量极大、价格便宜，它所存储的大量信息在断电后也不会丢失，但速度较慢。辅助存储器主要是硬盘，大容量硬盘(40 GB以上)是现代微机必不可少的外部存储器，用来存放系统程序和大型数据文件及数据库。

③高速缓冲存储器是计算机系统中的一个高速小容量存储器，位于CPU和内存之间。在现代微机中，为了提高计算机的处理速度，利用高速缓存来暂存CPU正在使用的指令和数据，这样可以加快信息传递的速度。目前，高速缓存主要由高速静态RAM组成。

3. 存储系统的层次结构

微机系统对存储器的基本要求是容量大、速度快和成本低，但要想在一个存储器中同时兼顾这三个方面是很困难的。为了解决存储器的容量、速度、价格三者之间的矛盾，人们除不断研制新的存储器件、改进存储性能外，还从存储系统结构上研究更加合理的结构模式，形成存储系统的多级层次结构。

存储系统的层次结构就是把不同存储容量、存取速度和价格的存储器按层次结构组成多层存储器，并通过管理软件和辅助硬件有机组合成统一的整体，使所存放的程序和数据按层次分布在各种存储器中。目前，在计算机系统中通常采用三级层次结构来构成存储系统，主要由高速缓冲存储器Cache、主存储器和辅助存储器组成，如图6-26所示。

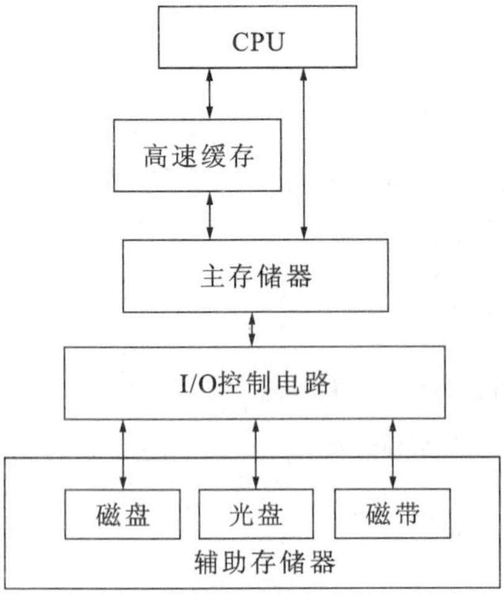

图 6-26　存储系统的层次结构

对于容量要求很大的存储系统，仅采用单一结构的存储器是行不通的。它至少需要两种存储器：主存储器（主存）和辅助存储器（辅存）。把 CPU 当前正在运行的程序和数据放在主存中，把暂时不用的程序和数据放在辅存中。

在程序执行过程中，不断把位于辅存中即将处理的信息调入主存，处理完毕的信息不断被调出主存。这个工作由计算机自动完成，即采用虚拟存储器技术。在这种系统中，程序员面对的是一个既有主存速度，又有辅存容量的存储器整体，编程时可直接使用辅存容量的地址空间，而不必考虑主存的容量限制。虚拟存储技术较好地解决了存储系统的容量问题。

由于 CPU 处理指令和数据的速度比从主存储器读取指令和数据的速度快（约有一个数量级的差距），因此主存储器读取速度成为系统"瓶颈"。为了解决存储速度问题，在存储系统结构中主要采用以下措施：

（1）在 CPU 内部设置多个通用寄存器，以便存放中间数据，减少访问主存的次数，从而减小主存对 CPU 速度的影响。但通用寄存器数目不宜太多，否则将增加编程负担。

（2）采用多存储模块交叉存取。可以把主存分成多个模块，按顺序把信息交叉地存放到各个模块中。CPU 按顺序访问主存时，连续的信息可以从不同的存储模块中同时读取，从而提高了读取信息的平均速度。近年来出现的双端口存储器，可以从两个端口并行地访问存储器所存储的内容，有效地提高了存储器的访问速度。

（3）采用高速缓冲存储器（Cache）。Cache 的存取速度与 CPU 工作速度相当，容量较小，位于 CPU 和主存之间。它所存放的内容是当前机器运行中最活跃的一部分信息，是主存中部分信息的副本。程序运行时，计算机自动地把要执行的程序和数据从主存调入 Cache 中。这样，CPU 只要访问 Cache 就可以取得所需信息，只有当 CPU 所需的信息不在 Cache 时才去访问主存。不断用新的信息更新 Cache 的内容，就可使 CPU 的大部分信息访问操作在 Cache 中进行，以减少对慢速主存的访问次数。

图 6-26 所示的存储系统多级层次结构由上向下分为三级，其容量逐渐增大，速度逐级降低，成本则逐次减少。整个结构又可以看成两个层次：分别是主存-辅存层次和 Cache-主存层次。这个层次系统中的每一种存储器都不再是孤立的存储器，而是一个有机的整体。它们在辅助硬件和操作系统的管理下，可把主存-辅存层次作为一个存储整体，形成的可寻址存储空间比主存储器空间大得多，辅存容量大、价格低，使得存储系统的整体平均价格降低。由于 Cache 的存取速度可以和 CPU 的工作速度媲美，因此 Cache-主存层次可以缩小主存和 CPU 之间的速度差距，从整体上提高存储器系统的存取速度。尽管 Cache 成本高，但由于容量较小，不会使存储系统的整体价格上涨很多。

综上所述，一个较大的存储系统是由各种不同类型的存储设备构成的，这样的系统是一个具有多级层次结构的存储系统。该系统既有与 CPU 相近的速度，又有极大的容量，且价格又较低。采用多级层次结构的存储器系统可以有效解决存储器的速度、容量和价格之间的矛盾。

6.8.2　存储器的扩展与寻址

存储器是微机的基本组成部分之一，计算机对存储器不仅有存取速度的要求，而且有存储容量和存储器字长的要求。现在各厂家为用户提供了许多不同容量、不同速度、不同功能、不同字长的存储器芯片，常用的半导体存储器芯片有多字一位存储芯片和多字多位存储芯片。当一片 RAM 存储芯片不能满足存储容量需要时，就需要将若干片 RAM 存储芯片组合起来，构成满足存储容量要求的存储器。

由于单个存储芯片的存储容量是有限的，并且具有不同的结构，仅靠单片存储芯片并不能满足计算机对存储器的要求，因此要组成一个大容量、定字长的存储器模块，通常需要几片或几十片存储器，采用一定的连接方式进行扩充，需要在字扩展、位扩展和字位同时扩展三个方面进行。实现存储器扩展时，存储芯片连接主要包含三种线的连接：① 地址线 $A_0 \sim A_n$ 的连接；②数据线 $I/O_0 \sim I/O_n$ 或 $D_0 \sim D_n$ 的连接；③控制线的连接，如片选 $\overline{CS}$、读/写 $\overline{WE}$。

1. 位扩展法

位扩展是指增加存储字长，仅在字长(位数)扩展，字数不做扩展。当字数满足要求，而位数不够时，应采用位扩展。位扩展可以利用芯片地址并联的方式实现，即将各芯片的数据线分别接到数据总线的各位，而各芯片的地址线、读/写信号线和片选信号线对应地并联在一起。

例：使用 8 K×1 位的 RAM 构成 8 K×8 位的存储器，如图 6-27 所示。如下分三步：

(1)使用 8 片 8 K×1 的 RAM 芯片，每片有 13 根($A_0 \sim A_{12}$)地址线，1 根(I/O)数据线。

(2)每片 RAM 的 1 根数据线分别接至数据总线的相应位($D_0 \sim D_7$)。

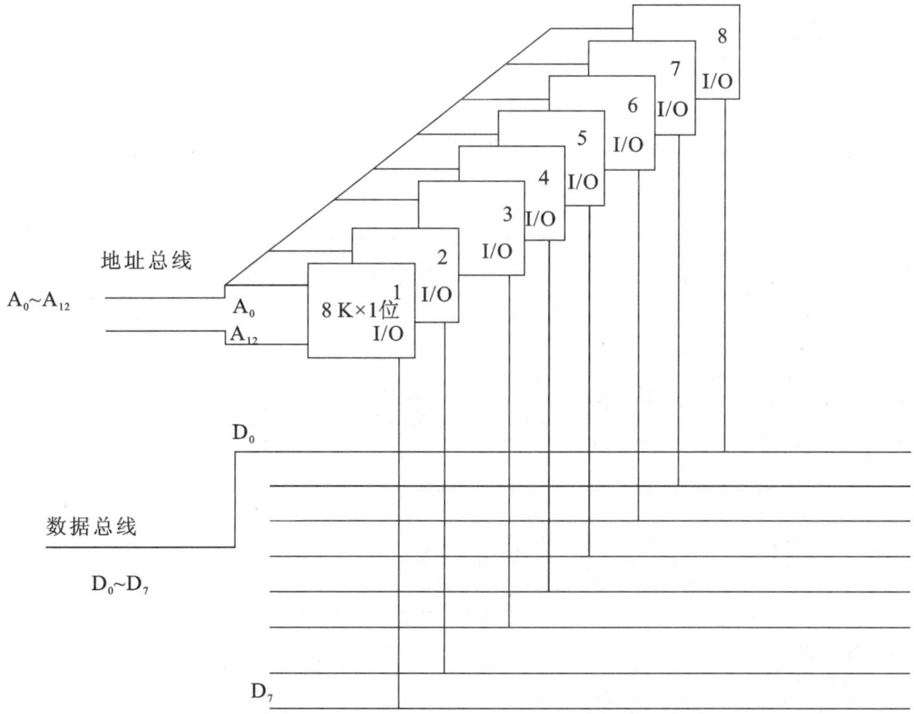

图 6-27　使用 8 K×1 位 RAM 构成 8 K×8 位的存储器

(3)将 8 片地址线的相应位($A_0 \sim A_{12}$)并联后接至地址总线的相应位上。

实现位扩展的原则是:①多个单片 RAM 的 I/O 端并行输出。②多个 RAM 的 $\overline{CS}$ 端接到一起,作为 RAM 的片选端(同时被选中)。③地址端对应接到一起,作为 RAM 的地址输入端。④多个单片 RAM 的 $\overline{WE}$ 端接到一起,作为 RAM 的读/写控制端(读/写控制端只能有一个)。4 片 256×1 位的 RAM 扩展成 256×4 位的 RAM 接线图如图 6-28 所示。

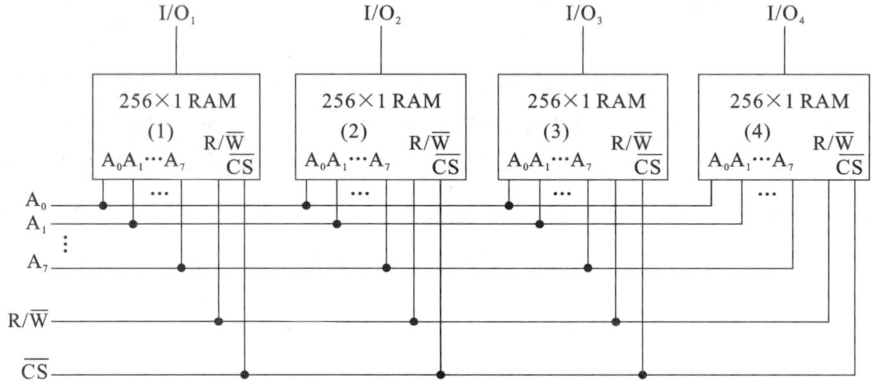

图 6-28 256×4 位的 RAM 接线图

2. 字扩展法

字扩展是指增加存储器字的数量,可利用芯片地址串联的方式实现。只在字向扩充,而位数不变。当字数增加时,地址线数就相应增加。

如 256×8 位 RAM 的地址线数为 8 条,而 1024×8 位 RAM 的地址线数为 10 条。字扩展法示意图如图 6-29 所示。

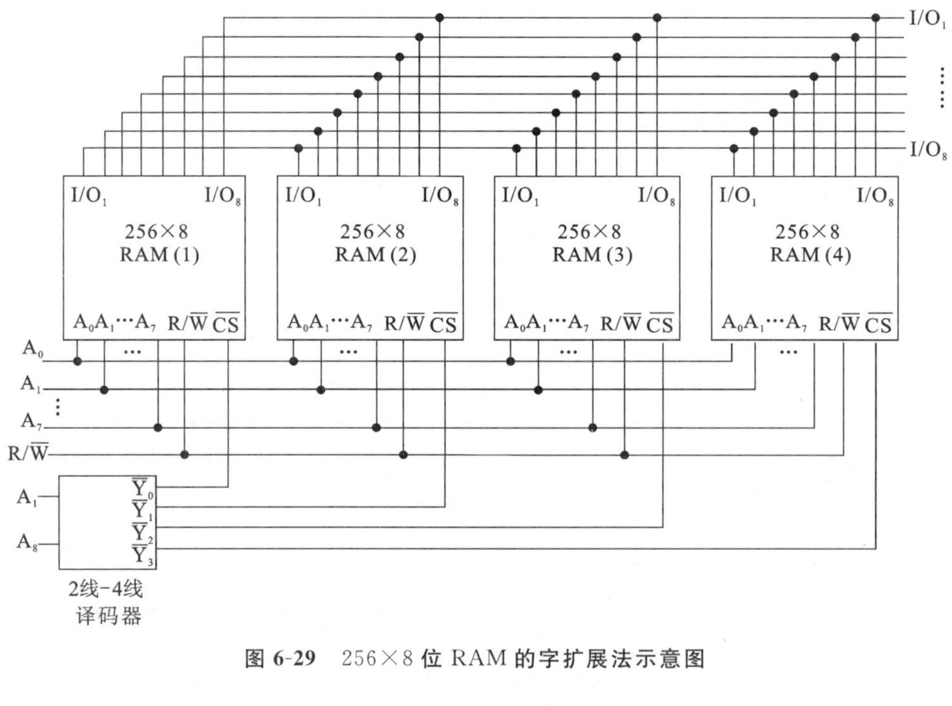

图 6-29 256×8 位 RAM 的字扩展法示意图

例如：用 16 K×8 的存储芯片组成 64 K×8 位的存储器，并给出片选线 $\overline{CS}$ 和读写控制线 $\overline{WE}$ 的连接方法。

使用字扩展法，具体流程是：(1)使用 4 片 16 K×8 的存储芯片来组成。(2)每片有地址端 14 根($A_0 \sim A_{13}$)，数据端 8 根($D_0 \sim D_7$)，以及片选 $\overline{CS}$ 端、读/写 $\overline{WE}$ 端等引脚。(3)芯片数据端与数据总线 $D_0 \sim D_7$ 相连。(4)地址总线的低位地址 $A_0 \sim A_{13}$ 与各芯片的 14 位地址端相连，两位高位地址 A_{14}、A_{15} 经 2∶4 译码器译码，4 个输出分别与 4 个片选 $\overline{CS}$ 端相连。(5)系统总线的 $\overline{WE}$ 与各芯片的 $\overline{WE}$ 相连。连接图如图 6-30 所示。

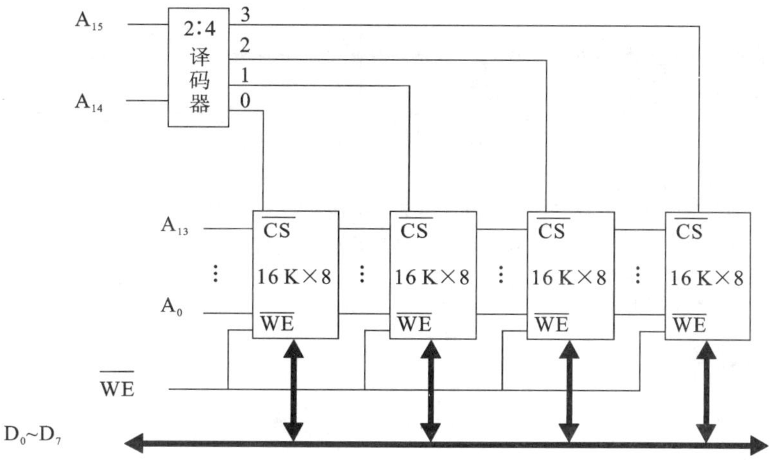

图 6-30 64 K×8 **位存储器的字扩展法**

实现字扩展的原则是：①多个单片 RAM 的 I/O 端并接，作为 RAM 的 I/O 端 。②多片构成字扩展之后，每次访问只能选中一片，选中哪一片，由字扩展后多出的地址线决定。多出的地址线经输出低位有效的译码器译码，接至各片 RAM 的 $\overline{CS}$ 端。③低位地址端对应接到一起，作为低位地址输入端。④$\overline{WE}$ 端接到一起，作为 RAM 的读/写控制端(读写控制端只能有一个)。

3. 字、位同时扩展

字、位同时扩展是字扩展和位扩展的组合。假定要达到的存储器的容量为 $M \times N$ 位，若使用 $L \times K$ 芯片($L<M, K<N$)，共需要$(M/L)\times(N/K)$个存储芯片，实现字与位同时扩展。

例：用 2114SRAM 构成 4 K×8 位的存储器模块，2114SRAM 芯片是 1 K×4 位芯片，有 10 根 ($A_0 \sim A_7$)地址端，4 根(I/O_{1-4})数据端。模块连接图如图 6-31 所示。

字、位同时扩展连接方法分析：①使用 8 片 2114SRAM 芯片(4/1×8/4＝8)。②如图 6-31 所示，将上面 4 个芯片的数据端与数据总线的高 4 位($D_4 \sim D_7$)相连；下面 4 个芯片的数据端与数据总线的低 4 位($D_0 \sim D_3$)相连。③上、下 4 个芯片构成 4 K×4 RAM，共构成 4 K×8 位存储器模块。④每一列芯片为一组，共分为 4 组，每一组芯片的 $\overline{CS}$ 端并连。⑤地址总线的低位地址线 $A_0 \sim A_9$ 连接至每片的地址端；地址总线的高位地址线(如 A_{10}、A_{11})经过 2∶4 译码器有 4 个输出端，它们与 4 个组的 $\overline{CS}$ 端相连，即 $A_0 \sim A_9$ 作为片内单元选

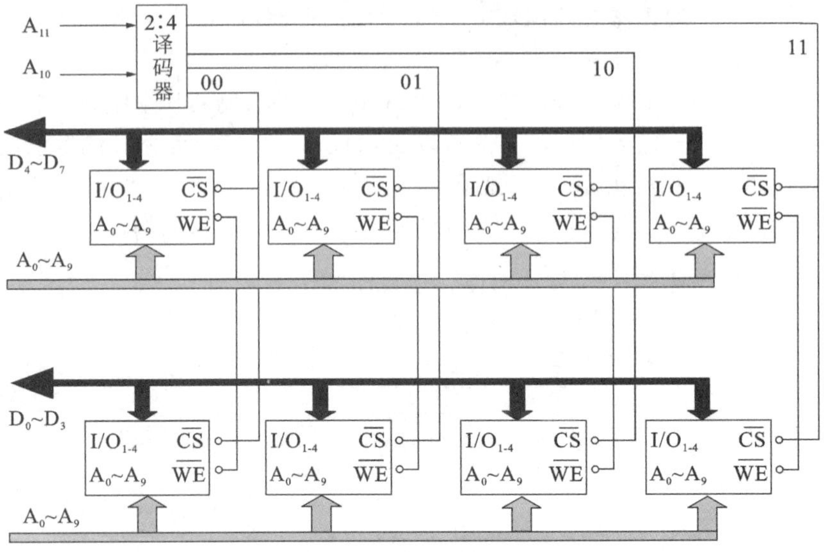

图 6-31　字、位同时扩展模块连接图

择，A_{10}、A_{11} 作为组间选择。

4. **存储器的寻址**

为了保证 CPU 能正确寻址存储器中的所有存储单元，应解决好存储器的地址译码问题。通常将 CPU 的高位地址线用作片间寻址，低位地址线用作片内寻址。

通过地址译码实现片选的方法通常有 3 种，即线选法、全译码片选法和局部译码片选法。

(1)线选法

在简单的微机系统中，由于存储容量不大，存储器芯片数也不多，这时可用单根地址线作片选信号，每个存储芯片或每个 I/O 端口只用一根地址线选通。

线选法的优点是连接简单，无需专门的译码电路；缺点是地址不连续，CPU 寻址能力的利用率太低，会造成大量的地址空间浪费，并且会与其他芯片出现地址重叠，使一个地址码可能选中两个以上的存储单元。

(2)全译码片选法

这种方法除了将低位地址总线直接连至各芯片的地址线外，余下的高位地址总线全部参加译码，译码输出作为各芯片的片选信号。显然，这种方法可以提供对全部存储空间的寻址能力。即使不需要全部存储空间，也可采用全译码法，多余的译码输出留作将来扩展使用。

(3)局部译码片选法

如果不要求提供 CPU 可直接寻址的全部存储单元，而用线选法地址线又不够用时，虽然可用全译码法，但为了简化地址译码逻辑，可采用局部译码法，又称混合译码法。

该方法只对部分高位地址总线进行译码，以产生片选信号，剩余高位线或空着，或直接用作其他存储芯片的片选控制信号。因此，它是介于全译码法和线选法的一种选址方法。例如，某存储体只需 16 KB 存储容量，若采用 2 KB 存储芯片构成，则共需要 8 片。这时可采用局部译码法，即用 A_{15}～A_{13} 作译码，通过 3∶8 译码器译码输出作为 8 个存储芯片的片选信号，A_{11}、A_{12} 空着，A_{10}～A_0 作为存储芯片的片内地址线。

5. 存储器与 CPU 的连接

地址线的连接：低位地址线与存储芯片连接；高位地址线或在存储芯片扩充时使用，或作其他用法，如片选信号等。

数据线的连接：必要时需要对存储芯片进行位扩展，使其数据位与 CPU 的数据线相等。

读/写命令线的连接：直接与存储芯片的读写控制端相连，通常是高电平为读，低电平为写。

片选线的连接：片选信号的连接是 CPU 与存储芯片正确工作的关键；片选有效信号与 CPU 的访存控制信号 $\overline{\text{MREQ}}$（低电平有效）有关；$\overline{\text{MREQ}}$ 为低，表示 CPU 访问存储器；$\overline{\text{MREQ}}$ 为高，表示 CPU 访问 I/O，此时不要求存储器工作；片选信号与地址的高位有关，未与存储芯片地址线连上的高位地址和访存控制信号共同作用产生存储器的片选信号。

合理选择存储芯片：类型（ROM 或 RAM）、数量的选择。

6.9　本章总结

本章介绍了微型计算机的基本硬件组成，并由此展开介绍了微型计算机的工作原理和运算基础等，详细介绍了一种具体的 16 位微处理器 Intel 8086 CPU，并介绍了其功能结构，以及可以外接的各种部件，重点阐述了 8086 CPU 与存储器扩展技术。

习　　题

1. 微型计算机控制系统的硬件由哪几部分组成？各部分作用是什么？

2. 二进制数中无符号数的运算有哪几种？请简单介绍。

3. 中央处理器和微处理器有什么区别？

4. 微型计算机控制器的指令部件构成是什么？各自的功能是什么？

5. 8086 有哪两种工作模式？其主要区别是什么？

6. 什么是引脚的分时复用？请说出 8086 CPU 有哪些引脚是分时复用引脚？如何分时复用？

7. 什么是软件堆栈？8086 CPU 中有哪些与堆栈有关的寄存器？

8. 微处理器内部的各寄存器有哪几类？8086 CPU 中有哪些寄存器？各有什么用途？

9. 某机器字长 8 位，试用如下所给芯片设计一个存储器，容量为 10 KB，其中 RAM 为高 8 KB，ROM 为低 2 KB，最低地址为 0（RAM 芯片类型为 4 K×8，ROM 芯片类型为 2 K×4）。试回答：(1)地址线、数据线各为多少根？(2)RAM 和 ROM 的地址范围分别为多少？(3)各种芯片各需多少片？(4)画出存储器结构图及与 CPU 连接的示意图。

7 计算机控制系统的输入与输出通道

在计算机控制系统中，工业计算机必须经过输入输出接口和过程通道与生产过程相连，因此输入输出接口和过程通道是计算机控制系统的重要组成部分。接口是工业计算机与外部设备交换信息的桥梁，它包括输入接口和输出接口。外部设备的各种信息通过输入接口送到工业计算机，而工业计算机的各种信息通过输出接口送到外部设备。过程通道是在工业计算机和生产过程之间设置的信息传送和转换的连接通道，生产过程中的各种参数通过输入通道送到工业计算机，经过工业计算机计算和处理后的结果通过输出通道送到生产过程，从而实现对生产过程的控制。

本章主要介绍工业计算机外设与接口、通道之间的关系，讨论计算机控制系统输入/输出通道的基本概念及接口技术，重点阐述模拟量输入通道、模拟量输出通道、数字量(开关量)输入通道、数字量(开关量)输出通道的组成与结构，简要介绍计算机控制系统的硬件抗干扰技术。

7.1 数字量输入输出接口与过程通道

7.1.1 数字量输入接口与过程通道

工业计算机用于生产过程的自动控制，需要处理一类最基本的输入输出信号，即数字量(开关量)信号，这些信号包括开关的闭合与断开、指示灯的亮与灭、继电器或接触器的吸合与释放、马达的启动与停止、阀门的打开与关闭等。这些信号的共同特征是以二进制的逻辑 1 和 0 出现的。在计算机控制系统中，对应的二进制编码的每一位都可以代表生产过程的一个状态，这些状态是控制的依据。

(1)数字量输入接口与过程通道的结构

数字量输入接口与通道主要由输入调理电路、输入接口、输入口地址译码电路等组成，如图 7-1 所示。来自生产过程的各种类型参数或状态数据，首先经过输入调理电路完成滤波、电平转换等，再通过输入接口完成数据的缓存和输入。由于计算机包括多个数字量接口，每个接口具有不同数量的输入端口，因此，地址译码器或译码电路完成某个具体输入端口的选择。

(2)输入调理电路

数字量(开关量)输入通道的基本功能就是接收外部装置或生产过程的状态信号。这些状态信号的形式可能是电压、电流、开关的触点，因此引起瞬时高压、过电压、接触抖动等现象。为了将外部开关量信号输入计算机，必须将现场输入的状态信号经转换、保护、滤波、隔离等措施转换成计算机能够接收的逻辑信号，这些功能称为信号调理。信号调理电路可以实现电平转换、RC 滤波、过电压保护、反电压保护和光电隔离等功能。下面针对不同情况分别介绍相应的信号调理技术。

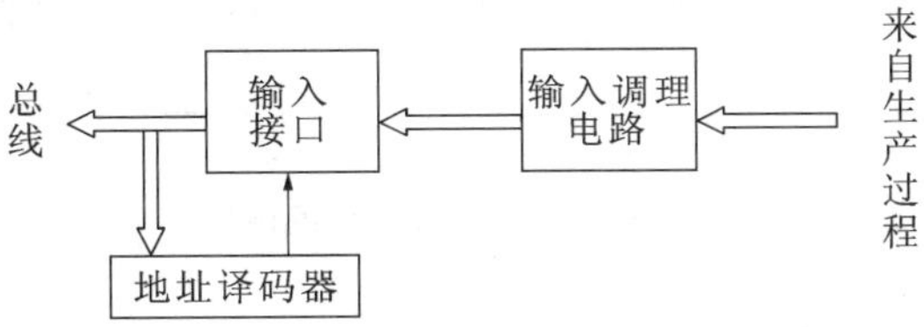

图 7-1 数字量输入接口与过程通道结构

①小功率输入调理电路

图 7-2 所示为小功率输入调理电路。它将接点的接通和断开动作转换成 TTL 电平信号与计算机相连。为了清除由于接点的机械抖动而产生的振荡信号，一般都应加入有较长时间常数的积分电路来消除这种振荡，防止产生误操作。图 7-2(a)所示为一种简单的、采用积分电路消除开关抖动的方法。合上触点时电容充电，电阻与电容之间无电压，非门输入端为低电平，整个电路输出高电平；断开触点时电容放电，电阻与电容之间有电压，非门输入端为高电平，整个电路输出低电平。同时，利用电阻和电容组成的低通滤波器来消除抖动。图 7-2(b)所示为 R-S 触发器消除触点位置切换引入的抖动。R-S 触发器使得触点只要接通一次，电路就持续接通，而机械触点抖动导致的电路开闭状态或者开关接触不良则不会产生影响。

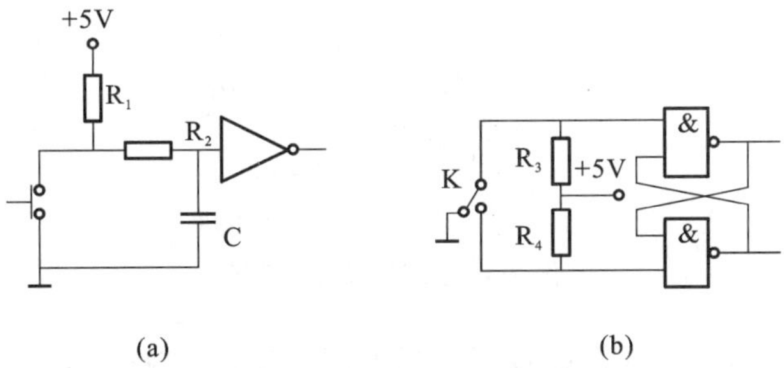

图 7-2 小功率输入调理电路

(a)采用积分电路；(b)采用 R-S 触发器

②大功率输入调理电路

在大功率系统中，需要从电磁离合等大功率器件的接点输入信号。这种情况下，为了使接点工作可靠，接点两端至少要加 24 V 以上的直流电压。因为直流电平的响应快，不易产生干扰，电路又简单，因而被广泛采用。但是这种电路所带电压高，所以高压与低压之间用光电耦合器进行隔离，如图 7-3 所示。当触点 K 断开时，光电耦合器发光器件(如发光二极管)不发光，光敏器件(如光敏三极管)截止，非门输入端为高电平，整个电路输出低电平；反之，当触点 K 接通时，整个电路输出高电平。光电耦合器通过光信号实现电信号的传递，进而完成数据的非接触传输，实现大功率器件与计算机接口之间电的联系，有效防止应用环境中瞬变脉冲对互联设备的损害。

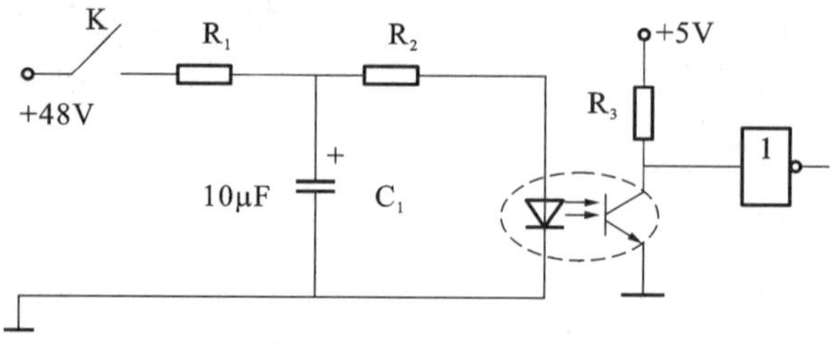

图 7-3　大功率输入调理电路

(3)数字量输入接口

对生产过程进行控制，往往要收集生产过程的状态信息，根据状态信息再给出控制量。因此，可用三态门缓冲器 74LS244 取得状态信息，如图 7-4 所示。三态门缓冲器 74LS244 为三态 8 位缓冲器，有 8 个通道可输入 8 个开关状态，一般用作总线驱动器，用来隔离输入线路和输出线路，在两者之间起缓冲作用。三态就是高电平、低电平和高阻态。作为计算机控制系统的输入输出数据缓冲器，在选通时输入数据送到总线上，在非选通时对总线呈高阻态。

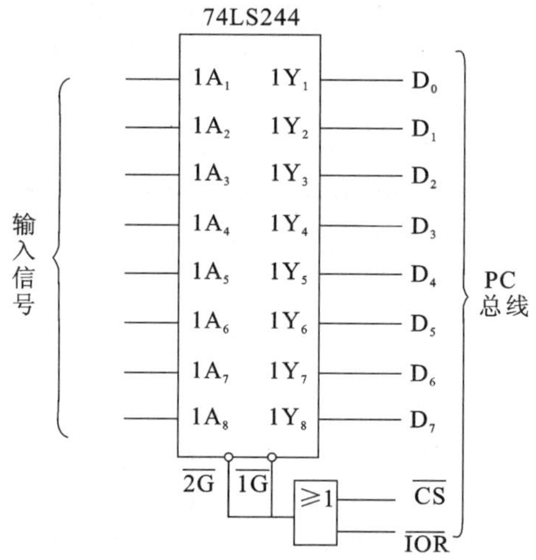

图 7-4　数字量输入接口

经过端口地址译码，得到片选信号 $\overline{CS}$，当 CPU 不发出端口读信号时，$\overline{IOR}$ 为高电平，使能端 $\overline{1G}$ 和 $\overline{2G}$ 为高电平，三态门不导通。当 CPU 发出端口读信号时，$\overline{IOR}$ 为低电平，使能端为低电平，则被测的状态信息可通过三态门送到 PC 总线工业控制机的数据总线，然后装入 AL 寄存器，设片选端口地址为 port，可用如下指令来完成取数：

```
MOV DX, port
IN AL, DX
```

7.1.2　数字量输出接口与过程通道

数字量输出通道简称 DO 通道，它的任务是把计算机输出的微弱数字信号转换成能对生产过程进行控制的数字驱动信号。根据现场负荷的不同，如指示灯、继电器、接触器、电机、阀门等，可以选用不同的功率放大器件构成不同的开关量驱动输出通道。常用的有三极管输出驱动电路、继电器输出驱动电路、晶闸管输出驱动电路、固态继电器输出驱动电路等。

(1)数字量输出接口与过程通道的结构

数字量输出通道主要由输出锁存器、输出驱动器、输出口地址译码器等组成，如图 7-5 所示。首先通过地址译码电路完成输出锁存器的端口选择，再将计算机控制算法的计算结果数据放置于端口并锁存，最后通过输出驱动器完成控制信号输出，用于驱动生产过程的被控对象。

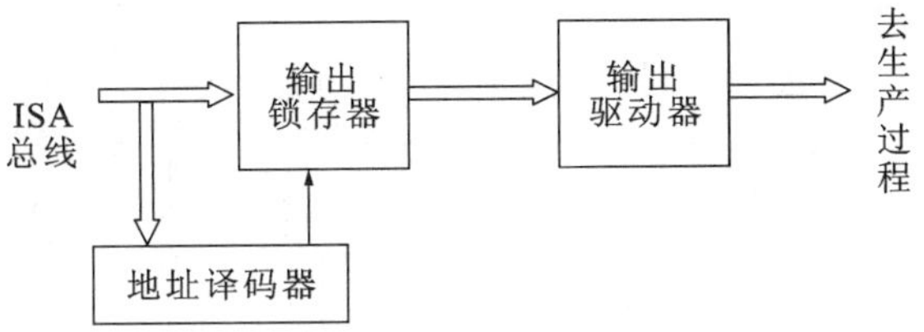

图 7-5 数字量输出接口与过程通道结构

(2)输出驱动电路

①小功率直流驱动电路

(a)功率晶体管输出驱动继电器电路

当驱动电流只有十几毫安或者几十毫安时，只要采用普通的功率晶体管就能构成驱动电路。功率晶体管输出驱动继电器的电路如图 7-6 所示。当计算机输出为高电平时，非门输出为低电平，功率晶体管截止，继电器的线圈 J 不得电，中间继电器不动作；当计算机输出为低电平时，非门输出为高电平，功率晶体管导通，继电器的线圈 J 得电，中间继电器动作。因驱动的负载呈电感性，因此输出必须加装克服反电势的保护二极管 VD。

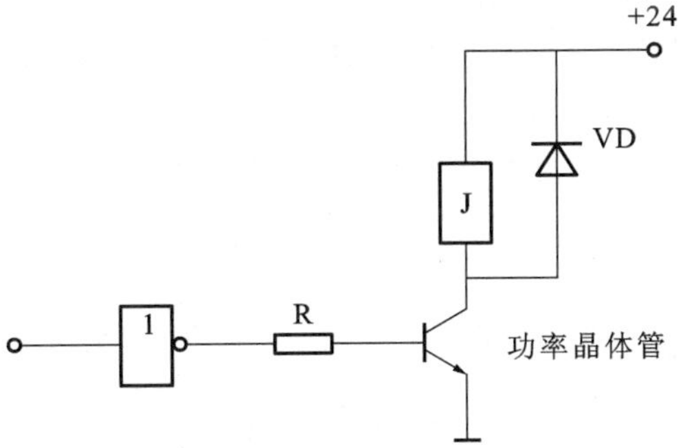

图 7-6 功率晶体管输出驱动继电器

(b)达林顿阵列输出驱动继电器电路

当驱动电流需达到几百毫安时，如驱动中功率继电器、电磁开关等装置，输出电路必须采取多级放大或提高三极管增益的办法。MC1416 是达林顿阵列驱动器，是由多对三极管组成的达林顿复合管构成，每个复合管的电流都在 500 mA 以上，截止时承受 100 V 电压。它具有输入阻抗高、增益高、输出功率大以及保护措施完善的特点，同时多对复合管也非常适用于计算机控制系统中的多路负荷。同时，为了防止 MC1416 组件反向击穿，输入输出均有钳位二极管，钳位二极管可抑制高电位上发生的正向过冲，也可抑制低电平上的负向过冲。

图 7-7 给出了 MC1416 结构图。以达林顿阵列驱动中的一路驱动为例，当计算机控制系统数据线输出数字“0”，即低电平时，经反向锁存器变为高电平，使达林顿复合管导通，产生的几百毫安集电极电流足以驱动负载线圈 J，而且利用复合管内的保护二极管构成了复合线圈断电时产生的反向电动势的泄流回路。

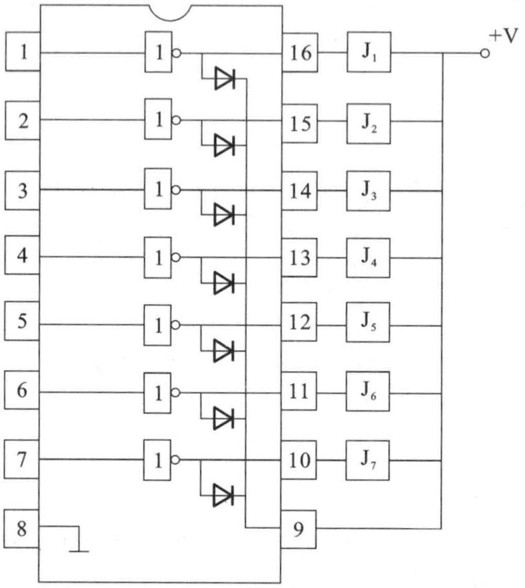

图 7-7　MC1416 结构图

②大功率交流驱动电路

固态继电器(Solid State Relay，SSR)是一种四端有源器件，有两个输入端、两个输出端。图 7-8 所示为固态继电器的结构图。光电隔离电路的作用是在输入与输出之间起信号传递作用，同时使两端在电气上完全隔离；控制触发电路为后级提供一个触发信号，使电子开关(三极管或晶闸管)能可靠地导通；电子开关电路用来接通或断开直流或交流负载电源；吸收保护电路一般由 RC 串联网络和压敏电阻组成，功能是防止电源的尖峰和浪涌对开关电路产生干扰，造成开关的误动作或损害；零压检测电路是为交流型 SSR 过零触发而设置的。

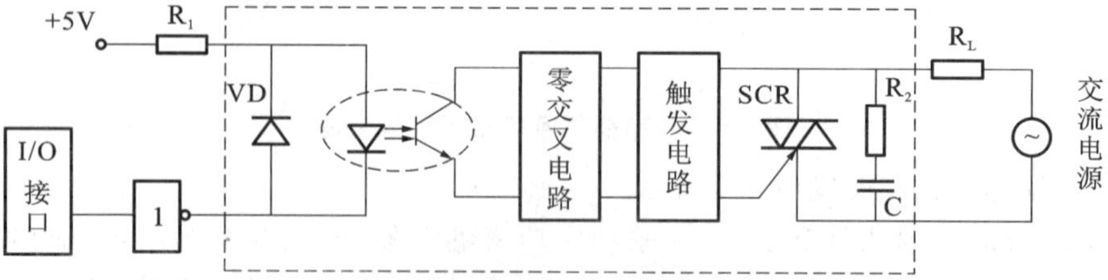

图 7-8　固态继电器的结构

(3)数字量输出接口

当对生产过程进行控制时，一般控制状态需要进行保持，直到下次给出新的值为止，这时输出就要锁存。因此，可用 74LS273 作 8 位输出锁存口，对状态输出信号进行锁存，如图 7-9 所示。74LS273 是 8 位数据/地址锁存器，含有单向输出的 8 个触发器，缓冲的时钟输入和直接的清零输入，而且每个触发器均有单独的数据输入。由于工业计算机的 I/O 端口写总线周期时序关系中，总线数据 $D_0 \sim D_7$ 比 $\overline{IOW}$ 前沿（下降沿）稍晚，因此在图 7-9 所示的电路中，利用 $\overline{IOW}$ 的后沿产生上升沿锁存数据。经过端口地址译码，得到片选信号 $\overline{CS}$，当在执行 OUT 指令周期时，产生 $\overline{IOW}$ 信号，设片选端口地址为 port，可用以下指令完成数据输出控制：

```
MOV AL, DATA
MOV DX, port
OUT DX, AL
```

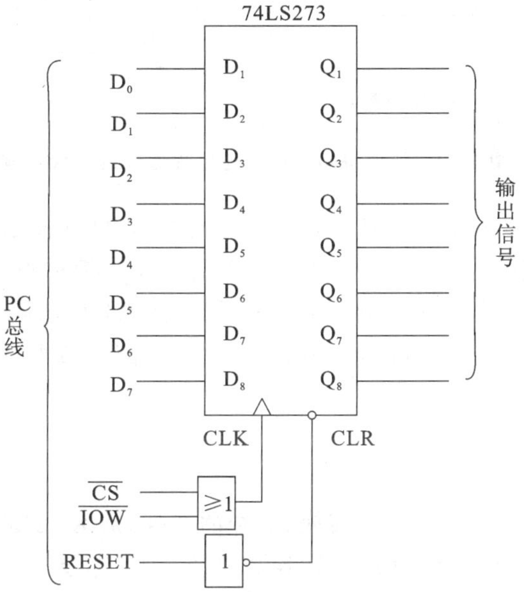

图 7-9 数字量输出接口

7.2 模拟量输入输出接口与过程通道

7.2.1 模拟量输入接口与过程通道

在计算机控制系统中，模拟量输入通道的任务是把从系统中检测到的模拟信号变成二进制数字信号，经接口送往计算机。传感器是将生产过程工艺参数转换为电参数的装置，大多数传感器的输出是直流电压（或电流）信号，也有一些传感器把电阻值、电容值、电感值的变化作为输出量。为了避免低电平模拟信号传输带来的麻烦，经常要将测量元件的输出信号经变送器变送，如温度变送器、压力变送器、流量变送器等，将温度、压力、流量的电信号变成 0～10 mA 或 4～20 mA 的统一信号，然后经过模拟量输入通道来处理。

(1)模拟量输入接口与过程通道的组成

模拟量输入接口与过程通道的一般结构如图 7-10 所示。信号变送器的功能，是把各种非电模拟信号变换为 A/D 转换器能够接收的电信号，如电流信号、电压信号等，还可以根据需要对这些输出信号值的变化范围进行规范化，以便 A/D 转换器处理。例如，电流信号幅度的标准变化范围可以是 0～10 mA、4～20 mA 等；电压信号幅度的标准变化范围可以是 0～5 V、－5～5 V、－10～10 V 等；过程参数由传感元件和变送器测量并转换为电流（或电压）形式后，再送至多路开关；在工业计算机的控制下，由多路开关将各个过程参数依次切换到后级，进行采样和 A/D 转换，实现过程参数的巡回检测。

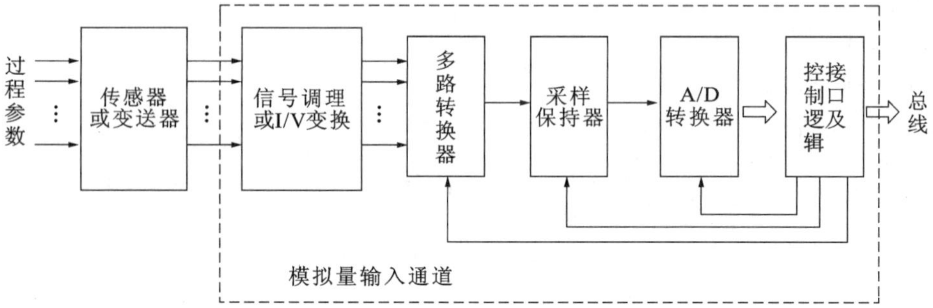

图 7-10　模拟量输入接口与过程通道的一般结构

由图 7-10 可知，模拟量输入通道一般由 I/V 变换、多路转换器、采样保持器、A/D 转换器、接口及控制逻辑等组成。考虑到信号在传送及类型转换的过程中可能会受到干扰，因此，在模拟量输入通道中，需要时可能会加入一些用于抗干扰的隔离电路。由于 A/D 转换器是模拟量输入通道中的核心器件，也是必不可少的部件，因此模拟量输入通道又被称为 A/D 通道。

（2）信号调理与放大

① 信号调理电路

信号调理电路主要通过非电量的转换、信号的变换、放大、滤波、线性化、共模抑制及隔离等方法，将非电量和非标准的电信号转换成标准的电信号。信号调理电路是传感器和 A/D 之间以及 D/A 和执行机构之间的桥梁，也是测控系统中重要的组成部分。其中，电桥是一种典型的非电信号检测的调理电路。

电桥是将电阻、电感、电容等参数的变化变换为电压或电流输出的一种测量电路。电桥电路由于具有灵敏度高、测量范围宽、容易实现温度补偿等优点，因此被广泛采用。图 7-11 中的热电阻测量电桥由 3 个精密电阻 R_1、R_2、R_3 和热电阻 R_{pt} 构成。激励源（电压或电流）接到 E 端，A、B 两端接到测量放大电路。

一般情况下 $R_2=R_3$，$R_1=100\ \Omega$，当测量温度为 0 ℃时，R_{pt} 为 1000 Ω（铂热电阻分度号为 P_t 100），此时电桥平衡，输出电压 $V_{out}=0$。当温度变化时，R_{pt} 的阻值是温度的函数，即

$$R_{pt}(t)=R_0+\alpha(t)\cdot t=R_0+\Delta R \tag{7-1}$$

式中，R_0 为 0 ℃时的电阻值，$\alpha(t)$ 是电阻温度系数，t 为被测量温度。在某温度情况下，只要产生不平衡电压 ΔV，由 ΔV 即可推算出温度值。

用热电阻测温时，工业设备距离计算机很远，引线将很长，若采用两线制连接，由于导线电阻容易产生误差，因此热电阻采用三线制与调理电路相连（图 7-12）。引线 A 和引线 B 分别接在两个可抵消的桥臂上，引线的常值误差及随温度变化引起的误差一起被补偿掉，这种方法简单、价廉，实践中可用于百米以上距离。

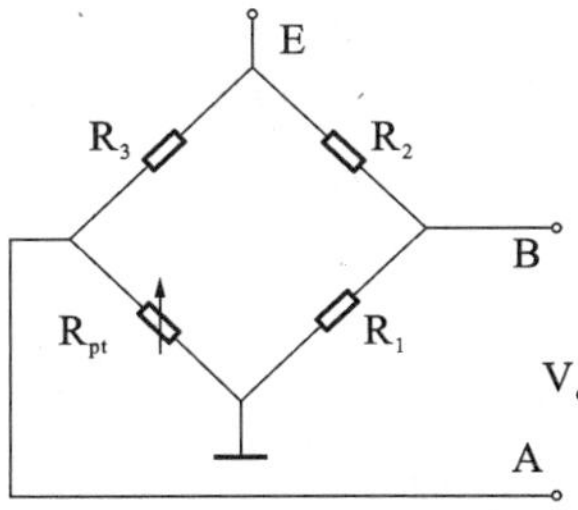

图 7-11　热电阻测量电桥电路

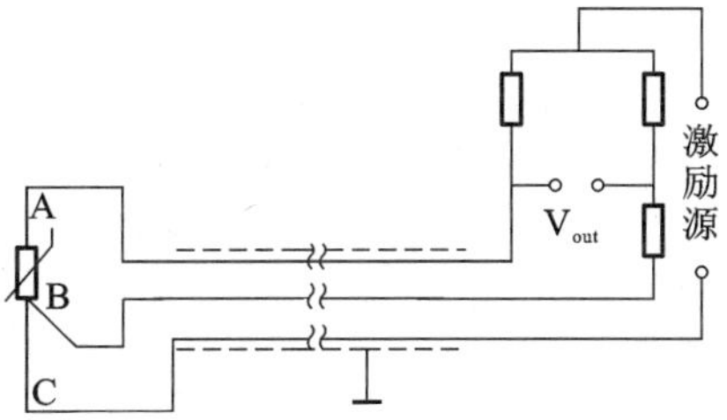

图 7-12　热电阻三线制接线图

②信号放大电路

信号放大电路是最常用的电路，例如上述电桥输出电压一般达不到所要求的电平，需要运算放大器放大。运算放大器的选择主要考虑精度要求（失调及失调温漂）、速度要求（带宽、上升率）、幅度要求（工作电压范围及增益）及共模抑制要求。常用于前置放大器的有μA741、LF347（低精度）；OP-07、OP-27（中等精度）；ILC7650（高精度）等。

基于 ILC7650 的前置放大电路如图 7-13 所示。第一级差分放大电路采用了性能优良的自校零放大器（ILC7650），该放大器失调电压（V_{on}）为 0.7μV，失调电压平均温度系数（$\Delta V_{os}/\Delta T$）为 0.1 μV/℃，输入电流（I_0）为 35 μA，输入电阻（R_i）为 10^{12} Ω，输出电压摆幅为 −4.85～+4.95 V，共模抑制比（CMRR）为 130 dB，单位增益带宽为 2 MHz，放大器增益 K 可以设置为 1～500 倍，输出电压精度不大于 0.2%，输出电压噪声不大于 5 mV。

对于热电偶信号调理可用前述信号放大电路。

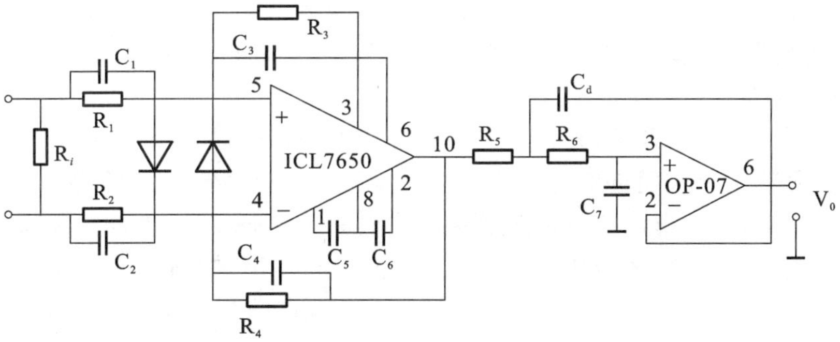

图 7-13　ILC7650 的前置放大器

(3)I/V 变换

变送器输出的信号为 0～10 mA 或 4～20 mA 的统一信号，需要经过 I/V 变换成电压信号后才能被处理。对于电动单元组合仪表，DDZ-Ⅱ型的输出信号标准为 0～10 mA，而 DDZ-Ⅲ型和 DDZ-S 系列的输出信号标准为 4～20 mA，因此，针对以上情况来讨论 I/V 变换的实现方法。

①无源 I/V 变换

无源 I/V 变换主要是利用电阻、电容等无源器件来实现，并加上 RC 滤波和输出限幅等保护措施，如图 7-14 所示。二极管起到限幅保护的作用。

对于 0～10 mA 输入信号，可取 $R_1=100$ Ω，$R_2=500$ Ω，且 R_2 为精密电阻，这样当输入的电流 I 为 0～10 mA 时，输出的电压 V 为 0～5 V。对于 4～20 mA 输入信号，可取 $R_1=$

100 Ω，R_2＝500 Ω，且 R_2 为精密电阻，这样当输入的电流为 4～20 mA 时，输出的电压为 1～5 V。

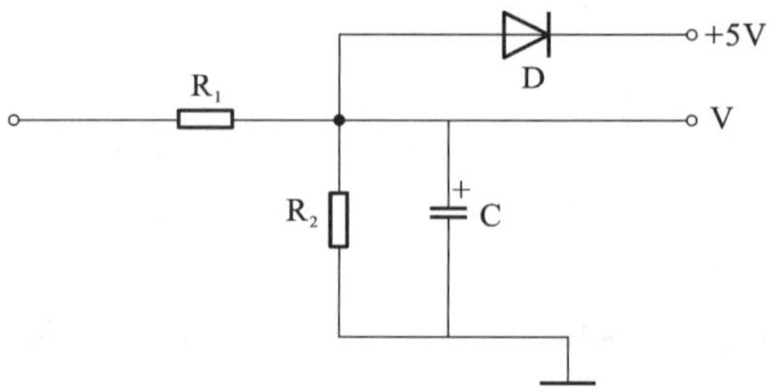

图 7-14　无源 I/V 变换电路

②有源 I/V 变换

有源 I/V 变换主要是由有源器件运算放大器、电阻组成的，如图 7-15 所示。

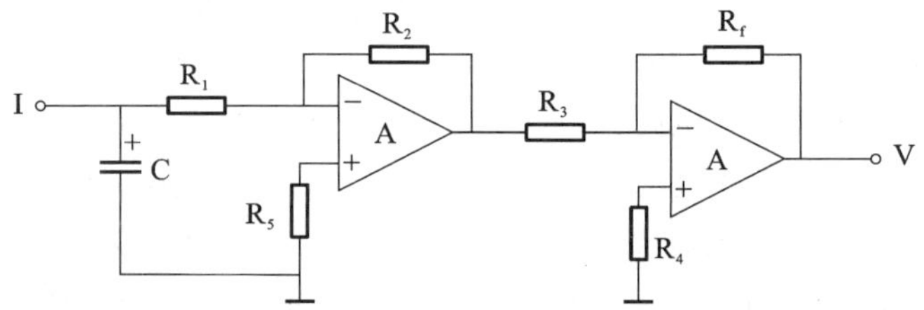

图 7-15　有源 I/V 变换电路

R_2 为精密电阻，阻值为 250 Ω，通过取样电阻 R_2 可将电流信号转换为电压信号。取 R_3＝1 kΩ，R_4 设定为 4.7 kΩ 电位器，通过调整 R_f 的值，可使 0～10 mA 的电流输入对应于 0～5 V 的电压输出，4～20 mA 的电流输入对应 1～5 V 的电压输出。

(4)多路转换器

多路转换器又称多路开关，它是用来切换模拟电压信号的关键元件。利用多路开关可将各个输入信号依次地或随机地连接到公用放大器或 A/D 转换器上。为了提高过程参数的测量精度，对多路开关提出了较高的要求。理想的多路开关，其开路电阻为无穷大，接通时的导通电阻为零。此外，还希望切换速度快、噪声小、使用寿命长、工作可靠。

常用的多路开关有 CD4051(或 MC14051)、AD7501、LF13508 等。CD4051 的原理如图 7-16 所示。CD4051 是一款八选一模拟开关电路，内置 3 个地址选择端(A、B、C)，低有效的使能输入端 $\overline{\text{INH}}$、8 路独立的输入/输出端(S_0～S_7)及公共输入/输出端(S_m)。电路内部有 8 个双向模拟开关，每个开关的一端连接到独立的输入/输出端(S_0～S_7)，另一端连接到公共的输入/输出端(S_m)。当 $\overline{\text{INH}}$ 为低电平时，通过 A、B、C 选择一个通路的开关处于低阻导通状态。当 $\overline{\text{INH}}$ 为高电平时，A、B、C 设置无效，所有开关处于高阻关断状态。

CD4051 有 2 个电源引脚 V_{DD} 和 V_{EE}，分别接＋15V 和－15V 电源，还有一个接地引脚 GND。CD4051 具有低导通阻抗和很低的截止漏电流，有较宽的数字和模拟信号电平，数字信号为 3～15 V，模拟信号峰-峰值为 $15V_{P\text{-}P}$；当 $V_{DD}-V_{EE}$＝15 V，输入幅值为 $15V_{fp}$ 时，其导通电阻为 80 Ω；当 $V_{DD}-V_{EE}$＝10 V 时，其断开时的漏电流为±10 pA，静态功耗为 1 μW。若 V_{DD}＝＋5 V，V_{SS}＝0，V_{EE}＝－13.5 V，则 0～5 V 的数字信号可控制－13.5～4.5 V 的模拟信号。这些开关电路在整个 V_{DD}～V_{SS} 和 V_{DD}～V_{EE} 电源范围内具有极低的

静态功耗,与控制信号的逻辑状态无关。当 $\overline{INH}$ 输入端为"1"时,所有的通道截止。只有当 $\overline{INH}=0$ 时,三位二进制信号才可以选通 8 个通道中的一个通道,连接该输入端至输出。其中 V_{EE} 既可以接负电压,也可以接地。当输入电压有负值时,V_{EE} 必须接负电压,其他时候可以接地。

需要特别注意的是,CD4051 是允许双向使用的,既可用于选择 8 路模拟信号中的 1 路输入,也可以为 1 路模拟信号,从 8 个输出通路中选择 1 路输出,因此,它也可以应用在模拟量输出通道中。

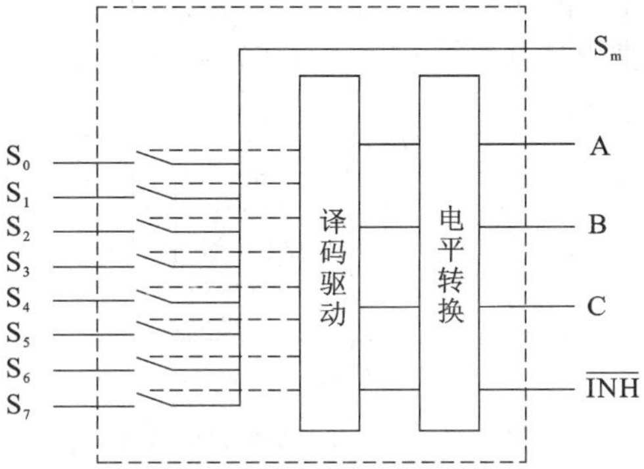

图 7-16　CD4051 **原理图**

通道选择如表 7-1 所示。当 $\overline{INH}$ 为高电平时,不论 A、B、C 为何值,8 个通道均不通;当 $\overline{INH}$ 为低电平时,根据 A、B、C 3 个二进制信号的 8 种不同组合编码,实现 8 个通道的选择。

表 7-1　CD4051 **通道选择**

地址输入				S_m 接通
$\overline{INH}$	C	B	A	
1	×	×	×	禁止
0	0	0	0	S_0
0	0	0	1	S_1
0	0	1	0	S_2
0	0	1	1	S_3
0	1	0	0	S_4
0	1	0	1	S_5
0	1	1	0	S_6
0	1	1	1	S_7

(5)A/D 转换器及其接口技术

ADC0809 是一种带有 8 通道模拟开关的 8 位逐次逼近式 A/D 转换器,分辨率 8 位,精度 7 位,带 8 个模拟量输入通道,有通道地址译码锁存器,输出带三态数据锁存器。启动信号为脉冲启动方式,最大可调节误差为±1 LSB,其逻辑结构如图 7-17 所示。它由 8 路模拟开关、地址锁存与译码器、比较器、8 位开关树型 A/D 转换器、逐次逼近寄存器、逻辑控制以及定时和控制电路组成。

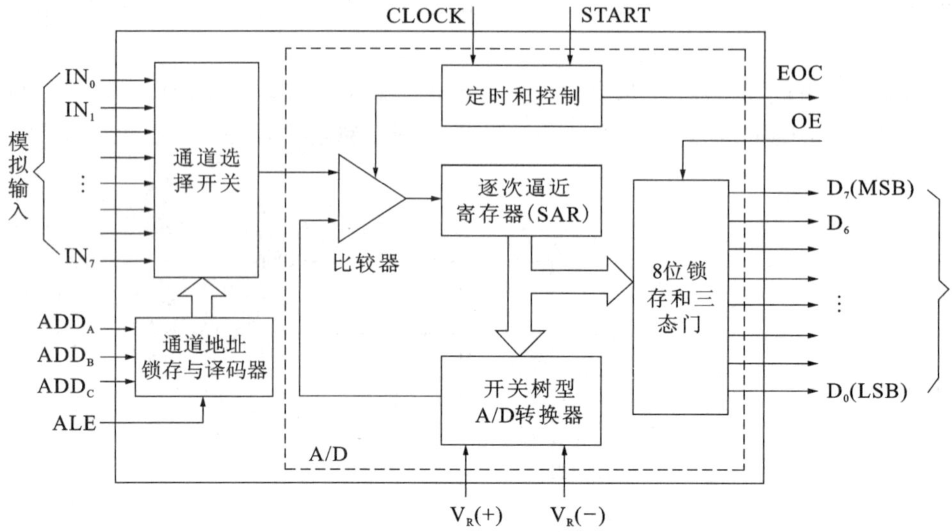

图 7-17 ADC0809 **逻辑结构图**

ADC0809 对输入模拟量要求：信号单极性，电压范围是 0～5 V，若信号太小，必须进行放大；输入的模拟量在转换过程中应该保持不变，若模拟量变化得太快，则需在输入前增加采样保持电路，即采集模拟输入电压在某一时刻的瞬时值，并在 A/D 转换期间保持输出电压不变，以供模数转换。

①模拟信号输入 IN_0～IN_7：IN_0～IN_7 为 8 路模拟电压输入线，加在模拟开关上，通过 A、B、C 三个地址译码来选通。

②地址输入和控制线：地址输入和控制线共 4 条，其中 A、B 和 C 为地址输入线，用于选择 IN_0～IN_7 上某一路模拟电压送给比较器进行 A/D 转换。ALE 为地址锁存允许输入线，高电平有效。当 ALE 线为高电平时，A、B 和 C 三条地址线上地址信号得以锁存，经译码器控制 8 路模拟开关通路工作，上升沿有效。通道选择如表 7-2 所示。

表 7-2 ADC0809 **通道选择逻辑**

SELECTED ANALOG CHANNEL	ADDRESS LINE		
	C	B	A
IN_0	L	L	L
IN_1	L	L	H
IN_2	L	H	L
IN_3	L	H	H
IN_4	H	L	L
IN_5	H	L	H
IN_6	H	H	L
IN_7	H	H	H

③数字量输出及控制线共 11 条：START 为“启动脉冲”输入线，上升沿清零，下降沿启动 ADC0809 工作，最小脉冲宽度与 ALE 信号相同；EOC 为转换结束输出线，该线高电平表示 A/D 转换已结束，数字量已锁入“三态输出锁存器”，常用来作为中断请求信号；OE 为“输出允许”线，高电平有效。ADC0809 接收到此信号时，其三态输出端与 CPU 数据总线接通，后者可将数据取走；$D_0 \sim D_7$ 为数字量输出线，D_7 为最高位，D_0 为最低位。

④电源线及其他共 5 条：CLOCK(10 脚)为时钟输入线，用于为 ADC0809 提供逐次比较所需，一般为 640 kHz 时钟脉冲。

ADC0809 的量化单位：

$$q=\frac{V_{\mathrm{REF}(+)}-V_{\mathrm{REF}(-)}}{2^8}。$$

当基准电压 $V_{\mathrm{REF}(+)}=5.12\ \mathrm{V}$，$V_{\mathrm{REF}(-)}=0\ \mathrm{V}$，此时 $q=20\ \mathrm{mV}$，则转换结果：

$$D=\frac{V_{\mathrm{m}}(\mathrm{mV})}{q(\mathrm{mV})}$$

若 $V_{\mathrm{m}}=2.5\ \mathrm{V}$，则 $D=125$。

7.2.2 模拟量输出接口与过程通道

模拟量输出接口与过程通道是计算机控制系统实现控制输出的关键，它的任务是把计算机输出的数字量转换成模拟电压或电流信号，以便驱动相应的执行机构，达到控制的目的。模拟量输出通道一般由接口电路、D/A 转换器、V/I 变换等组成。

(1)模拟量输出接口与过程通道的结构形式

模拟量输出接口与过程通道的结构形式，主要取决于输出保持器的构成方式。输出保持器的作用主要是在新的控制信号到来之前，使本次控制信号维持不变。保持器一般有数字保持方案和模拟保持方案两种，这就决定了模拟量输出通道的两种基本结构形式。

① 一个通道设置一个数/模转换器的形式

图 7-18 给出了一个通道设置一个数/模转换器的形式，微处理器和通道之间通过独立的接口缓冲器传送信息，这是一种数字保持的方案。它的优点是转换速度快、工作可靠，即使某一路 D/A 转换器有故障，也不会影响其他通道的工作。它的缺点是使用了较多的 D/A 转换器。随着大规模集成电路技术的发展，这个缺点正在逐步得到克服。这种方案较易实现，也是模拟量输出接口与过程通道的常见模式。

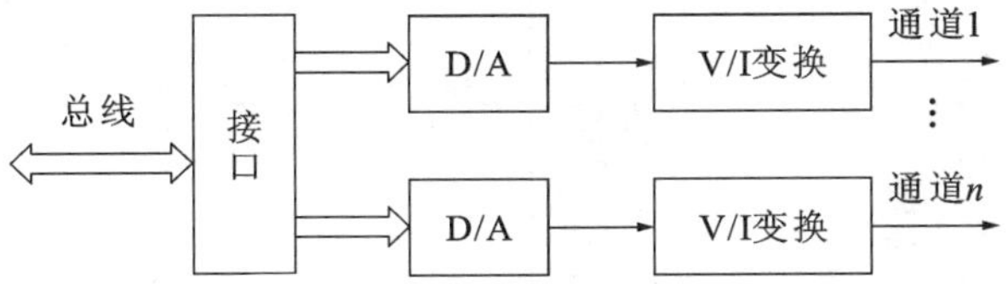

图 7-18 一个通道一个 D/A 转换器的结构

②多个通道共用一个数/模转换器的形式

如图 7-19 所示，因为共用一个数/模转换，故它必须在工业计算机控制下分时工作。即依次把 D/A 转换器转换成的模拟电压(或电流)，通过多路模拟开关传送给输出采样保持器。这种结构形式的优点是节省了数/模转换器，但因为分时工作、切换扫描，只适用于通道数量多且速度要求不高的场合。它还要用多路开关，且要求输出采样保持器的保持时间与采样时间之比较大。这种方案的可靠性较差，影响输出精度。

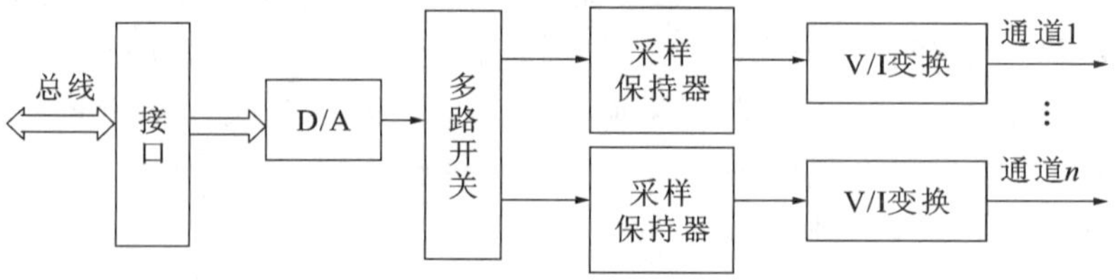

图 7-19　共用 D/A 转换器的结构

(2)D/A 转换器及其接口技术

该电路由 8 位 D/A 转换芯片 DAC0832 和运算放大器组成。整个电路逻辑如图 7-20 所示，DAC0832 工作在单缓冲寄存器方式，即当信号 $\overline{CS}$ 来时，将 $D_0 \sim D_7$ 数据线送来的数据直接进行 D/A 转换，当 $\overline{IOW}$ 变高时，则此数据便被锁存在输入寄存器中，因此 D/A 转换的输出也保持不变。

DAC0832 将输入的数字量转换成差动的电流输出（I_{OUT1} 和 I_{OUT2}），为了使其变成电压输出，所以又经过运算放大器 A，形成单极性电压输出 0～+5 V（V_{REF} 为－5 V）或 0～+10 V（V_{REF} 为－10 V）。若要形成负电压输出，则 V_{REF} 需接正的基准电压。为了保证输出电流的线性度，两个电流输出端 I_{OUT1} 和 I_{OUT2} 的电位应尽可能地接近零电位，只有这样，将数字量转换后得到的电流将通过内部的反馈电阻 R_{fb}（15 kΩ）输出到放大器的输出端，否则运放两输入端微小的电位差将导致很大的线性误差。

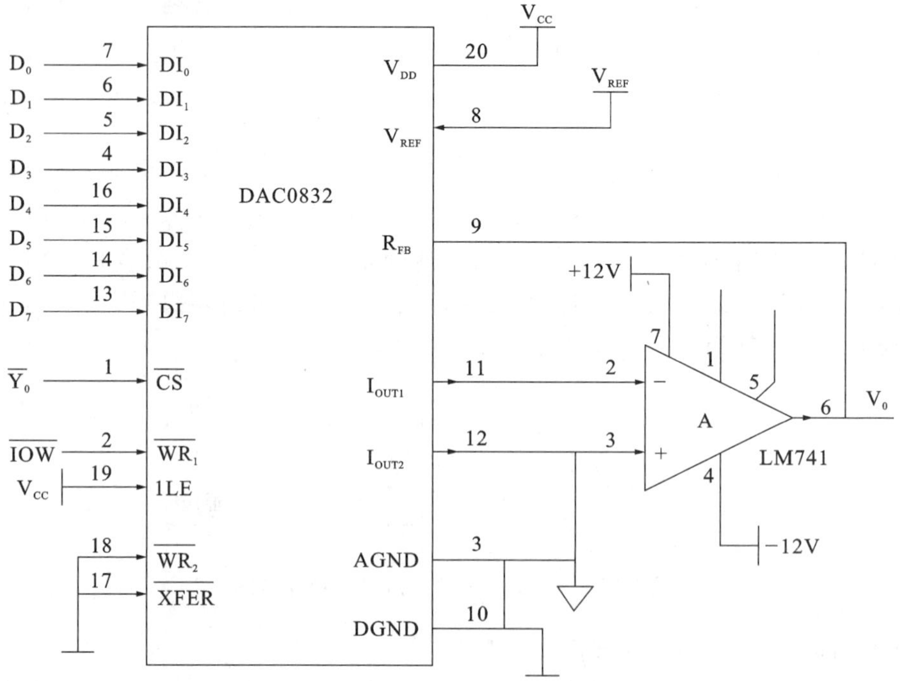

图 7-20　8 位 D/A 转化器接口

若 DAC0832 $\overline{CS}$ 端口地址为 BASE，则 7FH 转换为模拟电压的接口程序为

```
DAOUT: MOV DX, BASE
       MOV AL, 7FH
       OUT DX, AL
       RET
```

(3)单极性与双极性电压输出电路

在实际应用中,通常采用D/A转换器外加运算放大器的方法,把D/A转换器的电流输出转换为电压输出。图7-21给出了D/A转换器的单极性与双极性输出电路。

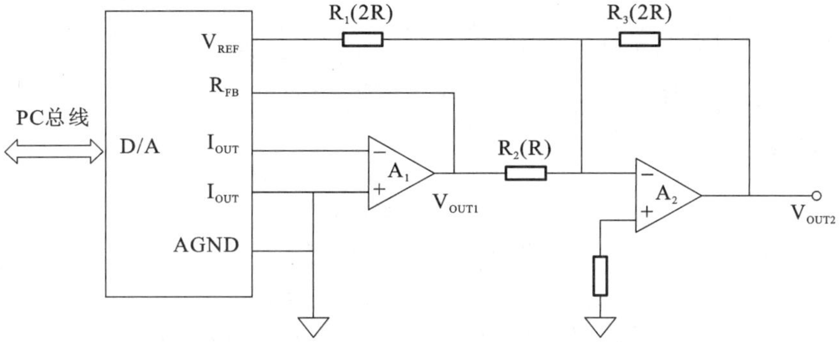

图7-21 D/A **转换器的单极性与双极性输出**

V_{OUT1} 为单极性输出,若 D 为输入数字量,V_{REF} 为基准参考电压,且为 n 位D/A转换器,则有:

$$V_{OUT1}=V_{REF}\cdot\frac{D}{2^n} \tag{7-2}$$

V_{OUT2} 为双极性输出,且可推导得到:

$$V_{OUT2}=\left(\frac{R_3}{R_1}V_{REF}+\frac{R_3}{R_2}V_{OUT1}\right)=V_{REF}\left(\frac{D}{2^{n-1}}-1\right) \tag{7-3}$$

(4)V/I变换

在实现0～5 V、0～10 V、1～5V直流电压信号转换为0～10 mA、4～20 mA时,可直接采用集成V/I转换电路来完成。下面以高精度V/I转换器ZF2B20和AD694为例来分析其使用方法。

①集成V/I转换器ZF2B20

ZF2B20是通过V/I转换的方式产生一个与输入电压成比例的输出电流。它的输入电压范围是0～10 V,输出电流是4～20 mA(加接地负载),采用单正电源供电,电源电压范围为10～32 V。它的特点是低漂移,在工作温度为−25～85 ℃的范围内,最大漂移为0.005%/℃,可用于控制和遥测系统,作为子系统之间的信息传送和连接。图7-22所示是ZF2B20的引脚图。ZF2B20的输入电阻为10 kΩ,动态响应时间小于25 μs,非线性小于±0.025%。

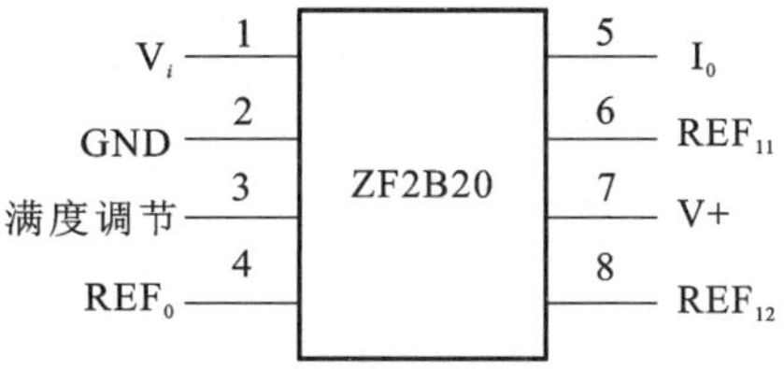

图7-22 ZF2B20 **引脚图**

利用ZF2B20实现V/I转换极为方便,图7-23(a)所示电路是一种带初值校准的0～10 V到4～20 mA转换电路;图7-23(b)则是一种带满度校准的0～10 V到0～10 mA转换电路。

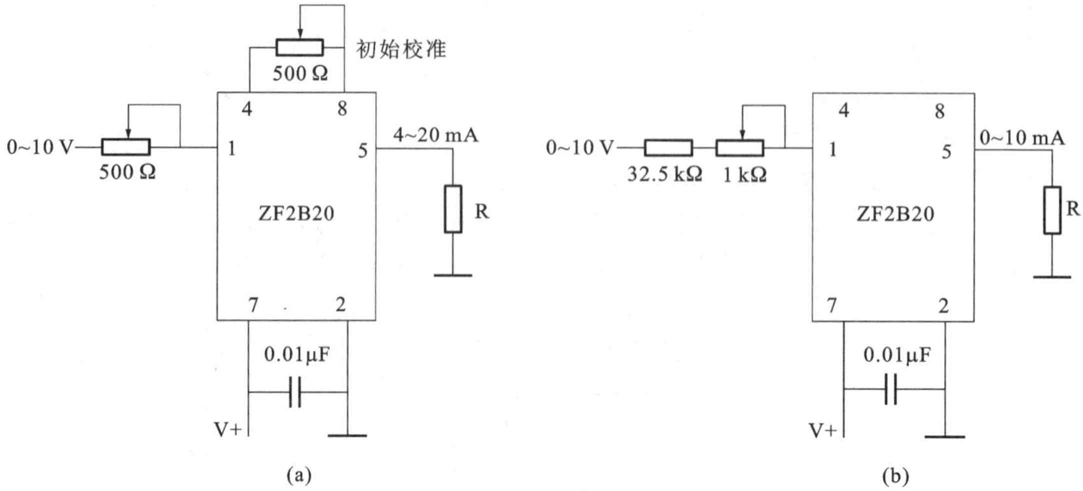

图 7-23　V/I 转换电路

(a)0～10 V/4～20 mA 转换;(b)0～10 V/0～10 mA 转换

②集成 V/I 转换器 AD694

AD694 是一种 4～20 mA 转换器,适当接线也可使其输出范围为 0～20 mA。AD694 的主要特点如下:

- 输出范围:4～20 mA 或 0～20 mA。
- 输入范围:0～2 V 或 0～10 V。
- 电源范围:4.5～36 V。
- 可与电流输出型 D/A 转换器直接配合使用,实现程控电流输出。
- 具有开路或超限报警功能。

图 7-24 所示为 AD694 的引脚图,对于不同的电源电压、输入和输出范围,其引脚接线也各不相同。表 7-3 所示为不同场合使用时的接线表。

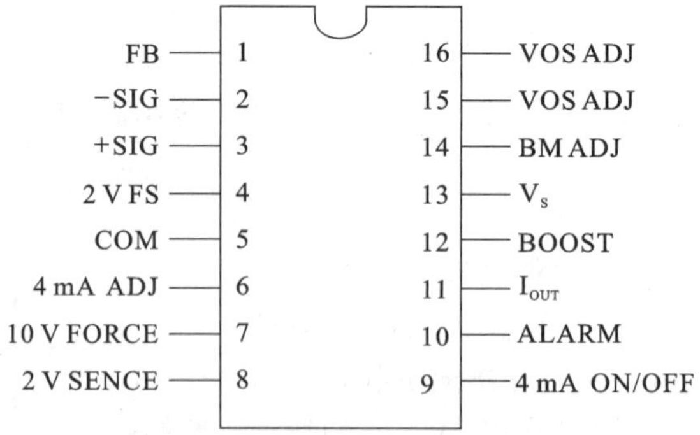

图 7-24　AD694 引脚图

表 7-3　AD694 引脚接线表

输入电压/V	输出电流/mA	参考电压/V	V_s/V	Pin9	Pin4	Pin8
0～2	4～20	2	4.5	Pin5	Pin5	Pin7
0～10	4～20	2	12.5	Pin5	open	Pin7

续表 7-3

输入电压/V	输出电流/mA	参考电压/V	V_s/V	Pin9	Pin4	Pin8
0～2.5	0～20	2	5.0	≥3 V	Pin5	Pin7
0～12	0～20	2	15.0	≥3 V	open	Pin7
0～2	4～20	10	12.0	Pin5	Pin5	open
0～10	4～20	10	12.0	Pin5	open	open
0～2.5	0～20	10	12.0	≥3 V	Pin5	open
0～12.5	0～20	10	15.0	≥3 V	open	open

AD694 的使用也较为简单，对于 0～10 V 输入，4～20 mA 输出，电源电压大于 12.5 V 的情况，可参考图 7-25 所示的基本接法，在这种情况下，输出能驱动的最大负载为

$$R_L = (V_s - 2)/20\ (\text{mA}) \tag{7-4}$$

当电源电压为 12.5 V 时，其最大负载电阻为 525 Ω。

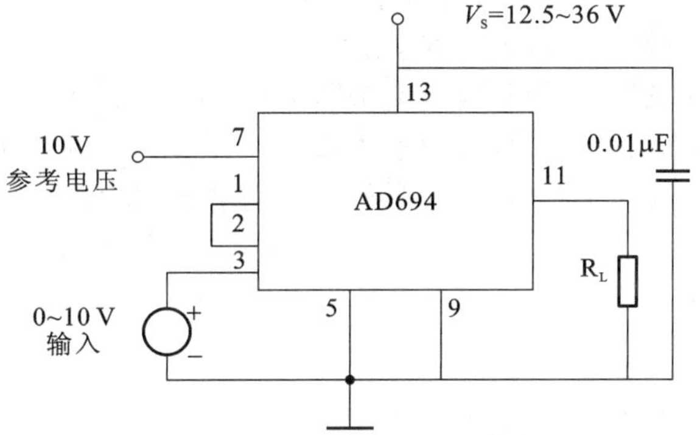

图 7-25 AD694 的基本应用

AD694 还可与 8 位、10 位、12 位等电流型 D/A 转换器直接配合使用，如利用 12 位 D/A 转换器 DAC1210 时，可参考图 7-26 所示的接法。其中 DAC1210 用单电源供电，AD694 输出范围为 4～20 mA。AD694 还设有调零端和满度调整端，具体调整方法可参考其使用手册，这里不再讨论。

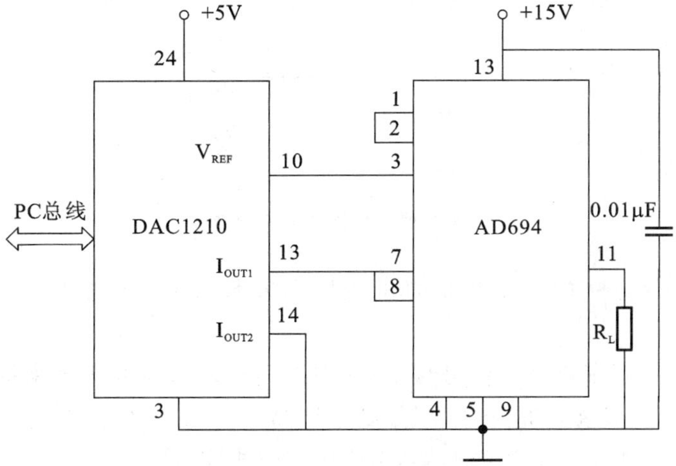

图 7-26 DAC1210 与 AD694 的接口

7.3 硬件抗干扰技术

很多从事计算机控制工程的人员都有这样的经历，当他将经过千辛万苦安装和调试好的样机投入工业现场进行实际运行时，却不能正常工作。有的一开机就失灵，有的时好时坏，让人不知所措。为什么实验室能正常模拟运行的系统，到了工业环境就不能正常运行呢？原因是工业环境有强大的干扰，微机系统没有采取抗干扰措施，或者措施执行得不到位。由此可见抗干扰技术的重要性。所谓干扰，就是有用信号以外的噪声或造成计算机设备不能正常工作的破坏因素。

在与干扰做斗争的过程中，人们积累了很多经验，有硬件措施，有软件措施，也有软硬件结合的措施。硬件措施如果得当，可将绝大多数干扰拒之门外，但仍然有少数干扰窜入微机系统，引起不良后果，所以软件抗干扰措施作为第二道防线是必不可少的。软件抗干扰措施是以 CPU 的开销为代价的，影响到系统的工作效率和实时性。因此，一个成功的抗干扰系统是由硬件和软件相结合构成的。硬件抗干扰效率高，但要增加系统的投资和设备的体积。软件抗干扰投资低，但要降低系统的工作效率。

对于计算机控制系统来说，干扰既可能来源于外部，也可能来源于内部。外部干扰是指那些与系统结构无关，而是由外界环境因素决定的；而内部干扰则是由系统结构、制造工艺等决定的。外部干扰主要是空间电或磁的影响，环境温度、湿度等气象因素也是外部干扰。内部干扰主要是分布电容、分布电感引起的耦合感应，电磁场辐射感应，长线传输的波反射，多点接地造成的电位差引起的干扰，寄生振荡引起的干扰，甚至元器件产生的噪声也属于内部干扰。

7.3.1 过程通道抗干扰技术

(1)串模干扰及其抑制方法

所谓串模干扰，是指叠加在被测信号上的干扰噪声。这里的被测信号是指有用的直流信号或缓慢变化的交变信号，而干扰噪声是指无用的变化较快的杂乱交变信号。串模干扰和被测信号在回路中所处的地位是相同的，总是以两者之和作为输入信号。串模干扰也称为常态干扰，如图 7-27 所示，U_s 为信号源，U_n 为干扰源。

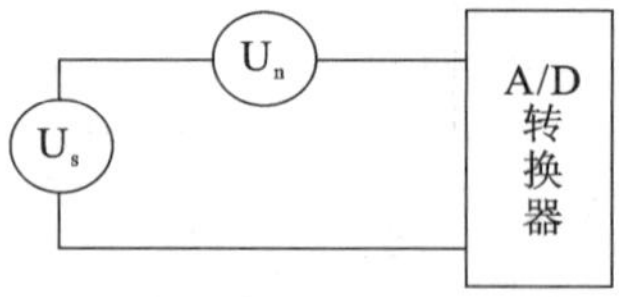

图 7-27 串模干扰示意图

串模干扰的抑制方法应从干扰信号的特性和来源入手，分别对不同情况采取相应的措施。

①如果串模干扰频率比被测信号频率高，则采用输入低通滤波器来抑制高频率串模干扰；如果串模干扰频率比被测信号频率低，则采用高通滤波器来抑制低频率串模干扰；如果串模干扰频率落在被测信号频谱的两侧，则应用带通滤波器。

一般情况下，串模干扰均比被测信号变化快，故常用二级阻容低通滤波网络作为模/数转换器的输入滤波器，如图 7-28 所示，它可使 50 Hz 的串模干扰信号衰减 600 倍左右。该滤波器的时间常数小于 200 ms，因此，当被测信号变化较快时，应相应改变网络参数，以适当减小时间常数。

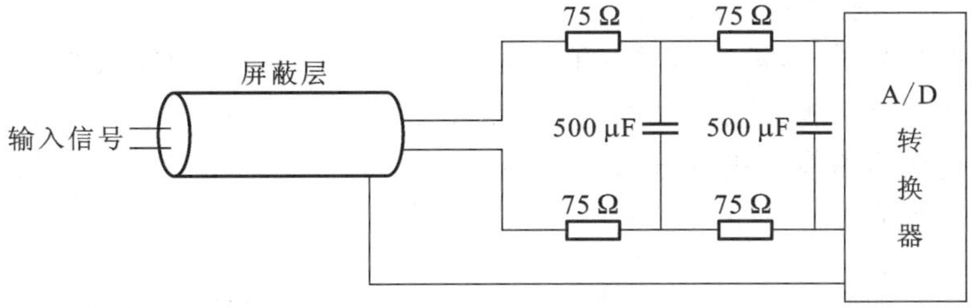

图 7-28　二级阻容低通滤波网络

②当尖峰型串模干扰成为主要干扰源时，用双积分式 A/D 转换器可以削弱串模干扰的影响。因为此类转换器对输入信号的平均值而不是瞬时值进行转换，所以对尖峰的干扰具有抑制能力。如果取积分周期等于主要串模干扰的周期或为其整数倍，则通过积分比较变换后，对串模干扰有更好的抑制效果。

③对于串模干扰主要来自电磁感应的情况，对被测信号应尽可能早地进行前置放大，从而达到提高回路中信噪比的目的；或者尽可能早地完成模/数转换或采取隔离和屏蔽等措施。

④从选择逻辑器件入手，利用逻辑器件的特性来抑制串模干扰。此时可采用高抗扰度逻辑器件，通过高阈值电平来抑制低噪声的干扰；也可采用低速逻辑器件来抑制高频干扰；当然，也可以人为地通过附加电容器，以降低某个逻辑电路的工作速度来抑制高频干扰。对于主要由所选用的元器件内部的热扰动产生的随机噪声所形成的串模干扰，或在数字信号的传送过程中夹带的低噪声或窄脉冲干扰，这种方法是比较有效的。

⑤采用双绞线作信号引线的目的是减弱电磁感应，并且使各个小环路的感应电动势互相呈反向抵消。选用带有屏蔽的双绞线或同轴电缆作信号线，且接地良好，并对测量仪表进行电磁屏蔽。

(2)共模干扰及其抑制方法

所谓共模干扰，是指模/数转换器两个输入端上公有的干扰电压。这种干扰可能是直流电压，也可能是交流电压，其幅值可达几伏甚至更高，取决于现场产生干扰的环境条件和计算机等设备的接地情况。共模干扰也称为共态干扰。

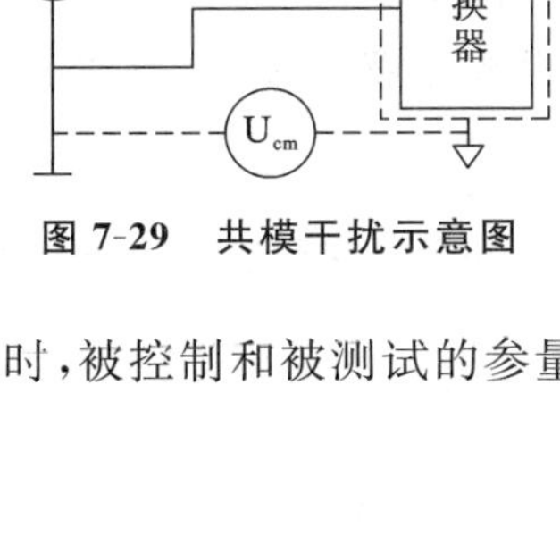

图 7-29　共模干扰示意图

因为在计算机控制生产过程时，被控制和被测试的参量可能很多，并且分散在生产现场的各个地方，一般都用很长的导线把计算机发出的控制信号传送到现场中的某个控制对象，或者把安装在某个装置中的传感器所产生的被测信号传送到计算机的模/数转换器。因此，被测信号 U_s 的参考接地点和计算机输入信号的参考接地点之间往往存在着一定的电位差 U_{cm}，如图 7-29 所示。对于模/数转换器的两个输入端来说，分别有 U_s+U_{cm} 和 U_{cm} 两个输入信号。显然，U_{cm} 是共模干扰电压。

在计算机控制系统中，被测信号有单端对地输入和双端不对地输入两种输入方式，如图 7-30 所示。对于存在共模干扰的场合，不能采用单端对地输入方式，因为此时的共模干扰电压将全部转化成为串模干扰电压，如图 7-30(a)所示。所以，必须采用双端不对地输入方式，如图 7-30(b)所示。

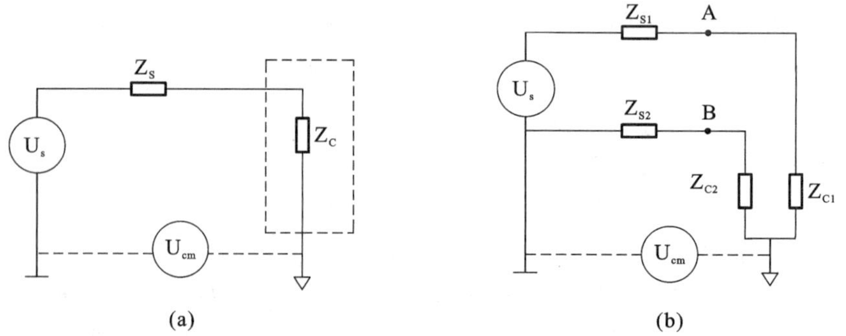

图 7-30　被测信号的输入方式

(a)单端对地；(b)双端不对地

在图 7-30 中，Z_S、Z_{S1}、Z_{S2} 为信号源 U_s 的内阻抗，Z_C、Z_{C1}、Z_{C2} 为输入电路的输入阻抗。由图 7-30(b)可见，共模干扰电压 U_{cm} 对两个输入端形成两个电流回路，每个输入端 A 和 B 的共模电压分别为

$$U_A=\frac{U_{cm}}{Z_{S1}+Z_{C1}}=Z_{C1} \tag{7-5}$$

$$U_B=\frac{U_{cm}}{Z_{S2}+Z_{C2}}=Z_{C1} \tag{7-6}$$

两个输入端之间的共模电压为

$$U_{AB}=U_A-U_B=\left[\frac{Z_{C1}}{Z_{S1}+Z_{C1}}-\frac{Z_{C2}}{Z_{S2}+Z_{C2}}\right]U_{cm} \tag{7-7}$$

如果此时 $Z_{S1}=Z_{S2}$，$Z_{C1}=Z_{C2}$，那么 $U_{AB}=0$，表示不会引入共模干扰，但上述条件实际上无法满足，只能做到 Z_{S1} 接近 Z_{S2}，Z_{C1} 接近 Z_{C2}，因此 $U_{AB}\neq 0$，也就是说，实际上总存在一定的共模干扰电压。显然，当 Z_{S1} 和 Z_{S2} 越小，Z_{C1} 和 Z_{C2} 越大，并且 Z_{C1} 与 Z_{C2} 越接近时，共模干扰的影响就越小。一般情况下，共模干扰电压 U_{cm} 总是转化成一定的串模干扰 U_n 出现在两个输入端之间。

为了衡量一个输入电路抑制共模干扰的能力，常用共模抑制比(Common Mode Rejection Ratio，CMRR)来表示，即

$$\mathrm{CMRR}=20\lg\frac{U_{cm}}{U_n}(\mathrm{dB}) \tag{7-8}$$

式中，U_{cm} 是共模干扰电压，U_n 是 U_{cm} 转化成的串模干扰电压。显然，对于单端对地输

入方式，由于 $U_n = U_{cm}$，所以 CMRR＝0，说明无共模抑制能力。对于双端不对地输入方式来说，由 U_{cm} 引入的串模干扰 U_n 越小，CMRR 就越大，所以抗共模干扰能力就越强。

常见的抑制共模干扰的方法有以下三种：

①变压器隔离

利用变压器把模拟信号电路与数字信号电路隔离开来，也就是把模拟地与数字地断开，使共模干扰电压 U_{cm} 无法形成回路，从而抑制了共模干扰。另外，隔离前和隔离后应分别采用两组互相独立的电源，切断两部分的地线联系。

在图 7-31 中，被测信号 U_s 经放大后，首先通过调制器变换成交流信号，经隔离变压器 B 传输到副边，然后用解调器再将它变换为直流信号 U_{s2}，再对 U_{s2} 进行 A/D 变换。

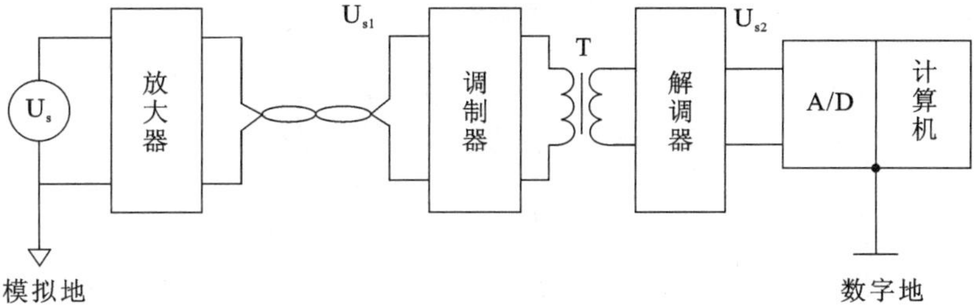

图 7-31　变压器隔离

②光电隔离

光电耦合器是由发光二极管和光敏三极管封装在一个管壳内组成的，发光二极管两端为信号输入端，光敏三极管的集电极和发射极分别作为光电耦合器的输出端，它们之间的信号是靠发光二极管在信号电压的控制下发光，传送给光敏三极管来完成的。

光电耦合器有以下几个特点：第一，由于是被密封在一个管壳内，或者是被模压塑料封装的，所以不会受到外界光的干扰。第二，由于是靠光传送信号，切断了各部件电路之间地线的联系。第三，发光二极管动态电阻非常小，而干扰源的内阻一般很大，能够传送到光电耦合器输入端的干扰信号就变得很小。第四，光电耦合器的传输比与晶体管的放大倍数相比一般很小，远不如晶体管对干扰信号那样灵敏，而光电耦合器的发光二极管只有在通过一定的电流时才能发光。因此，即使是在干扰电压幅值较高的情况下，由于没有足够的能量，仍不能使发光二极管发光，从而可以有效地抑制干扰信号。此外，光电耦合器提供了较好的带宽、较小的输入失调漂移和增益温度系数，因此，能够较好地满足信号传输速度的要求。

在图 7-32 中，模拟信号 U_s 经放大后，再利用光电耦合器的线性区直接对模拟信号进行光电耦合传送。由于光电耦合器的线性区一般只能在某一特定的范围内，因此，应保证被传送信号的变化范围始终在线性区内。为保证线性耦合，既要严格挑选光电耦合器，又要采取相应的非线性校正措施，否则将产生较大的误差。另外，光电隔离前后两部分电路应分别采用两组独立的电源。

光电隔离与变压器隔离相比，实现起来比较容易，成本低、体积小，因此在计算机控制系统中得到了广泛的应用。

③浮地屏蔽

采用浮地输入双层屏蔽放大器来抑制共模干扰，如图 7-33 所示。这是利用屏蔽方法使输入信号的“模拟地”浮空，从而达到抑制共模干扰的目的。

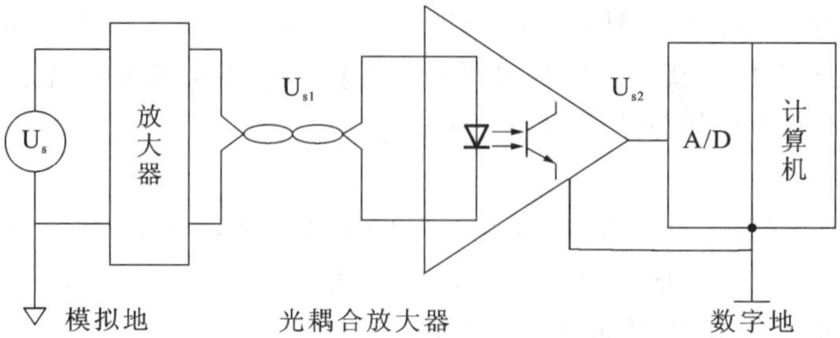

图 7-32　光电隔离

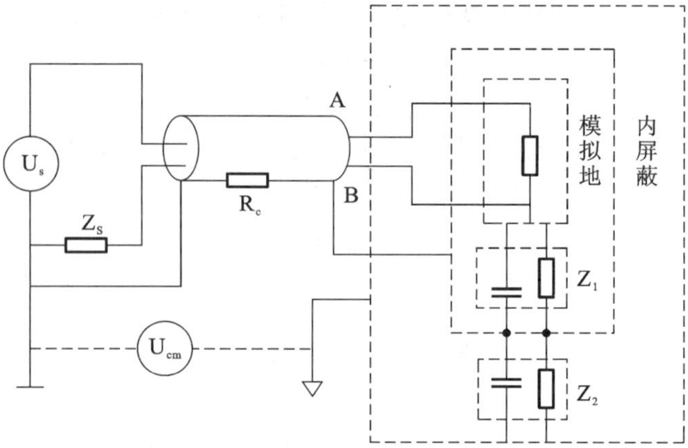

图 7-33　浮地输入双重屏蔽放大器

图中 Z_1 和 Z_2 分别为模拟地与内屏蔽盒之间和内屏蔽盒与外屏蔽层(机壳)之间的绝缘阻抗，它们由漏电阻和分布电容组成，所以阻抗值很大。图中，用于传送信号的屏蔽线的屏蔽层和 Z_2 为共模电压 U_{cm} 提供了共模电流 I_{cm1} 的通路，但此电流不会产生串模干扰，因为此时模拟地与内屏蔽盒是隔离的。由于屏蔽线的屏蔽层存在电阻 R_c，因此共模电压 U_{cm} 在 R_c 电阻上会产生较小的共模信号，它在模拟量输入回路中产生共模电流 I_{cm2}，I_{cm2} 又在模拟量输入回路中产生串模干扰电压。显然，由于 $R_c \ll Z_2$，$Z_S \ll Z_1$ 故由 U_{cm} 引入的串模干扰电压是非常微弱的。所以这是一种十分有效的共模抑制措施。

(3)长线传输干扰及其抑制方法

计算机控制系统是一个从生产现场的传感器到计算机，再到生产现场执行机构的庞大系统。由生产现场到计算机的连线往往长达几十米，甚至几百米。即使在中央控制室内，各种连线也有几米到十几米。由于计算机采用高速集成电路，致使长线的“长”是相对的。这里所谓的“长线”，其长度并不长，取决于集成电路的运算速度。

信号在长线中传输遇到三个问题：一是长线传输易受到外界干扰；二是具有信号延时；三是高速变化的信号在长线中传输时，还会出现波反射现象。当信号在长线中传输时，由于受到传输线的分布电容和分布电感的影响，会在传输线内部产生正向前进的电压波和电流波，称为入射波；另外，如果传输线的终端阻抗与传输线的波阻抗不匹配，那么当入射波到达终端时，便会引起反射；同样，反射波到达传输线始端时，如果始端阻抗也不匹配，还会引起新的反射。这种信号的多次反射现象，使信号波形严重失真和畸变，并且引起干扰脉冲。

采用终端阻抗匹配或始端阻抗匹配，可以消除长线传输中的波反射，或者将它抑制到最低限度。

①终端匹配

为了进行阻抗匹配，必须事先知道传输线的波阻抗 R_P，波阻抗的测量如图 7-34 所示。调节可变电阻 R，并用示波器观察门 A 的波形，当完全匹配时（即 $R=R_P$ 时），门 A 输出的波形不畸变，反射波完全消失，这时的 R 值就是该传输线的波阻抗。

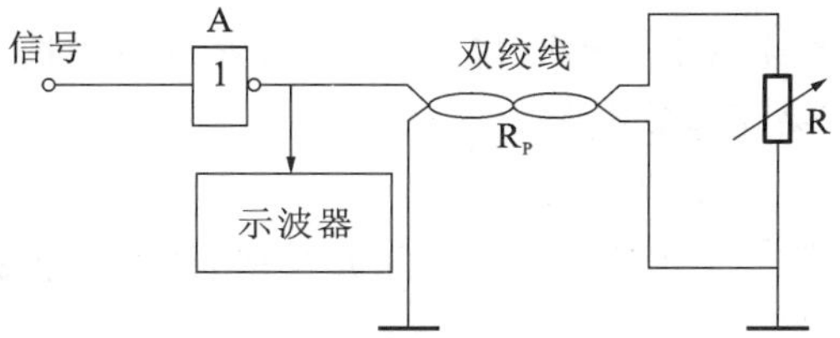

图 7-34　测量传输线波阻抗

为了避免外界干扰的影响，在计算机中常常采用双绞线和同轴电缆作信号线。双绞线的波阻抗一般为 100～200 Ω，绞花越密，波阻抗越低。同轴电缆的波阻抗为 50～100 Ω。根据传输线的基本理论，无损耗导线的波阻抗 R_P 为

$$R_P=\sqrt{\frac{L_0}{C_0}} \tag{7-9}$$

其中，L_0 为单位长度的电感(H)，C_0 为单位长度的电容(F)。

最简单的终端匹配方法如图 7-35(a)所示，如果传输线的波阻抗是 R_P，那么当 $R=R_P$ 时，便实现了终端匹配，消除了波反射。此时终端波形和始端波形的形状相一致，只是在时间上滞后。由于终端电阻变低，则加大负载，使波形的高电平下降，从而降低了高电平的抗干扰能力，但对波形的低电平没有影响。

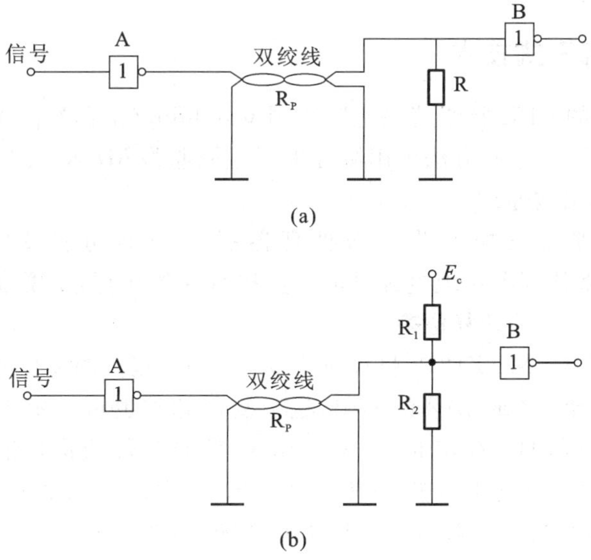

图 7-35　终端匹配

为了克服上述匹配方法的缺点，可采用图 7-35(b)所示的终端匹配方法。其等效电阻 R 为

$$R=\frac{R_1R_2}{R_1+R_2} \tag{7-10}$$

适当调整 R_1 和 R_2 的阻值，可使 $R=R_P$。这种匹配方法也能消除波反射，优点是波形的高电平下降得较少，缺点是低电平抬高，从而降低了低电平的抗干扰能力。为了同时兼顾高电平和低电平两种情况，可选取 $R_1=R_2=2R_P$，此时等效电阻 $R=R_P$。实践中，宁可使高电平降低得稍多一些，也要让低电平抬高得少一些，可通过适当选取电阻 R_1 和 R_2，使 $R_1>R_2$ 达到此目的，当然还要保证等效电阻 $R=R_P$。

②始端匹配

在传输线始端串入电阻 R，也能基本上消除波反射，达到改善波形的目的，如图 7-36 所示。一般选择始端匹配电阻 R 为

$$R=R_P-R_{SC} \tag{7-11}$$

其中，R_{SC} 为门 A 输出低电平时的输出阻抗。

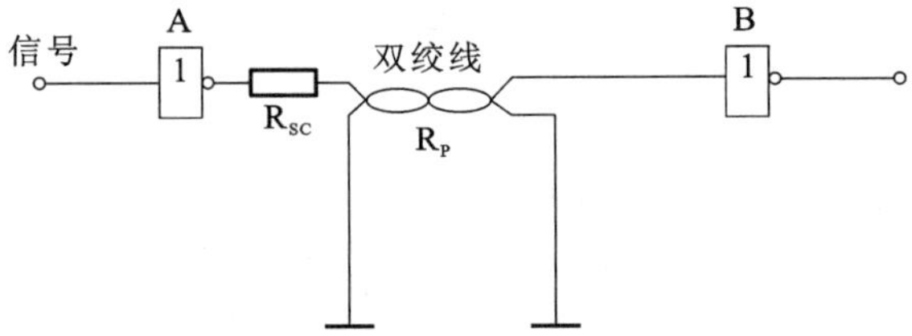

图 7-36　始端匹配

这种匹配方法的优点是波形的高电平不变，缺点是波形的低电平会抬高。这是由终端门 B 的输入电流 I_{sr} 在始端匹配电阻 R 上的压降所造成的。显然，终端所带负载门个数越多，则低电平抬高得越显著。

7.3.2　主机抗干扰技术

计算机控制系统的 CPU 抗干扰措施常采用 watchdog(俗称看门狗)、电源监控(掉电检测及保护)、复位等方法。这些方法可用微处理器监控电路 MAX1232 来实现。

(1)MAX1232 的结构原理

MAX1232 微处理器监控电路给微处理器提供辅助功能及电源供电监控功能，MAX1232 通过监控微处理器系统电源供电及监控软件的执行，来增强电路的可靠性，它提供了一个反弹的(无锁的)手动复位输入。

当电源过压、欠压时，MAX1232 将提供至少 250 ms 宽度的复位脉冲，其中的容许限能用数字式的方法来选择 5%或 10%的容限，这个复位脉冲也可以由无锁的手动复位输入；MAX1232 有一个可编程的监控定时器(watchdog)监督软件的执行情况，该软件可编程为 150 ms、600 ms 或 1.2 s 的超时设置。图 7-37 给出了 MAX1232 的内部结构框图。其中：

$\overline{\text{PBRST}}$ 为按键复位输入。反弹式低电平有效输入，忽略小于 1 ms 宽度的脉冲，确保识别 20 ms 或更宽的输入脉冲。

TD 为时间延迟，watchdog 为时基选择输入。$TD=0$ V 时，$t_{TD}=150$ ms；TD 悬空时，

t_{TD}=600 ms;$TD=V_{CC}$ 时,t_{TD}=1.2 s。

TOL 为容差输入。TOL 接地时选取 5%的容差;TOL 接 V_{CC} 时选取 10%的容差。

GND 为地。

RST 为复位输出(高电平有效)。RST 产生的条件是:若 V_{CC} 下降至低于所选择的复位电压阈值,则产生 RST 输出;若 $\overline{PBRST}$ 变低,则产生 RST 输出;若在最小暂停周期内 $\overline{ST}$ 未选通,则产生 RST 输出;若在加电源期间,则产生 RST 输出。

$\overline{RST}$ 为复位输出(低电平有效),产生条件同 RST。

$\overline{ST}$ 为选通输入 watchdog 定时器输入。

V_{CC} 为+5 V 电源。

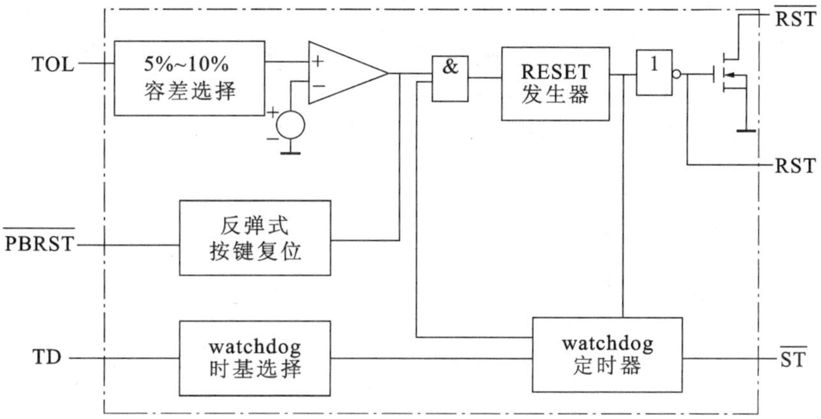

图 7-37　MAX1232 的内部结构

(2)MAX1232 的主要功能

①电源监控

电压检测器监控 V_{CC}:每当 V_{CC} 低于所选择的容限时(5%容限时的电压为 4.62 V,10%容限时的电压为 4.37 V)就输出并保持复位信号。选择 5%的容许极限时,TOL 端接地;选择 10%的容许极限时,TOL 端接 V_{CC}。当 V_{CC} 恢复到容许极限内,复位输出信号至少保持 250 ms 的宽度,才允许电源供电并使微处理器稳定工作。RST 输出吸收和提供电流。当 $\overline{RST}$ 端输出时,形成一个开路漏电极 MOSFET(即金属氧化物半导体场效应晶体管),该端降低并吸收电流,因而必须被拉高。

②按钮复位输入

MAX1232 的 $\overline{PBRST}$ 端靠手动强制复位输出,该端保持 t_{PBD},即按钮复位延迟时间,当 $\overline{PBRST}$ 升高到大于一定的电压值后,复位输出保持至少 250 ms 的宽度。

一个机械按钮或一个有效的逻辑信号都能驱动 $\overline{PBRST}$,无锁按钮输入至少忽略了 1 ms 的输入抖动,并且被保证能识别出 20 ms 或更大的脉冲宽度。该 $\overline{PBRST}$ 在芯片内部被上拉到大约 100 μA 的 V_{CC} 上,因而不需要附加的上拉电阻。

③监控定时器(watchdog)

watchdog 俗称"看门狗",是工业控制机普遍采用的抗干扰措施。尽管系统采用各种抗干扰措施,仍然难以保证万无一失。watchdog 则有看守大门的作用,正好弥补了这一缺憾。watchdog 有多种用法,但最主要的应用则是因干扰引起的系统"飞程序"等出错的检测和自动恢复。

微处理器用一根 I/O 线来驱动输入，必须在一定时间内触发 $\overline{ST}$ 端（其时间取决于 TD），以便检测正常的软件执行。如果一个硬件或软件的失误导致 $\overline{ST}$ 未被触发，在一个最小超时间隔内，$\overline{ST}$ 的触发仅被脉冲的下降沿作用，这时 MAX1232 的复位输出至少保持 250 ms 的宽度。

图 7-38 所示是一个典型的启动微处理器的例子。如果这个中断继续，那么在每一个超时间隔内将产生一个新的复位脉冲，直到 $\overline{ST}$ 被触发为止。这个超时间隔取决于 TD 输入的连接，当 TD 接地时，watchdog 为 150 ms；当 TD 悬空时，watchdog 为 600 ms；当 TD 接 V_{CC} 时，watchdog 为 1.2 s。触发 $\overline{ST}$ 的软件例行程序是非常关键的，这个代码必须是在循环执行的软件中，并且这个时间（工作步长）至少要比所定的 watchdog 的时间短。一个普通的技术是从程序中的两个部分来控制微处理器的 I/O 线。当软件工作在前台方式时，可以设置 I/O 线为高；当软件工作在后台方式或中断方式时，可以设置为低；如果这两种模式都不能正确执行，那么监控定时器（即 watchdog）就会产生复位脉冲信号。

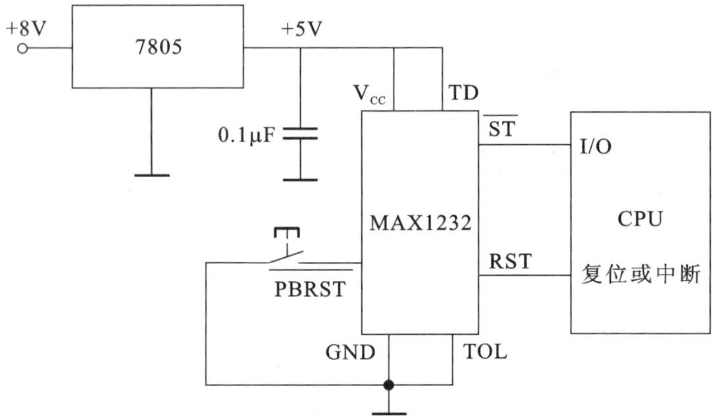

图 7-38　监控电路 MAX1232 的典型结构

④掉电保护和恢复运行

电网瞬间断电或电压突然下降将导致微机系统陷入混乱状态，电网电压恢复正常后，微机系统则难以恢复正常。掉电信号由监控电路 MAX1232 检测得到，加到微处理器（CPU）的外部中断输入端。软件中将掉电中断规定为高级中断，使系统能够及时对掉电作出反应。在掉电中断服务子程序中，首先进行现场保护，把当时的重要状态参数、中间结果、某些专用寄存器的内容转移到专用的有后备电源的 RAM 中。其次是对有关外设作出妥善处理，如关闭各输入输出口，使外设处于某一个非工作状态等。最后必须在专用的有后备电源的 RAM 中某一个或两个单元作特定标记，即掉电标记。为保证掉电子程序能顺利执行，掉电检测电路必须在电源电压下降到 CPU 最低工作电压之前就提出中断申请，提前时间为几百微秒至数毫秒。

当电源恢复正常时，CPU 重新上电复位，复位后应首先检查是否有掉电标记，如果没有，按一般开机程序执行（系统初始化等）。如果有掉电标记，不应将系统初始化，而应按掉电中断服务子程序相反的方式恢复现场，以一种合理的安全方式使系统继续做未完成的工作。

7.4 本章总结

在计算机控制系统中，工业控制机必须经过输入输出接口和过程通道与生产过程相连，因此输入输出接口和过程通道是计算机控制系统的重要组成部分。接口是计算机与外部设备交换信息的桥梁，它包括输入接口和输出接口。过程通道是在计算机和生产过程之间设置的信息传送和转换的连接通道。生产过程中的各种参数通过模拟量输入通道或数字量输入通道传送到计算机，经过计算机计算和处理后的结果通过模拟量输出通道或数字量输出通道送到生产过程，从而实现对生产过程的控制。因此，本章主要介绍计算机的输入输出接口与过程通道设计原理，以及硬件抗干扰技术。

习　题

1. 什么是接口、接口技术和过程通道？过程通道有哪几类？

2. 数字量过程通道由哪些部分组成？各部分的作用是什么？

3. 模拟量输入通道由哪些部分组成？各部分的作用是什么？

4. 模拟量输出通道由哪些部分组成？各部分的作用是什么？

5. 假设被测温度变化范围为 0～1200 ℃，如果要求误差不超过 0.4 ℃，应选用分辨率为多少的 A/D 转换器？

6. 请分别画出 D/A 转换器的单极性和双极性电压输出电路，并分别推导出输出电压与输入数字量之间的关系式。

7. 常用的计算机硬件主动抗干扰技术有哪些？

8 计算机控制系统设计与应用实例

8.1 倒立摆控制系统设计

倒立摆系统(Inverted Pendulum System)是一个典型的多变量、高阶次、非线性、强耦合、自然不稳定系统。它的控制原理就是通过算法操作,使系统处于一种动态平衡状态。工业过程中抽象的系统控制问题,如鲁棒性问题、稳定性问题、随动问题及跟踪问题等,都可以在倒立摆系统的控制过程中反映出来。

倒立摆系统作为一个具有代表性的非线性系统,已成为控制领域中理想的被控制对象。倒立摆系统按不同的摆杆数量,可分为一级倒立摆系统、二级倒立摆系统、三级倒立摆系统等。其控制目标是使摆杆尽快达到平衡位置,且无大的振荡和过大的角度和速度。当摆杆到达期望位置后,系统能克服随机扰动而保持稳定。对倒立摆系统的研究始于 20 世纪 50 年代,美国麻省理工学院的某科研小组根据火箭发射原理,成功地研制出了一级倒立摆系统。后来,他们又通过模拟试验研究出二级倒立摆系统。在 20 世纪末,关于三级倒立摆系统的控制问题,研究者们还仅停留在理论层面上,而要掌握对更高级倒立摆的控制,更是一道难题。

研究倒立摆系统不仅能解决控制中的理论问题,还能将控制理论涉及的力学、数学和电学进行有机综合应用。通过对倒立摆的控制,可以检验新的控制方法和算法在实际应用中的有效性,其控制方法在军工、航天、机器人和一般工业过程领域中都有着广泛的用途,如机器人行走过程中的平衡控制、火箭发射中的垂直度控制和卫星飞行中的姿态控制等。

8.1.1 倒立摆系统介绍

小车倒立摆一直是倒立摆研究体系中主要的研究对象。对于小车倒立摆,相关研究人员已经尝试了很多不同的方法,验证了很多控制理论,但该系统也存在一定的局限性。

(1)小车倒立摆在进行控制试验时,要占用很大的空间来安置运动轨道,造成了资源上的浪费;

(2)小车倒立摆的组成结构复杂,试验时容易造成机械误差或故障,导致试验结果不准确,影响控制方法的验证。

本书使用 Quanser 公司生产的 QUBE-Servo2 倒立摆模型来研究倒立摆。一款便携式旋转倒立摆如图 8-1 所示。该设备是专门为机电一体化和控制理论教学而设计的,它具有旋转伺服系统高度集成、光电编码器分辨率高、结构设计开放、允许用户自行设计控制器、完全兼容 MATLAB/Simulink 等特点。其工作原理是利用转动的伺服电机，在平面上带动刚性臂，臂的另一端安装一个自由度为 1 的转轴，由电机控制。在这个旋转轴上装有一根摆杆，通过控制摇杆的旋转，将摆杆保持在竖直平衡的状态，为了方便测量摇杆和垂直摆杆的角位置，直流电机末端和摇杆的末端分别带有一个编码器。

图 8-1　便携式旋转倒立摆 QUBE-Servo2

相较于常见的小车倒立摆，旋转倒立摆设备将轨道运动变换为摇杆的水平旋转运动，不仅节约了空间，而且使操作变得更为简单，系统也变得更为牢固。可以看出，旋转倒立摆系统的垂直摆杆在平衡点处表现出明显的开环不稳定性。当系统受到内外部因素引起的细微扰动时，就会使垂直摆杆因脱离平衡而倒下，这也说明该系统可以进行更高层次的控制算法研究。

8.1.2　倒立摆系统的控制方法

对倒立摆的研究手段变得越来越多，倒立摆的展现形式也变得越来越多样化。但是，无论控制技术如何发展，倒立摆的作用是不会改变的，即为所提出的控制理论提供一个操作平台。目前，对倒立摆的研究集中在轨迹跟踪、对系统的稳摆控制和系统的自动起摆控制。

运用到倒立摆系统控制上的传统算法主要包括鲁棒控制法、比例-积分-微分(PID)控制法、极点配置法、反步控制法、LQR 控制方法等。这些算法只适用于结构简单的系统，因此，在倒立摆的稳定控制中存在一定的局限性。

(1)鲁棒控制法是在 20 世纪 70 年代提出的，主要针对系统中出现参数不确定性问题，在控制动态模型时确保闭环系统稳定，保持原有的动态性能。

(2)PID 控制算法是实现倒立摆控制最基础的方法之一，其主要思想是根据系统输入、输出值来设计控制器，设计出比例、积分、微分参数，就可以对系统实施控制。但该方法只适用于结构简单的线性系统，对复杂的非线性系统无能为力。

(3)极点配置法是为了确保系统动态性能和稳态性能，通过求得反馈矩阵，得到状态反馈控制器，使得目标极点在根轨迹上运动到期望的位置，最后使系统达到期望指标。

(4)反步控制法又称为反演控制法，适用于线性系统和非线性系统，具体的控制方法是：将高阶系统划分为若干一级系统，将下一阶的变量作为一个虚拟输入，并对其施加影响；依据上一阶的体系构造李亚普诺夫函数，使其达到稳定，直至最终的系统完成对输入的控制。保证在所有条件下，该系统满足李亚普诺夫稳定条件，并通过这个函数找到一个参考输入，从而导出最终的输入值。

(5)LQR 控制方法的主要思想是为了使性能指标达到极小值，选取最优反馈控制律 u，结合控制算法就能得到反馈矩阵 $\boldsymbol{K}$。其控制框图如图 8-2 所示，该方法的控制效果通常比 PID 控制算法和极点配制法的控制效果好。

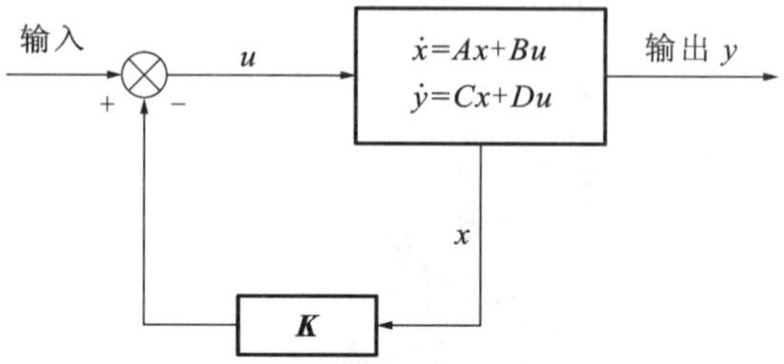

图 8-2 LQR 控制框图

除以上传统的控制方法以外，运用到倒立摆系统上的智能控制方法主要还包括神经网络控制、模糊控制、自适应控制、迭代控制等。

8.1.3 倒立摆系统的数学模型

旋转倒立摆系统的动力学建模主要通过摇杆、摆杆、关节力矩、外力之间的关系来推导。首先根据旋转倒立摆系统的结构特点，利用拉格朗日方法建立其动态模型。拉格朗日建模法是把系统看成一个整体，用动能和势能的标量函数来描述，这能使许多系统的动态问题得到极大的简化，尤其是考虑到受理想约束的非自由动力学问题。

旋转倒立摆系统由摇杆和摆杆组成，其结构如图 8-3 所示。其中，摇杆位于水平面，摆杆位于垂直面，在忽略阻力等不确定因素的情况下，摇杆和摆杆都被视为均杆；在内外界扰动的影响下，旋转倒立摆通过摇杆的水平运动来使摆杆运动到垂直位置并保持平衡。这里，令摇杆的长度为 L，摇杆角为 θ，摇杆的惯性矩为 I，摆杆质心与结点之间长度为 h，摆杆角为 α，摆杆的惯性矩为 J，摆杆的质量为 m。此外，F 和 f 为系统所受的扰动，τ 为扭矩。

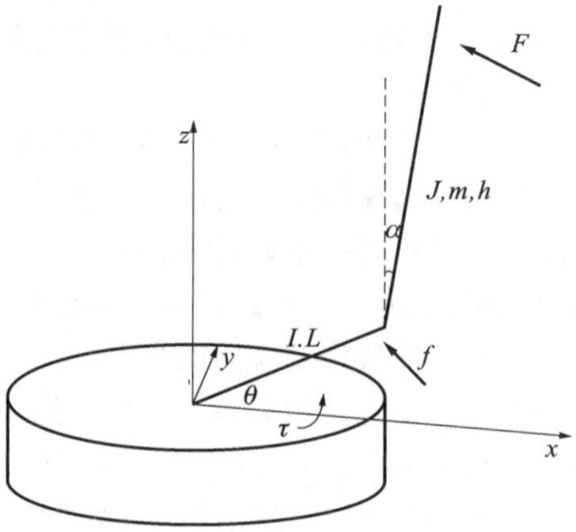

图 8-3 倒立摆系统

水平摇杆的速度可以表示为

$$V = L\dot{\theta} \tag{8-1}$$

可以将摆杆质心的速度分为水平速度和竖直速度，分别表示为

$$V_{水平} = L\dot{\theta} - h\dot{\alpha}\cos\alpha \tag{8-2}$$

$$V_{竖直} = -\dot{\alpha}\sin\alpha \tag{8-3}$$

将系统的总动能设为 T，总势能设为 G，就有

$$\left.\begin{aligned} T &= T_1 + T_2 \\ G &= G_1 + G_2 \end{aligned}\right\} \tag{8-4}$$

这里将摇杆所在的运动平面视作零势能面。其中，T_1 为摇杆动能，T_2 为摆杆动能，G_1 为摇杆势能，G_2 为摆杆势能。

因此，系统动能表示为

$$\left.\begin{aligned} T_1 &= 0.5I\dot{\theta}^2 \\ T_2 &= 0.5J\dot{\alpha}^2 + 0.5m(L\dot{\theta} - h\dot{\alpha}\cos\alpha)^2 + 0.5m(-h\dot{\alpha}\sin\alpha)^2 \end{aligned}\right\} \tag{8-5}$$

系统势能表示为

$$\left.\begin{aligned} G_1 &= 0 \\ G_2 &= mgh\cos\alpha \end{aligned}\right\} \tag{8-6}$$

式中，g 为重力加速度。

令摇杆和摆杆的角位移为广义坐标，则有：

$$\left.\begin{aligned} q_1 &= \theta \\ q_2 &= \alpha \end{aligned}\right\} \tag{8-7}$$

这里应用拉格朗日方法而不应用经典力学来获取系统的动力学模型，主要是因为拉格朗日方法更多地用于更复杂的多关节试验系统。对于旋转倒立摆，该方法主要描述的是摇杆和摆杆根据电压值变化所做的运动。

根据拉格朗日方法得到旋转倒立摆系统方程：

$$\frac{\mathrm{d}}{\mathrm{d}t}\left(\frac{\partial T}{\partial \dot{q}_i}\right) - \frac{\partial T}{\partial q_i} + \frac{\partial G}{\partial q_i} = F_{q_i}\ (i = 1,2) \tag{8-8}$$

其中，F_{q_i} 为系统在广义坐标上所受的外力。

进一步，将 q_i 带入式(8-8)，进行简化后可以得到旋转倒立摆动力学模型：

$$\boldsymbol{M}_1(q)\ddot{q} + \boldsymbol{N}_1(q,\dot{q})\dot{q} + \boldsymbol{H}_1(q) = \boldsymbol{F}_1 V_{\mathrm{m}} = V_0 \tag{8-9}$$

其中，q 为摇杆和摆杆的角度值；V_{m} 为电机电压；V_0 为控制输入；$\boldsymbol{M}_1$、$\boldsymbol{N}_1$、$\boldsymbol{H}_1$ 和 $\boldsymbol{F}_1$ 均为求解过程中与电机参数相关的矩阵。

8.1.4 旋转倒立摆串级 PID 控制系统的设计

旋转倒立摆是一种非线性、不稳定、单输入双输出的典型控制对象。为了使摆杆一直稳定在目标位置，要将水平旋转臂在水平面内的角位移 α 和摆杆相对于 z 轴正方向的角位移 θ 作为被控变量，分别将二者与目标位置的偏差带入串级 PID 控制器中进行运算。其中经典

PID 控制模型为：

$$u = k_{\mathrm{P}}(e) + k_{\mathrm{I}}\int_0^t e\mathrm{d}t + k_{\mathrm{D}}\frac{\mathrm{d}e}{\mathrm{d}t} \tag{8-10}$$

式中，u 为控制器输出；e 为期望值与实际输出的偏差；k_{P} 为比例系数；k_{I} 为积分系数；k_{D} 为微分系数。根据功能要求，最终设计出的串级 PID 控制框图如图 8-4 所示。

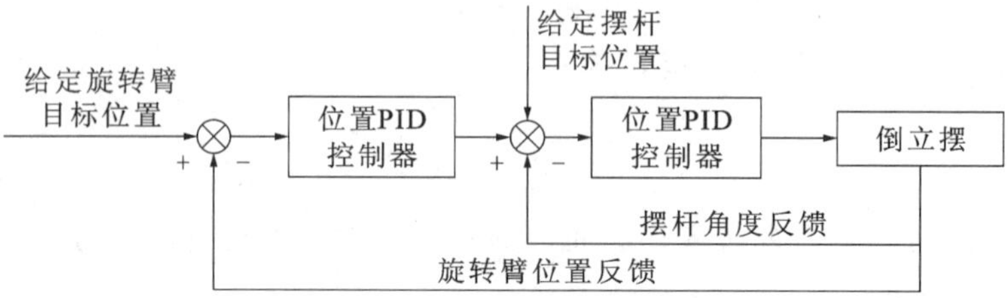

图 8-4　倒立摆串级 PID 控制框图

串级 PID 控制框图分为内外两环，内环为角度控制环，外环为位置控制环。其中位置控制的输出作为角度控制的输入，角度控制的输出作为整个系统的输出。内外环均采用位置式 PID 控制表达式，且均用比例环节和微分环节来达到控制要求。同时，把旋转臂初始位置作为目标零位时编码器的数据，加入一阶低通滤波对角度环的输出进行滤波，减小控制过程中的振荡，增强倒立摆系统的稳定性。

8.1.5　控制系统的效果

本书在 MATLAB 的 Simulink 中分别搭建加一阶低通滤波的 PID 控制器和未加一阶低通滤波的 PID 控制器的数学模型，并进行仿真分析。对两种模型同时给予相同的单位阶跃信号，通过对两种模型响应曲线的观察分析，得出两种控制器的优劣。倒立摆系统对于控制算法的快速性和平稳性要求较高，因此在控制系统的设计中主要针对这两个因素进行优化提高。同理，在单位阶跃信号的响应虚线中也主要针对其快速性和平稳性进行分析验证。其中，未加一阶低通滤波的 PID 控制器的单位阶跃响应曲线如图 8-5 所示，加一阶低通滤波的 PID 控制器的单位阶跃响应曲线如图 8-6 所示。在数据分析之前通过肉眼观察，相较于未加滤波的控制系统，可发现在位置环加入一阶低通滤波的控制系统在 50 ms 后基本无振荡波动，且其响应速度也明显快于前者。

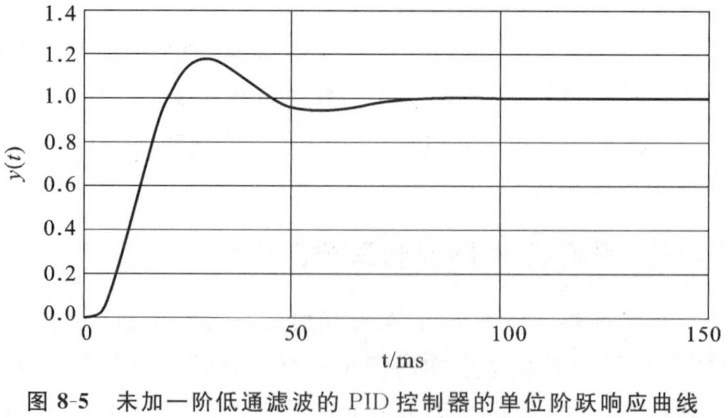

图 8-5　未加一阶低通滤波的 PID 控制器的单位阶跃响应曲线

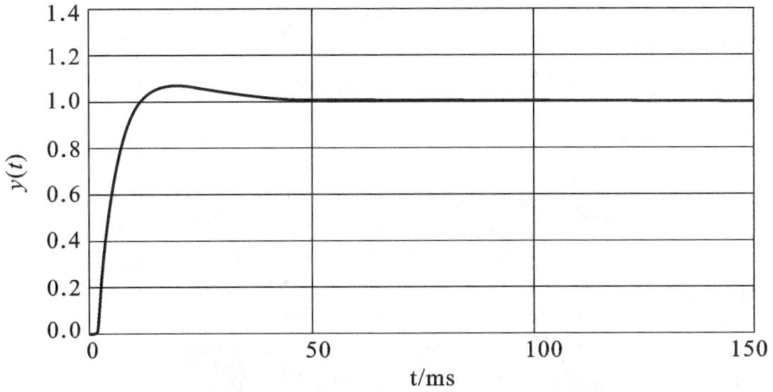

图 8-6 加一阶低通滤波的 PID 控制器的单位阶跃响应曲线

对比两个曲线图后可以发现，加一阶低通滤波的串级 PID 控制器相较于未加滤波的串级 PID 控制器，其响应时间快约 15%，超调量降低约 10%，稳态误差降低约 30%。将串级 PID 低通滤波控制器在搭建的 QUBE-Servo2 倒立摆上进行试验，进一步证实了所提出的控制系统抗干扰能力强、系统振荡较小，能够实现对倒立摆实时、快速和稳定的控制。

8.2 智能机器人控制系统设计

随着计算机控制技术的快速发展，智能机器人控制成为科技领域的热门话题，机器人的应用与发展也成为人类社会走向技术文明的一个重要标志。各种机器人，如物流机器人、焊接机器人、装配机器人等，使人类从危险、繁重、枯燥的工作中解放出来，同时提升了社会的生产力水平。

轮式移动机器人因其具有结构简单、能量利用率高、稳定高速移动、制造成本低以及方便控制等优点，成为目前应用最为广泛的地面移动机器人。轮式移动机器人是一类重要的地面移动机器人，将环境感知、动态决策与规划、行为控制与执行等多种功能综合于一体，具备高度自规划、自组织和自适应能力，可在无人干预和复杂环境下有目的地自主运动并完成特定的作业。

8.2.1 轮式移动机器人控制系统介绍

1. 轮式移动机器人控制系统组成（图 8-7）

轮式移动机器人控制系统包括以下部分：

（1）动力系统：轮式移动机器人通常使用电动驱动系统来驱动轮子的运动。它包括电池或其他电源、电机、传动装置，用于控制轮子的转动速度和方向。

（2）传感器系统：轮式移动机器人配备了各种传感器，如激光雷达、摄像头、红外线传感器等，用于感知周围环境，包括障碍物、地形、目标物体等。

（3）控制系统：控制系统是轮式移动机器人的大脑，负责接收传感器数据，做出移动决策，并控制电动驱动系统以实现机器人的运动。

（4）通信模块：轮式移动机器人通常配备无线通信模块，用于与外部系统进行数据交换和远程控制。

(5)轮子和底盘:轮子和底盘作为移动机器人的执行器是其移动的基础,通常会根据具体应用需求进行设计,以适应不同的地形和工作环境。

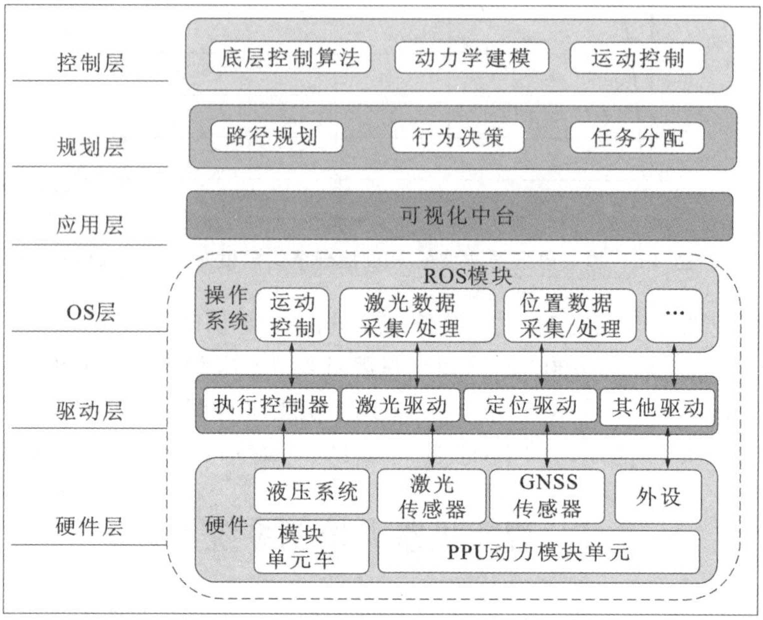

图 8-7 轮式移动机器人控制系统组成

2. 轮式移动机器人的分类和特点

轮式移动机器人按照车轮数目可分为单轮滚动机器人、两轮移动机器人、三轮及四轮移动机器人。它们的特点如下:

(1)单轮滚动机器人:单轮滚动机器人是一种全新概念的移动机器人。从外观上看,它只有一个轮子,其运动方式是沿地面滚动前进,具有很强的机动性和灵活性。典型的例子如独轮车、球形机器人等。然而,因为需要设立额外的平衡机制保持车体平衡,控制困难,因此单轮机器人很少用于实际中。

(2)两轮移动机器人:常见的形式是两轮差分驱动移动机器人。两轮差分驱动移动机器人的两轮呈左右对称布置,左右轮分别由一个电机驱动,依靠两轮差速来转向,转向灵活、结构简单。但当安装上车体时,考虑到机器人的平衡问题,一般另外安装一个或几个从动轮。从动轮为自由轮,对车体起支撑作用。这种移动机器人具有极强的灵活性。

(3)三轮及四轮移动机器人:当在平整地面上行走时,这种机器人是最合适的选择。它们可以通过调节轮子的速度和方向得到较高的机动性,且在大载荷作用下可以保持较强的稳定性。常见的转向机构有艾克曼转向、滑动转向、全轮转向、轴-关节式转向和车体-关节式转向。

8.2.2 轮式移动机器人运动控制

机器人的运动学模型是机器人进行运动控制的基础。为了控制机器人的运动,首先需要在机器人中建立相应的坐标系，用以表示位置与速度、加速度，以及它们相应导数之间的关系。运动学模型是移动机器人运动学分析、动力学计算、运动路径规划的重要依据。下面将以两轮移动机器人为重点，介绍其运动学模型。

两轮驱动差速转向机器人主要采用两轮差分独立驱动的方式，通过左侧车轮和右侧车轮的差速驱动机器人转向运动。在坐标系下机器人的姿态和运动参数描述如图 8-8 所示，图 8-8(a)所示由左右两个驱动轮和前后两个从动轮组成，图 8-8(b)所示由后侧两个驱动轮和前侧一个从动轮组成，从动轮为支撑轮，在运动中仅起支撑作用，建立运动学模型时其影响可忽略不计。

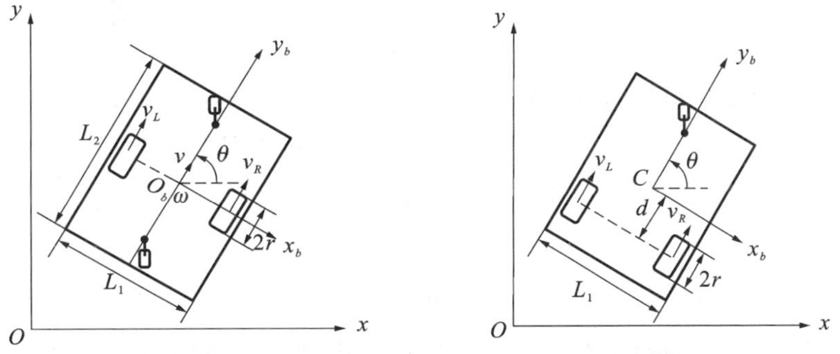

图 8-8　非完整两轮差分驱动机器人结构图

(a) 两轮差分驱动四轮移动机器人；(b)两轮差分驱动三轮移动机器人

图 8-8 中，r 为驱动轮的半径；d 为机器人质心到驱动轮连接轴的垂直距离；L_1、L_2 分别为机器人的宽度和长度；v_R、v_L 分别表示右侧车轮和左侧车轮的线速度；v 为机器人的线速度；ω 为机器人的角速度；θ 为机器人运动的方向角。

假设机器人运动无横向滑移和纵向滑移，运动中受到非完整约束条件：

$$\dot{x}\sin\theta - \dot{y}\cos\theta = 0 \tag{8-11}$$

式中，$(\dot{x},\dot{y})$ 表示非完整约束移动机器人运动的瞬时速度。这个约束条件是不可积分的，限制了移动机器人只能在垂直于两驱动轮的连接轴方向上运动，同时，也限制了机器人的运动空间约束在 2 自由度方向。物理含义表述如下：非完整移动机器人在两驱动轮连接轴上的速度为零，瞬时速度的方向与驱动轮运动方向保持一致。

若忽略外界干扰带来的影响，将移动机器人简化为一个质点，非完整约束轮式移动机器人的模型用 Euler-Lagrange 方程表示为

$$\boldsymbol{M}(q)\ddot{q} + \boldsymbol{V}(q,\dot{q})\dot{q} + \boldsymbol{G}(q) = \boldsymbol{B}(q)\tau + \boldsymbol{A}^{\mathrm{T}}(q)\boldsymbol{\lambda} \tag{8-12}$$

$$\boldsymbol{A}(q)\dot{q} = 0 \tag{8-13}$$

式中，$\boldsymbol{M}(q) \in \boldsymbol{R}^{m*n}$，为系统对称正定惯性矩阵，$q \in R^n$，为 n 维广义坐标；$\boldsymbol{V}(q,\dot{q})\dot{q}$ 为向心力与哥氏力项；$\boldsymbol{G}(q)$ 为重力项。对于平面上的轮式移动机器人，其 $\boldsymbol{G}(q)$ 为 0，τ 为 r 维广义力，$\boldsymbol{B}(q)$ 为输入矩阵，$\boldsymbol{\lambda}$ 为 Lagrange 乘子(约束力矢量)，$\boldsymbol{A}(q)$ 是与约束力相关的矩阵。如果令 $\boldsymbol{S}(q)$ 为 $\boldsymbol{A}(q)$ 零空间矩阵的一组基，即 $\boldsymbol{A}(q) \cdot \boldsymbol{S}(q) = 0$，则存在控制输入向量 $\boldsymbol{U}$，使得式(8-12) 化为 $\dot{q} = \boldsymbol{S}(q) \cdot \boldsymbol{U}$。

定义 m 为非完整移动机器人的整体质量，τ_1 为驱动力矩，τ_2 为转动力矩，I 为车轮的转

动惯量，则式(8-12)可以转化为

$$\begin{bmatrix} m & 0 & 0 \\ 0 & m & 0 \\ 0 & 0 & m \end{bmatrix} \begin{bmatrix} \ddot{x} \\ \ddot{y} \\ \ddot{\theta} \end{bmatrix} = \boldsymbol{\lambda} \begin{bmatrix} \sin\theta \\ -\cos\theta \\ 0 \end{bmatrix} + \begin{bmatrix} \cos\theta & 0 \\ \sin\theta & 0 \\ 0 & 1 \end{bmatrix} \begin{bmatrix} \tau_1 \\ \tau_2 \end{bmatrix} \tag{8-14}$$

$$\left.\begin{aligned} \dot{x} &= v\sin\theta \\ \dot{y} &= v\sin\theta \\ \dot{\theta} &= \omega \\ m\dot{v} &= \tau_1 \\ I\dot{\omega} &= \tau_2 \end{aligned}\right\} \tag{8-15}$$

结合非完整约束条件可求得 $\boldsymbol{A}(q) = [\sin\theta, -\cos\theta, 0]^{\mathrm{T}}$，$\boldsymbol{S}(q) = [\cos\theta, \sin\theta, 0; 0, 0, 1]^{\mathrm{T}}$。若选择输入向量 $\boldsymbol{U} = [v, \omega]^{\mathrm{T}}$，则非完整两轮驱动移动机器人的运动学模型为

$$\begin{bmatrix} \dot{x} \\ \dot{y} \\ \dot{\theta} \end{bmatrix} = \begin{bmatrix} \cos\theta & 0 \\ \sin\theta & 0 \\ 0 & 1 \end{bmatrix} \begin{bmatrix} v \\ \omega \end{bmatrix} \tag{8-16}$$

同理，图 8-8(b)所示为两轮差分驱动三轮移动机器人的结构模型，C 是机器人的质心，运动学模型可表示如下：

$$\begin{bmatrix} \dot{x} \\ \dot{y} \\ \dot{\theta} \end{bmatrix} = \begin{bmatrix} \cos\theta & -\mathrm{d}\sin\theta \\ \sin\theta & \mathrm{d}\sin\theta \\ 0 & 1 \end{bmatrix} \begin{bmatrix} v \\ \omega \end{bmatrix} \tag{8-17}$$

8.2.3 轮式移动机器人轨迹规划与跟踪

移动机器人的路径规划是在给定的工作环境中，根据特定任务的要求，通过计算机程序计算出一条从起始点到目标点的最优路径。路径规划问题的核心是寻找一条从起始点到目标点的最优路径，满足一定约束条件，如路径最短、时间最短、能量消耗得最少等。轨迹跟踪的实质是控制移动机器人跟踪规划好的几何轨迹，沿着参考轨迹运动。常用的几何曲线规划方法有贝塞尔曲线法、多项式曲线法等，这些曲线平滑且曲率连续，但实时规划轨迹时计算量大。人工势场规划的主要思想是使移动机器人运动到目标点并避开障碍，它是一种实时轨迹规划方法，能够在短时间内实时躲避未知障碍。

1. 几何曲线规划

基于贝塞尔(Bezier)曲线的轨迹规划能够有效地提高移动机器人控制的实时性和精确性，不同于多项式曲线，贝塞尔曲线无须通过定义它的所有数据点，仅通过起点和终点，形状控制更为灵活。转折点是曲线上斜率符号改变的点，贝塞尔曲线具有较少的转折点。贝塞尔曲线具有高阶导数连续的特性，曲率半径从起点到终点连续平滑地改变，因此轨迹更平滑。

给定 $n+1$ 个点的位置，则能够定义一条 n 阶贝塞尔曲线，其公式为

$$P(u)=\sum_{i=1}^{n}B_iJ_{n,i}(u)\quad(0\leqslant u\leqslant 1)\tag{8-18}$$

其中,u 是归一化参数;n 是 Bernstein 函数的阶数;B_i 是求和指数,表示 i 阶贝塞尔多项式的控制点。Bernstein 函数定义如下:

$$J_{n,i}(u)=C_i^n u^i(1-u)^{n-i}\tag{8-19}$$

以三阶贝塞尔曲线为例,设四个控制点 (A_0,B_0)、(A_1,B_1)、(A_2,B_2)、(A_3,B_3),可以定义一个三阶的贝塞尔曲线,即

$$x(u)=A_0(1-u)^3+3A_1u(1-u)^2+3A_2u^2(1-u)+A_3u^3\tag{8-20}$$

$$y(u)=B_0(1-u)^3+3B_1u(1-u)^2+3B_2u^2(1-u)+B_3u^3\tag{8-21}$$

贝塞尔曲线在任一点的曲率 $K(u)$ 与参数 u 的一阶导数和二阶导数 $x'(u)$、$x''(u)$、$y'(u)$、$y''(u)$ 有关,$\rho(u)$ 表示曲率半径,则 $K(u)$ 表示为

$$K(u)=\frac{1}{\rho(u)}=\frac{x'(u)y''(u)-y'(u)x''(u)}{[x'(u)^2+y'(u)^2]^{3/2}}\tag{8-22}$$

图 8-19 所示为四个坐标 (A_0,B_0)、(A_1,B_1)、(A_2,B_2)、(A_3,B_3) 的控制点 P、Q、R、S 构成的三阶贝塞尔曲线图。

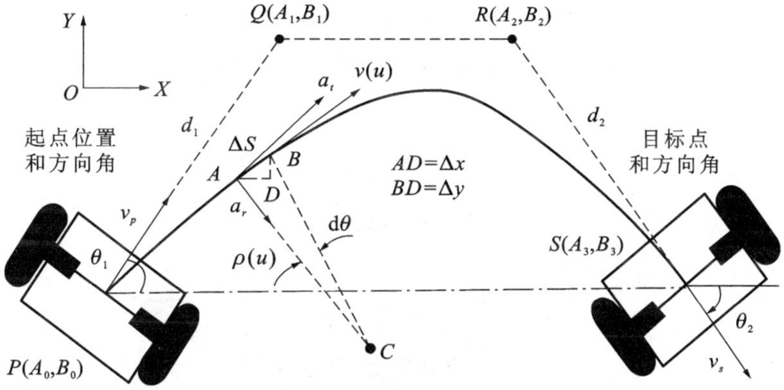

图 8-19 三阶贝塞尔曲线图

起点 P 作为移动机器人的起点,与第一个控制点重合,目标点 S 作为移动机器人的终点位置,与最后一个控制点重合。机器人沿着贝塞尔曲线从 A 点运动到 B 点,ρ 表示曲率半径,a_t 表示切向加速度,a_r 表示径向加速度。经过 Δt 时间后,移动机器人沿着规划的轨迹运动到 B 点,Δx 表示 x 方向的距离变化量,Δy 表示 y 方向的距离变化量,运动的距离为 Δs。定义变量 $v(u)$ 表示这段时间内的速度,存在如下的关系:

$$v(u)=\sqrt{\left[\frac{\Delta x(u)}{\Delta t}\right]^2+\left[\frac{\Delta y(u)}{\Delta t}\right]^2}\tag{8-23}$$

当 $\Delta t\to 0$ 时,B 点趋于 A 点,因此 $\Delta x(u)\to \mathrm{d}x(u)$,$\Delta y(u)\to \mathrm{d}y(u)$,$\Delta s(u)\to \mathrm{d}s(u)$,速度 $v(u)$ 近似等于机器人在 A 点的瞬时速度。

$$\mathrm{d}s(u)=\sqrt{\left[\frac{\mathrm{d}x(u)}{\mathrm{d}u}\right]^2+\left[\frac{\mathrm{d}y(u)}{\mathrm{d}u}\right]^2}\,\mathrm{d}u\tag{8-24}$$

移动机器人在曲线上任意一点的角速度由该点曲线的斜率得到:

$$d\theta=\frac{y'(u)}{x'(u)}\omega(u)=\frac{d\theta(u)}{dt} \tag{8-25}$$

其中，$v(u)$ 和 $\omega(u)$ 被用作移动机器人轨迹跟踪的期望速度。

人工势场规划是一种在机器人领域中广泛应用的路径规划方法。它将机器人和目标点视为两个带电物体，通过在机器人和目标点之间创建一个人工势场，引导机器人向目标点移动。机器人在运动空间中从起点运动到目标点，目标点产生引力，吸引机器人向目标点运动，环境中的障碍物产生排斥力，阻碍机器人与障碍物发生碰撞。人工势场法根据其势能函数确定对象所承受的引力和斥力的合力来控制它的前进方向。根据人工势场理论，处于运动环境中由运动目标点指引的机器人，无论该环境下存在的障碍物是静止的还是动态的，都可以计算出一个合力势场，控制机器人的前进方向。

机器人在运动环境下具备的虚拟势能可以采用不同的势能函数表达，对移动机器人的路径规划会产生不同的效果，但它们的基本原理是一致的。目标点构成的引力场就由势能的负梯度产生，且机器人离目标位置越远，机器人的引力势能越大，常用的引力势能函数形式为

$$U_k^{\text{att}}=\frac{1}{2}\delta_a\rho^2(p_k,p_{\text{target}}) \tag{8-26}$$

其中，δ_a 是引力尺度因子；$\rho(p_k,p_{\text{target}})$ 表示移动机器人到目标点的欧式距离，且有 $\rho(p_k,p_{\text{target}})=\|p_k-p_{\text{target}}\|$。引力势能模型如图 8-11 所示，势能最低点表示目标点所在位置。

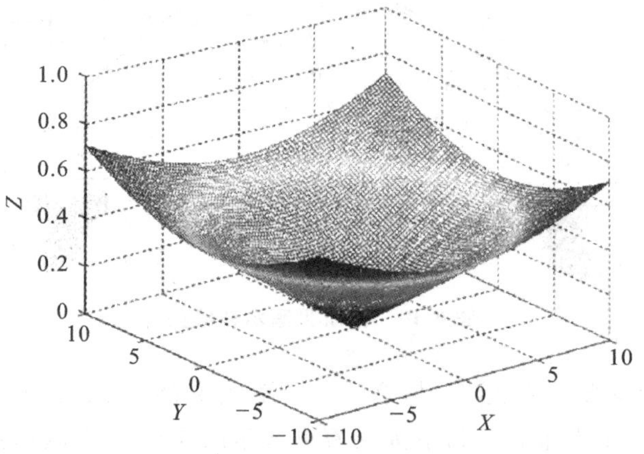

图 8-10　引力势能模型

当机器人在障碍物影响距离范围内时，斥力势能的大小与障碍物和机器人之间的距离成反比。构建斥力势能函数 U_k^{rep} 为

$$U_k^{\text{rep}}=\begin{cases}\dfrac{1}{2}\delta_r\left[\dfrac{1}{\rho(p_k,p_{\text{obstacle}})}-\dfrac{1}{\rho_0}\right]^2\rho^n(p_k,p_{\text{target}}), & \rho(p_k,p_{\text{obstacle}})\leqslant\rho_0\\ 0, & \rho(p_k,p_{\text{obstacle}})>\rho_0\end{cases} \tag{8-27}$$

其中，δ_r 表示斥力尺度因子；n 是正常数；$\rho(p_k,p_{\text{obstacle}})=\|p_k-p_{\text{obstacle}}\|$ 表示移动机器人与障碍物之间的欧式距离，且有 $\rho(p_k-p_{\text{obstacle}})$；$\rho_0$ 是障碍物的影响距离。斥力对势场中的机器人具有一定的影响范围，当机器人和障碍物之间的距离大于 ρ_0 时，斥力对机器人运动的影响可以忽略不计。

任意 k 时刻引力势能和斥力势能叠加后的合力势能为

$$U_k^{\text{total}} = U_k^{\text{att}} + U_k^{\text{rep}} \tag{8-28}$$

人工势场将机器人的运动空间定义为一个抽象的矢力势场，进而按照引力势场与斥力势场的合势场势能函数梯度下降方向规划机器人的运动轨迹。

2. 轨迹跟踪控制

移动机器人是一种典型的具有非完整约束的欠驱动系统，其运动受限于内部约束，如执行器饱和的物理限制和一些机器人动力学的状态量。执行器饱和的物理限制，指电机所能达到的最大速度及最大转矩等。移动机器人受这些约束的影响，当它在跟踪一个参考轨迹时，控制的效果会受到影响。

考虑到这些内在约束，模型预测控制（MPC）方法可以通过在未来时刻的有限时域内的输入-输出预测模型，对目标函数进行在线优化，从而处理约束。模型预测控制是在每一个采样时刻，基于滚动时域，通过在线反复优化的求解模型来预测系统的各种状态信息。运用预测的状态信息，通过最小化目标函数来取得未来一系列的控制输入。随后，在接下来的每一个采样时刻重复地计算，就能获得我们所需要的控制规律。

传统的人工势场法构建目标点引力场和障碍物斥力场的合势场会导致机器人在执行任务时陷入局部极小值“陷阱”。为了解决这个问题，Rimon 和 Koditschek 首次提出了导航函数的概念。导航函数是一种特殊的人工势能函数，包含了机器人运动环境和目标位置的所有信息。导航函数一旦确定，就能够根据它的梯度直接构造反馈控制规律，从而保证机器人实现无碰撞运动，并且可以从任意的初始位置收敛到目标位置。

图 8-11 描述了导航函数控制下的机器人轨迹避障原理，图中圆圈代表障碍物，曲线代表机器人轨迹，目标点在原点处。从中可以看出机器人能够躲避障碍物并稳定在目标点。

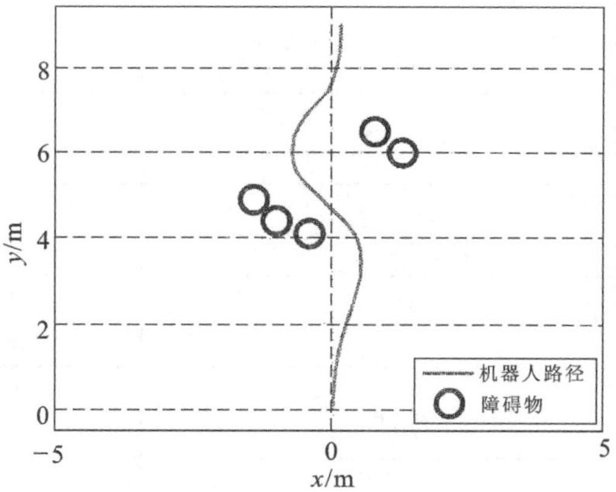

图 8-11　导航函数控制下的机器人避障轨迹图

附录A　z 变化表

$F(s)$	$f(t)$	$F(z)$
e^{-T}	$\delta(t-kT)$	z^{-k}
1	$\delta(t)$	1 或 $z^{-\theta}$
$\frac{1}{s}$	$1(t)$	$\frac{z}{z-1}$
$\frac{1}{s^2}$	t	$\frac{Tz}{(z-1)^2}$
$\frac{1}{s^3}$	$\frac{1}{2!}t^2$	$\frac{T^2z(z+1)}{2(z-1)^3}$
$\frac{1}{s^4}$	$\frac{1}{3!}t^3$	$\frac{T^3z(z^2+4z+1)}{6(z-1)^4}$
$\frac{1}{s^{k+1}}$	$\frac{1}{k!}t^k$	$\lim\limits_{s\to 0}\frac{(-1)^k}{k!}\frac{\partial^k}{\partial a^k}\left(\frac{z}{z-e^{-xT}}\right)$
$\frac{1}{s-(1/T)\ln a}$	$a^{t/T}$	$\frac{z}{z-a}$
$\frac{1}{s+a}$	e^{-at}	$\frac{z}{z-e^{-at}}$
$\frac{1}{(s+a)^2}$	te^{-at}	$\frac{Tze^{-aT}}{(z-e^{-at})^2}$
$\frac{1}{(s+a)^3}$	$\frac{t^2}{2}e^{-at}$	$\frac{T^2e^{-aT}z}{2(z-e^{-at})^2}+\frac{T^2e^{-2aT}z}{(z-e^{-at})^3}$
$\frac{1}{(s+a)^{k+1}}$	$\frac{t^2}{k!}e^{-at}$	$\frac{(-1)^k}{k!}\frac{\partial^k}{\partial a^k}\left(\frac{z}{z-e^{-aT}}\right)$
$\frac{a}{s(s+a)}$	$1-e^{-at}$	$\frac{z(1-e^{-aT})}{(z-1)(z-e^{-aT})}$
$\frac{\omega_0}{s^2-\omega_0^2}$	$\sinh(\omega_0 t)$	$\frac{z\sinh(\omega_0 T)}{z^2-2z\cosh(\omega_0 T)+1}$
$\frac{s}{s^2-\omega_0^2}$	$\cosh(\omega_0 t)$	$\frac{z[z-\cosh(\omega_0 T)]}{z^2-2z\cosh(\omega_0 T)+1}$
$\frac{\omega_0^2}{s(s^2-\omega_0^2)}$	$\cosh(\omega_0 t)-1$	$\frac{z[z-\cosh(\omega_0 T)]}{z^2-2z\cosh(\omega_0 T)+1}-\frac{z}{z-1}$